Hans Josef Löhr

Beispiele und Aufgaben zur Laplace-Transformation

mit 167 Beispielen
und 37 Aufgaben

Friedr. Vieweg & Sohn   Braunschweig / Wiesbaden

CIP-Kurztitelaufnahme der Deutschen Bibliothek

Löhr, Hans Josef:
Beispiele und Aufgaben zur Laplace-Transformation: mit 167 Beispielen u. 37 Aufgaben/Hans Josef Löhr. — Braunschweig, Wiesbaden: Vieweg, 1979.

Satz: Friedr. Vieweg & Sohn, Braunschweig

ISBN 978-3-663-00111-9   ISBN 978-3-663-00110-2 (eBook)
DOI 10.1007/978-3-663-00110-2

Vorwort

Die Anwendung der Laplace-Transformation in den Naturwissenschaften und der Technik
gewinnt ständig an Bedeutung. Dies führt zwangsläufig dazu, daß diese Methode in die
Stoffpläne für Mathematik der meisten Fachrichtungen an Technischen Hochschulen und
Fachhochschulen aufgenommen werden wird. Im Hinblick auf ihre Verwendung in anderen
Fächern, erscheint es sinnvoll, mit dem Studium möglichst früh zu beginnen, spätestens
jedoch im dritten Semester. Dies wiederum bedingt, daß nur Kenntnisse vorausgesetzt
werden können, die im ersten und zweiten Semester vermittelt wurden.
Unter diesem Gesichtspunkt ist dieses Arbeits- und Übungsbuch entstanden. Es soll dem
Studenten vom dritten Semester aufwärts ermöglichen, so weit in die Theorie und Praxis
der Laplace-Transformation vorzudringen, daß er gewöhnliche Differentialgleichungen mit
konstanten Koeffizienten und Differentialgleichungssysteme, wie sie bei der Behandlung
von Schwingungsproblemen auftreten, selbständig lösen kann. Darüberhinaus soll der Student in die Lage versetzt werden, mit fortschreitender Kenntnis in der Mathematik, weiterführende Werke über die Theorie der Laplace-Transformation zu lesen.
Das Buch ist folgendermaßen aufgebaut:

Im ersten Kapitel werden in zahlreichen Beispielen Funktionen in den Bildraum transformiert, um den Leser mit dem Umgang mit Laplace-Transformierten vertraut zu machen.

Im zweiten Kapitel werden die Eigenschaften der Laplace-Transformation untersucht.

Im dritten Kapitel wird die Laplace-Transformation zur Lösung von Differentialgleichungen benutzt.

Im vierten Kapitel steht die Anwendung auf technische Probleme im Vordergrund.

Alle Beispiele im Text sind ausführlich durchgerechnet. Am Schluß jeden Kapitels sind
Aufgaben gestellt, deren Lösungen im Anhang angegeben werden, so daß der Leser überprüfen kann, ob er den Inhalt des Kapitels verstanden hat.
Für die Bezeichnung der Formeln wurde folgender Weg gewählt: Teilergebnisse und Ergebnisse werden pro Beispiel mit fortlaufenden kleinen lateinischen Buchstaben bezeichnet,
wenn auf sie nur in der gleichen Aufgabe Bezug genommen wird. Wichtige Formeln und
Sätze, auf die immer wieder zurückgegriffen wird, werden kapitelweise durchnummeriert,
wobei die erste Ziffer auf das Kapitel hinweist, die zweite Ziffer die Ordnungszahl pro
Kapitel anzeigt. So bedeutet zum Beispiel 2.6 die sechste wichtige Formel in Kapitel 2.
Zur besseren Übersicht wurden bei den Beispielen folgende Symbole verwendet:
▼ Anfang des Beispiels, ■ Ende des Beispiels. Folgt der Lösung ein Zusatz, ist das
Lösungsende (Ergebnis) mit einem Punkt ● gekennzeichnet.

An dieser Stelle möchte ich Herrn Professor Dr. G. Lorenzen meinen herzlichsten Dank
aussprechen. Er hat mir viele wertvolle Anregungen gegeben und war mir bei der Durchrechnung der Beispiele behilflich.

Pulheim, im Frühjahr 1979   *Hans Josef Löhr*

Inhaltsverzeichnis

1 Einführung in die Laplace-Transformierte

Übersicht

Es wird die Definition der Laplace-Transformierten einer Funktion gegeben, ohne auf die genaueren Voraussetzungen einzugehen. Besser wäre zu sagen: Es wird eine Arbeitsvorschrift gegeben, wie die Laplace-Transformierte einer gegebenen Funktion gebildet wird. Dann werden die üblichen Bezeichnungen für die Laplace-Transformierte aufgelistet.
Die eigentliche Arbeit beginnt mit den Beispielen. Hier werden eine ganze Reihe bekannter Funktionen transformiert. Der Leser möge alle Beispiele sorgfältig durchrechnen, um ein gewisses Vertrauen und die nötige Sicherheit zu gewinnen, die bei den Anwendungen unerläßlich ist.
Zum Schluß des Kapitels werden einige dem Anfänger weniger bekannte Funktionen eingeführt, die aber für die Theorie und Anwendung von großem Nutzen sind.
Am Schluß des Kapitels sind die in diesem Buch benutzten Laplace-Transformierten in einer Tabelle zusammengestellt und durch T_1, T_2, T_3, usw. gekennzeichnet.

1.1 Definition der Laplace-Transformierten

Gegeben sei eine Funktion
$$f(t) = \begin{cases} f(t) & \text{für } t \geq 0 \\ 0 & \text{für } t \leq 0 \end{cases}$$

Unter dieser Voraussetzung soll

$$\boxed{F(s) = \int_0^\infty f(t)\, e^{-st}\, dt} \qquad\qquad (1.1)$$

die *Laplace-Transformierte* der Funktion $f(t)$ heißen.[1]
$f(t)$ nennt man die *Originalfunktion* oder *Oberfunktion*. Die Menge der Funktionen $\{f(t)\}$ nennt man den *Originalraum* oder *Oberbereich*.
$F(s)$ nennt man die *Bildfunktion* oder die *Laplace-Transformierte* von $f(t)$. Die Menge der Funktionen $\{F(s)\}$ nennt man den *Bildraum* oder *Unterbereich*.
Wir werden die Originalfunktionen immer mit kleinen Buchstaben bezeichnen: $f(t)$, $x(t)$ usw., während wir für die Bildfunktionen ausschließlich große Buchstaben verwenden werden: $F(s)$, $X(s)$ usw.

---

[1] Auf die Bedingungen, unter denen eine Funktion $f(t)$ transformierbar ist, kommen wir am Ende dieses Kapitels (Abschnitt 1.6) zurück.

Wenn wir beim Übergang in den Bildraum noch die Originalfunktion im Auge behalten wollen, schreiben wir für F (s): $\mathcal{L}\{f(t)\}$. Die Rücktransformierte f(t) bezeichnen wir entsprechend mit $\mathcal{L}^{-1}\{F(s)\}$[2]).

1.2 Methode der partiellen Integration

Weil bei der Berechnung von Integralen der Form: $\int\limits_{0}^{\infty} f(t)\, e^{-st}\, dt$ häufig die Methode der partiellen Integration benutzt wird, soll hier das Wesen der Methode in Erinnerung gerufen werden.

Wir gehen aus von der Produktregel der Differentialrechnung:

$$\frac{d\,(u\,(t)\,v\,(t))}{dt} = \frac{du\,(t)}{dt}\,v\,(t) + u\,(t)\,\frac{dv\,(t)}{dt}.$$

Durch einfaches Umstellen erhalten wir:

$$\frac{du\,(t)}{dt}\,v\,(t) = \frac{d}{dt}\,(u\,(t)\,v\,(t)) - u\,(t)\,\frac{dv\,(t)}{dt}.$$

Die Integration der Gleichung liefert mit $\frac{du\,(t)}{dt} \equiv \dot{u}\,(t)$ und $\frac{dv\,(t)}{dt} \equiv \dot{v}\,(t)$:

$$\int \dot{u}\,(t)\,v\,(t)\,dt = \int \frac{d}{dt}\,(u\,(t)\,v\,(t))\,dt - \int u\,(t)\,\dot{v}\,(t)\,dt. \tag{a}$$

Nach der Definition des unbestimmten Integrals bedeutet $\int f(t)\,dt = \phi\,(t)$, daß $\dot{\phi} = f(t)$ ist.

Im ersten Term der Gleichung (a) ist der Integrand $\frac{d}{dt}\,(u\,(t)\,v\,(t))$ gerade die Ableitung von $(u\,(t)\,v\,(t))$. Also ist:

$$\int \frac{d}{dt}\,(u\,(t)\,v\,(t))\,dt = u\,(t)\,v\,(t).$$

Damit erhalten wir aus Gleichung (a) die Formel der partiellen Integration:

$$\int \dot{u}\,(t)\,v\,(t)\,dt = u\,(t)\,v\,(t) - \int u\,(t)\,\dot{v}\,(t)\,dt. \tag{b}$$

Wesentlich ist bei der Anwendung dieser Formel, $\dot{u}\,(t)$ und $v\,(t)$ so zu wählen, daß das Integral auf der rechten Seite von Gleichung (b) eine einfachere Form annimmt als das ursprüngliche Integral; sei es, daß es ein Grundintegral ist; sei es, daß es durch weitere Behandlung in ein Grundintegral überführt werden kann.

---

[2]) In der Literatur sind für den Übergang von der Originalfunktion zur Bildfunktion folgende Bezeichnungen üblich:

$$f\,(t) \circ\!\!-\!\!\bullet\, F\,(s) \quad \text{oder} \quad f\,(t) \;\dot{=}_{\bullet}\, F\,(s).$$

Für den umgekehrten Übergang schreibt man entsprechend:

$$F\,(s) \circ\!\!-\!\!\bullet\, f\,(t) \quad \text{oder} \quad F\,(s) \;_{\bullet}\!\dot{=}\, f\,(t).$$

Zwei Beispiele sollen die Anwendung dieser Methode erläutern:

1. Wir suchen die Funktion

$$f(t) = \int t \sin(t) \, dt,$$

d.h. wir suchen die Funktion $f(t)$, deren Ableitung $\dot{f}(t) = t \sin(t)$ ist.
Wir setzen $\sin(t) = \dot{u}$ und $t = v$.
Dann ist $u = -\cos(t)$ und $\dot{v} = 1$.
Setzen wir diese Ausdrücke in Gleichung (b) ein, erhalten wir:

$$\int t \sin(t) \, dt = -\cos(t)\, t - \int -\cos(t)\, 1 \, dt$$

oder: $\int t \sin(t) \, dt = -t \cos(t) + \int \cos(t) \, dt.$

Das Integral auf der rechten Seite ist ein Grundintegral. Damit erhalten wir das Ergebnis:

$$\int t \sin(t) \, dt = -t \cos(t) + \sin(t) + C.$$

Hätten wir $\sin(t) = v$ und $t = \dot{u}$ gesetzt, so wäre mit $\dot{v} = \cos(t)$ und $u = \frac{t^2}{2}$ das Ergebnis der partiellen Integration:

$$\int t \sin(t) \, dt = \frac{t^2}{2} \sin(t) - \int \frac{t^2}{2} \cos(t) \, dt.$$

Das Integral auf der rechten Seite ist komplizierter als das ursprüngliche Integral. Die Rechnung ist zwar richtig, aber sinnlos!

2. Wir suchen die Lösung des Integrals: $\int t^2 \sin(t) \, dt$.
Wir setzen: $v = t^2$ und $\dot{u} = \sin(t)$.
Dann wird: $\dot{v} = 2t$ und $u = -\cos(t)$.
Mit Gleichung (b) erhalten wir:

$$\int t^2 \sin(t) \, dt = t^2 (-\cos(t)) - \int 2t \, (-1) \cos(t) \, dt$$

$$= -t^2 \cos(t) + 2 \int t \cos(t) \, dt.$$

Das Integral auf der rechten Seite ist zwar noch kein Grundintegral, aber es hat eine einfachere Gestalt als das ursprüngliche.
Wir berechnen dieses Integral mit Gleichung (b). Wir setzen: $v = t$ und $\dot{u} = \cos(t)$. Dann wird: $\dot{v} = 1$ und $u = \sin(t)$. Damit erhalten wir mit Gleichung (b):

$$2 \int t \cos(t) \, dt = 2t \sin(t) - 2 \int \sin(t) \, dt = 2t \sin(t) + 2 \cos(t) + C.$$

Mit diesem Ergebnis können wir nun unser ursprüngliches Integral lösen:

$$\int t^2 \sin(t)\,dt = -t^2 \cos(t) + 2t \sin(t) + 2 \cos(t) + C.$$

1.3 Die Laplace-Transformierte einiger Funktionen

Beispiele

▼ **1–1** Es sei: $f(t) = \begin{cases} 1 & \text{für } t \geq 0 \\ 0 & \text{für } t < 0. \end{cases}$

Berechnen Sie $F(s)$.

Lösung

$$F(s) = \int\limits_0^\infty f(t)\, e^{-st}\, dt = \int\limits_0^\infty 1 \, e^{-st}\, dt = -\frac{1}{s}\, e^{-st} \Big|_0^\infty = -\frac{1}{s}(e^{-\infty} - e^0)^{1)}$$

$$= -\frac{1}{s}(0-1) = \frac{1}{s}^{\,2)}. \qquad\qquad\blacksquare$$

▼ **1–2** Es sei $f(t) = t$.

Berechnen Sie $\mathcal{L}\{t\}$.

Lösung

$$\mathcal{L}\{t\} = \int\limits_0^\infty t\, e^{-st}\, dt.$$

Wir wenden die Methode der *partiellen Integration* an:

$$\mathcal{L}\{t\} = -\frac{t}{s}\, e^{-st} \Big|_0^\infty + \frac{1}{s} \int\limits_0^\infty e^{-st}\, dt.$$

Der ausintegrierte Teil verschwindet wegen $\lim\limits_{t \to \infty} t\, e^{-st} = 0$. Für das verbliebene Integral ergibt sich nach Beispiel 1–1 der Wert $\frac{1}{s}$.

---

[1] Wir benutzen das Zeichen ∞ als Abkürzung für den Grenzwert $\lim\limits_{t \to \infty}$. So bedeutet stets:

$$\int\limits_0^\infty f(t)\, e^{-st}\, dt \equiv \lim\limits_{A \to \infty} \int\limits_0^A f(t)\, e^{-st}\, dt \quad \text{und} \quad e^{-\infty} \equiv \lim\limits_{t \to \infty} e^{-st}.$$

[2] Wie die Berechnung des Integrals zeigt, scheint es überflüssig zu sein, den Verlauf der Funktion für $t < 0$ zu kennen. Später jedoch wird sich zeigen, daß es zweckmäßig ist, die Funktionen, die transformiert werden sollen, für $t < 0$ gleich Null zu setzen.

Wir erhalten:

$$\mathcal{L}\{t\} = \frac{1}{s^2}.$$

▼ **1–3** $f(t) = t^2$ sei die Oberfunktion.
Berechnen Sie die Unterfunktion $F(s)$.

Lösung

$$F(s) = \int_0^\infty t^2\, e^{-st}\, dt.$$

Durch partielle Integration erhalten wir:

$$F(s) = -\frac{1}{s}\, t^2\, e^{-st}\,\Big|_0^\infty + \frac{2}{s} \int_0^\infty t\, e^{-st}\, dt.$$

Der ausintegrierte Teil ist Null. Nach Beispiel 1–2 gilt:

$$\int_0^\infty t\, e^{-st}\, dt = \frac{1}{s^2}.$$

Damit erhalten wir: $F(s) = \frac{2}{s^3}$.

▼ **1–4** Stellen Sie eine Rekursionsformel für die Laplace-Transformierte $\mathcal{L}\{t^n\}$ auf $(n \in \mathbb{N})$ und berechnen Sie durch wiederholte Anwendung der gewonnenen Formel $\mathcal{L}\{t^n\}$.

Lösung

$$\mathcal{L}\{t^n\} = \int_0^\infty t^n\, e^{-st}\, dt = -\frac{1}{s}\, t^n\, e^{-st}\,\Big|_0^\infty + \frac{n}{s} \int_0^\infty t^{n-1}\, e^{-st}\, dt.$$

Der ausintegrierte Teil verschwindet an der oberen Grenze wegen $\lim\limits_{t \to \infty} t^n\, e^{-st} = 0$. Ebenso ist dieser Ausdruck an der unteren Grenze für $n = 1, 2, 3, \ldots$ Null. (Man kann dies beispielsweise mit Hilfe der l'Hospitalschen Regel beweisen.) Das Integral ist aber nach Definition (1.1): $\mathcal{L}\{t^{n-1}\}$.
Wir erhalten also die Rekursionsformel:

$$\mathcal{L}\{t^n\} = \frac{n}{s}\, \mathcal{L}\{t^{n-1}\}.$$

Nochmaliges Anwenden der Rekursionsformel auf $\mathcal{L}\{t^{n-1}\}$ ergibt:

$$\mathcal{L}\{t^n\} = \frac{n}{s} \left[\frac{(n-1)}{s}\, \mathcal{L}\{t^{n-2}\} \right] = \frac{n(n-1)}{s^2}\, \mathcal{L}\{t^{n-2}\}.$$

Durch n-maliges Anwenden der Rekursionsformel erhalten wir schließlich:

$$\mathcal{L}\{t^n\} = \frac{n(n-1)(n-2)\ldots\ldots\ldots(n-n+1)}{s^n}\,\mathcal{L}\{t^0\} = \frac{n!}{s^n}\,\mathcal{L}\{1\} = \frac{n!}{s^{n+1}}. \quad\blacksquare$$

▼ 1–5 $f(t) = e^t$.
Berechnen Sie F (s).

Lösung

$$F(s) = \int\limits_0^\infty e^t\,e^{-st}\,dt = \int\limits_0^\infty e^{-(s-1)t}\,dt = -\frac{1}{s-1}\,e^{-(s-1)t}\;\Bigg|_0^\infty$$

$$= -\frac{1}{s-1}\left[\lim_{t\to\infty} e^{-(s-1)t} - e^0\right].$$

Der Grenzwert existiert nur für s > 1 und ist dann Null[1]. Unter dieser Einschränkung erhalten wir:

$$F(s) = \mathcal{L}\{e^t\} = \frac{1}{s-1} \qquad (s > 1). \qquad\qquad \blacksquare$$

▼ 1–6 Es sei $f(t) = e^{at}$ und Re (s) > a.
Berechnen Sie $\mathcal{L}\{e^{at}\}$.

Lösung

$$\mathcal{L}\{e^{at}\} = \int\limits_0^\infty e^{at}\,e^{-st}\,dt = \int\limits_0^\infty e^{-(s-a)t}\,dt = -\frac{1}{s-a}\,e^{-(s-a)t}\;\Bigg|_0^\infty = \frac{1}{s-a}. \qquad \blacksquare$$

▼ 1–7 Berechnen Sie $F(s) = \mathcal{L}\{\sinh(\omega t)\}$.

Lösung

1. Weg

Wegen $\sinh(\omega t) = \dfrac{e^{\omega t} - e^{-\omega t}}{2}$ erhalten wir:

$$F(s) = \int\limits_0^\infty \sinh(\omega t)\,e^{-st}\,dt = \frac{1}{2}\int\limits_0^\infty e^{\omega t}\,e^{-st}\,dt - \frac{1}{2}\int\limits_0^\infty e^{-\omega t}\,e^{-st}\,dt$$

$$= \frac{1}{2}\int\limits_0^\infty e^{-(s-\omega)t}\,dt - \frac{1}{2}\int\limits_0^\infty e^{-(s+\omega)t}\,dt =$$

---

[1] Im allgemeinen ist s eine komplexe Zahl: $s = \beta + j\omega$. Der Grenzwert existiert dann für $\beta = \mathrm{Re}\,(s) > 1$ und ist Null.

6

$$= -\frac{1}{2(s-\omega)} e^{-(s-\omega)t} \Big|_0^\infty + \frac{1}{2(s+\omega)} e^{-(s+\omega)t} \Big|_0^\infty .$$

Der erste Term konvergiert nur für $\mathrm{Re}(s) > \omega$, der zweite Term nur für $\mathrm{Re}(s) > -\omega$. Die Laplace-Transformierte $\mathcal{L}\{\sinh(\omega t)\}$ existiert also nur für $\mathrm{Re}(s) > |\omega|$. Unter dieser Einschränkung erhalten wir:

$$\mathcal{L}\{\sinh(\omega t)\} = \frac{1}{2(s-\omega)} - \frac{1}{2(s+\omega)} = \frac{(s+\omega) - (s-\omega)}{2(s-\omega)(s+\omega)} = \frac{\omega}{s^2 - \omega^2} .$$

2. Weg

Durch zweimalige partielle Integration erhalten wir:

$$F(s) = \int_0^\infty \sinh(\omega t) e^{-st}\, dt \overset{p.I.^{1)}}{=} \frac{1}{\omega} \cosh(\omega t) e^{-st} \Big|_0^\infty - \frac{(-s)}{\omega} \int_0^\infty \cosh(\omega t) e^{-st}\, dt$$

$$\overset{p.I.}{=} \frac{1}{\omega} \cosh(\omega t) e^{-st} \Big|_0^\infty + \frac{s}{\omega^2} \sinh(\omega t) e^{-st} \Big|_0^\infty + \frac{s^2}{\omega^2} \int_0^\infty \sinh(\omega t) e^{-st}\, dt .$$

Das Integral auf der rechten Seite ist $F(s)$. Indem wir die Grenzen einsetzen und beachten, daß die ausintegrierten Teile nur für $\mathrm{Re}(s) > |\omega|$ konvergieren, erhalten wir:

$$F(s) = -\frac{1}{\omega} + \frac{s^2}{\omega^2} F(s).$$

Aus dieser Bestimmungsgleichung für $F(s)$ erhalten wir:

$$F(s) = \frac{\omega}{s^2 - \omega^2} ; \quad \mathrm{Re}(s) > |\omega| . \qquad \bullet$$

Ganz entsprechend berechnet man (s. Aufgabe 1.a)):

$$\mathcal{L}\{\cosh(\omega t)\} = \frac{s}{s^2 - \omega^2} ; \quad \mathrm{Re}(s) > |\omega| . \qquad \blacksquare$$

▼ 1–8 Berechnen Sie $\mathcal{L}\{\sin(t)\}$.

Lösung

$$\mathcal{L}\{\sin(t)\} = \int_0^\infty \sin(t) e^{-st}\, dt \overset{p.I.}{=} -\cos(t) e^{-st} \Big|_0^\infty - s \int_0^\infty \cos(t) e^{-st}\, dt =$$

---

[1]) Die Buchstaben p.I. über dem Gleichheitszeichen bedeuten, daß die Methode der partiellen Integration angewendet wird.

$$\stackrel{\text{p.I.}}{=} -\cos(t)\, e^{-st}\,\Big|_0^{\infty} - s\sin(t)\, e^{-st}\,\Big|_0^{\infty} - s^2 \int_0^{\infty} \sin(t)\, e^{-st}\, dt$$

$$= 1 - s^2\, \mathcal{L}\{\sin(t)\}.$$

Die Bestimmungsgleichung für $\mathcal{L}\{\sin(t)\}$ ist also:

$$\mathcal{L}\{\sin(t)\} = 1 - s^2\, \mathcal{L}\{\sin(t)\}.$$

Daraus erhalten wir:

$$\mathcal{L}\{\sin(t)\} = \frac{1}{s^2 + 1}. \qquad\blacksquare$$

▼ **1–9** Berechnen Sie $F(s) = \mathcal{L}\{\sin(\omega t)\}$ mit Hilfe der Eulerschen Formel.

Lösung

Wir wenden die Eulersche Formel an: $\sin(\omega t) = \dfrac{e^{j\omega t} - e^{-j\omega t}}{2j}$; $j = \sqrt{-1}$.
Dann ist:

$$F(s) = \int_0^{\infty} \sin(\omega t)\, e^{-st}\, dt = \frac{1}{2j} \int_0^{\infty} (e^{j\omega t} - e^{-j\omega t})\, e^{-st}\, dt$$

$$= \frac{1}{2j} \int_0^{\infty} e^{-(s-j\omega)t}\, dt - \frac{1}{2j} \int_0^{\infty} e^{-(s+j\omega)t}\, dt$$

$$= \frac{-e^{-(s-j\omega)t}}{2j(s-j\omega)}\,\Big|_0^{\infty} + \frac{e^{-(s+j\omega)t}}{2j(s+j\omega)}\,\Big|_0^{\infty} = \frac{1}{2j(s-j\omega)} - \frac{1}{2j(s+j\omega)}.$$

Durch Gleichnamigmachen erhält man:

$$F(s) = \mathcal{L}\{\sin(\omega t)\} = \frac{\omega}{s^2 + \omega^2}. \qquad\bullet$$

Durch ganz analoge Rechnung erhält man (s. Aufgabe 1.b)):

$$\mathcal{L}\{\cos(\omega t)\} = \frac{s}{s^2 + \omega^2}. \qquad\blacksquare$$

▼ **1–10** Berechnen Sie $F(s) = \mathcal{L}\{e^{-at}\sin(\omega t)\}$.

Lösung

$$F(s) = \int_0^{\infty} e^{-at}\sin(\omega t)\, e^{-st}\, dt = \int_0^{\infty} \sin(\omega t)\, e^{-(s+a)t}\, dt.$$

Dieses Integral hat die gleiche Form wie $\mathcal{L}\{\sin(\omega t)\}$, wenn wir s durch $(s+a)$ ersetzen. Benutzen wir das Ergebnis von Beispiel 1–9, so finden wir ohne weitere Rechnung:

$$\mathcal{L}\{e^{-at}\sin(\omega t)\} = \frac{\omega}{(s+a)^2 + \omega^2}. \qquad\bullet$$

Wir kommen auf diesen wichtigen Zusammenhang zwischen den Ergebnissen der Beispiele 1–9 und 1–10 im zweiten Kapitel zurück und werden diesen Sachverhalt in einem allgemeinen Satz formulieren (Satz 2.5).

Durch ähnliche Überlegungen erhalten wir unter Benutzung von

$$\mathcal{L}\{\cos(\omega t)\} = \frac{s}{s^2 + \omega^2} : \mathcal{L}\{e^{-at}\cos(\omega t)\} = \frac{s+a}{(s+a)^2 + \omega^2}. \qquad\blacksquare$$

▼ **1–11** Berechnen Sie mit Hilfe des Ergebnisses des Beispiels 1–2 die Laplace-Transformierte von $f(t) = t\,e^{-at}$.

Lösung

Nach Definition (1.1) ist

$$\mathcal{L}\{t\,e^{-at}\} = \int_0^\infty t\,e^{-at}\,e^{-st}\,dt = \int_0^\infty t\,e^{-(s+a)t}\,dt.$$

Wegen

$$\mathcal{L}\{t\} = \int_0^\infty t\,e^{-st}\,dt = \frac{1}{s^2}$$

erhalten wir durch die gleichen Überlegungen wie in Beispiel 1–10:

$$\mathcal{L}\{t\,e^{-at}\} = \frac{1}{(s+a)^2}. \qquad\bullet$$

Zusatz: Wir wollen hier noch ein anderes Verfahren anwenden, das schon wegen seiner Eleganz verdient, erwähnt zu werden.

Wir betrachten in e^{-at} auch a als Variable. Differenzieren wir e^{-at} nach a, so erhalten wir:

$$\frac{\partial}{\partial a} e^{-at} = -t\,e^{-at}\,{}^{1)}.$$

Wir erhalten damit:

$$\mathcal{L}\{t\,e^{-at}\} = \int_0^\infty t\,e^{-at}\,e^{-st}\,dt = -\int_0^\infty \left(\frac{\partial}{\partial a} e^{-at}\right) e^{-st}\,dt.$$

---

[1]) Bei der Differentiation einer Funktion mit mehreren Variabeln (hier a und t) nach einer Veränderlichen, schreibt man ∂ statt d, um anzudeuten, daß die übrigen Variablen (hier t) wie Konstanten behandelt werden.

Wir vertauschen nun Differentiation und Integration und erhalten:

$$\mathcal{L}\{t\,e^{-at}\} = -\frac{\partial}{\partial a}\int_0^\infty e^{-at}\,e^{-st}\,dt = -\frac{\partial}{\partial a}\mathcal{L}\{e^{-at}\}.$$

Wegen $\mathcal{L}\{e^{-at}\} = \frac{1}{s+a}$ und $\frac{\partial}{\partial a}\left(\frac{1}{s+a}\right) = \frac{-1}{(s+a)^2}$ wird:

$$\mathcal{L}\{t\,e^{-at}\} = \frac{1}{(s+a)^2}.\qquad\blacksquare$$

▼ **1–12** Berechnen Sie wie in Beispiel (1–11) $F(s) = \mathcal{L}\{t^n\,e^{at}\}$ nach dem zweiten angegebenen Verfahren.

Lösung

Es ist

$$t^n\,e^{at} = \frac{\partial^n}{\partial a^n}(e^{at}).$$

Mit diesem Ausdruck erhalten wir:

$$\mathcal{L}\{t^n\,e^{at}\} = \int_0^\infty \frac{\partial^n(e^{at})}{\partial a^n}\,e^{-st}\,dt = \frac{\partial^n}{\partial a^n}\int_0^\infty e^{at}\,e^{-st}\,dt = \frac{\partial^n}{\partial a^n}\left(\frac{1}{s-a}\right) = \frac{n!}{(s-a)^{n+1}}.\qquad\blacksquare$$

▼ **1–13** Berechnen Sie ähnlich wie in den Beispielen 1–11 und 1–12 $\mathcal{L}\{t\sin(t)\}$ unter Benutzung von $\mathcal{L}\{\sin(t)\} = \frac{1}{s^2+1}$.

Lösung

$$\mathcal{L}\{t\sin(t)\} = \int_0^\infty t\sin(t)\,e^{-st}\,dt = \int_0^\infty \sin(t)\,(t\,e^{-st})\,dt = \int_0^\infty \sin(t)\,(-1)\left(\frac{\partial}{\partial s}e^{-st}\right)dt.$$

Wir vertauschen Integration und Differentiation:

$$\mathcal{L}\{t\sin(t)\} = -\frac{d}{ds}\int_0^\infty \sin(t)\,e^{-st}\,dt = -\frac{d}{ds}\left(\frac{1}{s^2+1}\right).$$

Hier durften wir wieder d statt ∂ verwenden, weil das Integral eine Funktion nur von s ist.
Damit erhalten wir

$$\mathcal{L}\{t\sin(t)\} = \frac{2s}{(s^2+1)^2}.\qquad\blacksquare$$

In dem folgenden Beispiel soll versucht werden, das Ergebnis zu verallgemeinern.

▼ **1–14** Es sei $f(t)$ eine beliebige Funktion, deren Bildfunktion $F(s)$ bekannt ist. Berechnen Sie $\mathcal{L}\{t\,f(t)\}$.

Lösung

$$\mathcal{L}\{t\,f(t)\} = \int_0^\infty t\,f(t)\,e^{-st}\,dt = \int_0^\infty f(t)\,(t\,e^{-st})\,dt$$

$$= \int_0^\infty f(t)\,(-)\,\frac{\partial}{\partial s}\,(e^{-st})\,dt = -\frac{d}{ds}\int_0^\infty f(t)\,e^{-st}\,dt.$$

Wir erhalten so das Ergebnis:

$$\mathcal{L}\{t\,f(t)\} = -\frac{d}{ds}\,\mathcal{L}\{f(t)\} = -\frac{d}{ds}\,F(s). \qquad\blacksquare$$

Eine weitere Verallgemeinerung wollen wir in Beispiel 1–15 formulieren und beweisen.

▼ **1–15** Es sei $f(t)$ eine beliebige Funktion, deren Bildfunktion $F(s)$ ist. Beweisen Sie:

$$\mathcal{L}\{t^n\,f(t)\} = (-1)^n\,\frac{d^n}{ds^n}\,F(s)^{[1]}) \qquad (n \in \mathbb{N}). \tag{a}$$

Beweis

$$\mathcal{L}\{t^n\,f(t)\} = \int_0^\infty f(t)\,(t^n\,e^{-st})\,dt = \int_0^\infty f(t)\,(-1)^n\,\frac{\partial^n\,e^{-st}}{\partial s^n}\,dt$$

$$= (-1)^n\,\frac{d^n}{ds^n}\left(\int_0^\infty f(t)\,e^{-st}\right)\,dt = (-1)^n\,\frac{d^n\,F(s)}{ds^n}. \qquad\blacksquare$$

▼ **1–16** Berechnen Sie $\mathcal{L}\{t^2\,\sinh(t)\}$.

Lösung

Wir wenden Gleichung (a) in Beispiel 1–15 an und erhalten mit $\mathcal{L}\{\sinh(t)\} = \dfrac{1}{s^2 - 1}$:

$$\mathcal{L}\{t^2\,\sinh(t)\} = (-1)^2\,\frac{d^2}{ds^2}\left(\frac{1}{s^2 - 1}\right).$$

Nun ist:

$$\frac{d}{ds}\left(\frac{1}{s^2 - 1}\right) = -\frac{2s}{(s^2 - 1)^2}$$

---

[1]) Man nennt das Ergebnis Differentiation im Bildbereich.

und

$$\frac{d^2}{ds^2}\left(\frac{1}{s^2-1}\right) = -\frac{2(s^2-1)^2 - 2s\,2(s^2-1)\,2s}{(s^2-1)^4} = 2\frac{(3s^2+1)}{(s^2-1)^3}.$$

Damit erhalten wir:

$$\mathcal{L}\{t^2\sinh(t)\} = 2\frac{(3s^2+1)}{(s^2-1)^3}.\qquad\blacksquare$$

▼ **1–17** Berechnen Sie direkt aus Definition (1.1) die Laplace-Transformierte von
  $f(t) = \sin^2(\omega t)$.

Lösung

$$F(s) = \int_0^\infty \sin^2(\omega t)\,e^{-st}\,dt \overset{\text{p.I.}}{=} -\left.\frac{\sin^2(\omega t)\,e^{-st}}{s}\right|_0^\infty + \frac{\omega}{s}\int_0^\infty 2\sin(\omega t)\cos(\omega t)\,e^{-st}\,dt.$$

Wegen $2\sin(\omega t)\cos(\omega t) = \sin(2\omega t)$ ist

$$F(s) = \frac{\omega}{s}\int_0^\infty \sin(2\omega t)\,e^{-st}\,dt \overset{\text{p.I.}}{=} -\left.\frac{\omega}{s^2}\sin(2\omega t)\,e^{-st}\right|_0^\infty + \frac{2\omega^2}{s^2}\int_0^\infty \cos(2\omega t)\,e^{-st}\,dt$$

$$\overset{\text{p.I.}}{=} -\left.\frac{2\omega^2}{s^3}\cos(2\omega t)\,e^{-st}\right|_0^\infty - \frac{4\omega^3}{s^3}\int_0^\infty \sin(2\omega t)\,e^{-st}\,dt$$

$$= \frac{2\omega^2}{s^3} - \frac{4\omega^2}{s^2}\frac{\omega}{s}\int_0^\infty \sin(2\omega t)\,e^{-st}\,dt = \frac{2\omega^2}{s^3} - \frac{4\omega^2}{s^2}F(s).$$

Damit haben wir eine Bestimmungsgleichung für $F(s)$ erhalten:

$$F(s) = \frac{2\omega^2}{s^3} - \frac{4\omega^2}{s^2}F(s).$$

Daraus erhalten wir:

$$F(s) = \frac{2\omega^2}{s(s^2+4\omega^2)}.\qquad\blacksquare$$

▼ **1–18** Berechnen Sie $\mathcal{L}\{\cos^2(\omega t)\}$ unter Benutzung des Ergebnisses des Beispiels 1–17.

Lösung

$$F(s) = \int_0^\infty \cos^2(\omega t)\,e^{-st}\,dt = \int_0^\infty (1-\sin^2(\omega t))\,e^{-st}\,dt =$$

$$= \int_0^\infty 1 \, e^{-st} \, dt - \int_0^\infty \sin^2(\omega t) \, e^{-st} \, dt = \mathcal{L}\{1\} - \mathcal{L}\{\sin^2(\omega t)\}.$$

Unter Benutzung der Ergebnisse der Beispiele 1–1 und 1–17 erhalten wir:

$$F(s) = \frac{1}{s} - \frac{2\omega^2}{s(s^2 + 4\omega^2)} = \frac{s^2 + 4\omega^2 - 2\omega^2}{s(s^2 + 4\omega^2)} = \frac{s^2 + 2\omega^2}{s(s^2 + 4\omega^2)}. \qquad \blacksquare$$

▼ **1–19** Berechnen Sie $\mathcal{L}\{1 - e^{-at}\}$.

Lösung

$$\mathcal{L}\{1 - e^{-at}\} = \int_0^\infty (1 - e^{-at}) \, e^{-st} \, dt = \int_0^\infty e^{-st} \, dt - \int_0^\infty e^{-(s+a)t} \, dt$$

$$= -\frac{e^{-st}}{s}\bigg|_0^\infty + \frac{e^{-(s+a)t}}{s+a}\bigg|_0^\infty = \frac{1}{s} - \frac{1}{s+a} = \frac{a}{s(s+a)}. \qquad \blacksquare$$

1.4 Laplace-Transformierte periodischer Funktionen

In den nächsten Beispielen behandeln wir eine sehr wichtige Gruppe von Funktionen, die *periodischen Funktionen.*
Diese Funktionen sind durch folgende Eigenschaft charakterisiert:

$$f(t) = f(t + T).$$

Das bedeutet: Wird das Argument t um einen bestimmten Betrag T (genannt *Periode*) vergrößert, so ist der Funktionswert der gleiche. Es ist sofort einzusehen, daß dann auch gilt:
$f(t + nT) = f(t) \quad (n \in \mathbb{N})$[1].
Die bekanntesten periodischen Funktionen sind $\sin\left(\frac{2\pi}{T} t\right)$ und $\cos\left(\frac{2\pi}{T} t\right)$. Ihre Periode ist T. Setzt man nämlich $t_1 = t + nT$, so erhält man:

$$\sin\left(\frac{2\pi}{T} t_1\right) = \sin\left(\frac{2\pi}{T}(t + nT)\right) = \sin\left(\frac{2\pi}{T} t + 2\pi n\right) = \sin\left(\frac{2\pi}{T} t\right) \quad \text{bzw.}$$

$$\cos\left(\frac{2\pi}{T} t_1\right) = \cos\left(\frac{2\pi}{T}(t + nT)\right) = \cos\left(\frac{2\pi}{T} t + 2\pi n\right) = \cos\left(\frac{2\pi}{T} t\right).$$

---

[1] In der Theorie der Laplace-Transformation muß eine Einschränkung gemacht werden, die den strengen Begriff der eben definierten periodischen Funktionen zerstört! Aus der Definition einer periodischen Funktion folgt, daß sie von $-\infty$ bis $+\infty$ periodisch ist. Wir hingegen halten an der Forderung fest, daß alle betrachteten Funktionen für $t < 0$ gleich Null sind. Wir können also nur in diesem eingeschränkten Sinn von periodischen Funktionen sprechen.

Andere Beispiele für periodische Funktionen sind Rechteckfunktionen (Bild 1.1a), Säge-
zahnfunktionen (Bild 1.1b) u.a.m.

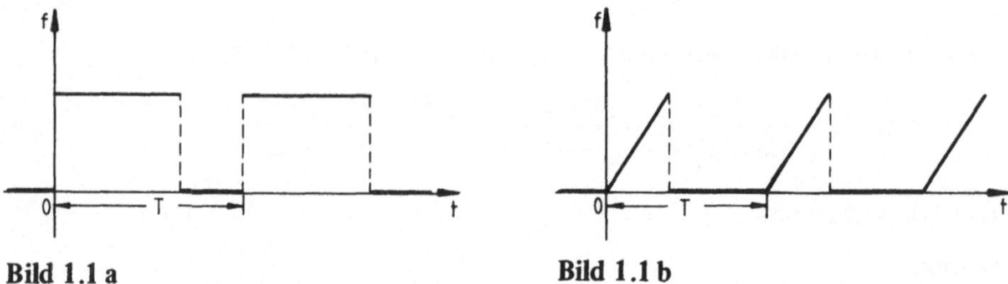

Bild 1.1 a   **Bild 1.1 b**

Beispiele

▼ **1–20** Entwickeln Sie eine Formel für die Laplace-Transformierte einer beliebigen periodischen Funktion $f(t) = f(t + nT)$.
Hinweis: Integrieren Sie stückweise über je eine Periode und substituieren Sie
$t = \tau + \nu T$.

Lösung

$$F(s) = \int_0^\infty f(t)\, e^{-st}\, dt.$$

Um die Eigenschaft der Periodizität ausnützen zu können, integrieren wir stückweise über
die Perioden und summieren:

$$F(s) = \int_0^T f(t)\, e^{-st}\, dt + \int_T^{2T} f(t)\, e^{-st}\, dt + \int_{2T}^{3T} f(t)\, e^{-st}\, dt + \dots$$

$$= \sum_{\nu=0}^\infty \int_{\nu T}^{(\nu+1)T} f(t)\, e^{-st}\, dt. \tag{a}$$

Wir substituieren: $t = \tau + \nu T$. Dann ist $dt = d\tau$.
Für die Grenzen erhalten wir:

$$t = (\nu + 1)T \rightarrow \tau = t - \nu T = (\nu + 1)T - \nu T = T \qquad \text{(obere Grenze)}.$$
$$t = \nu T \rightarrow \tau = t - \nu T = \nu T - \nu T = 0 \qquad \text{(untere Grenze)}.$$

Eingesetzt in Gleichung (a) ergibt das:

$$F(s) = \sum_{\nu=0}^\infty \int_0^T f(\tau + \nu T)\, e^{-s(\tau + \nu T)}\, d\tau.$$

14

Wegen der Periodizität gilt aber: $f(\tau + \nu T) = f(\tau)$ und wir erhalten:

$$F(s) = \sum_{\nu = 0}^{\infty} \int_0^T f(\tau) \, e^{-s(\tau + \nu T)} \, d\tau = \sum_{\nu = 0}^{\infty} e^{-\nu sT} \int_0^T f(\tau) \, e^{-s\tau} \, d\tau.$$

Das Integral ist nun frei vom Summationsindex ν, so daß wir es vor das Summationszeichen ziehen können:

$$F(s) = \int_0^T f(\tau) \, e^{-s\tau} \, d\tau \sum_{\nu = 0}^{\infty} e^{-\nu sT} . \qquad \text{(b)}$$

Wir betrachten jetzt noch die Summe:
Mit $e^{-\nu sT} = [e^{-sT}]^{\nu} = q^{\nu}$; $(q = e^{-sT})$ erhalten wir:

$$\sum_{\nu = 0}^{\infty} (e^{-sT})^{\nu} = \sum_{\nu = 0}^{\infty} q^{\nu} = 1 + q + q^2 + \ldots .$$

Die Summe ist eine unendliche geometrische Reihe, die für $|q| < 1$ bzw. $\mathrm{Re}(sT) > 0$ den Grenzwert $\dfrac{1}{1 - q} = \dfrac{1}{1 - e^{-sT}}$ hat.

Setzen wir dies in Gleichung (b) ein, so erhalten wir:

$$\boxed{\; F(s) = \frac{\displaystyle \int_0^T f(\tau) \, e^{-s\tau} \, d\tau}{1 - e^{-sT}} \;} \qquad \blacksquare \qquad \text{(1.2)}$$

▼ **1—21** Berechnen Sie mit Hilfe von Gleichung (1.2) die Laplace-Transformierte $\mathcal{L} \{\sin(t)\}$ und vergleichen Sie das Ergebnis mit dem Ergebnis des Beispiels 1—8.

Lösung

$\sin(t)$ hat die Periode $T = 2\pi$.
Setzen wir also in Gleichung (1.2) $T = 2\pi$ und $f(\tau) = \sin(\tau)$, so erhalten wir:

$$F(s) = \frac{\displaystyle \int_0^{2\pi} \sin(\tau) \, e^{-s\tau} \, d\tau}{1 - e^{-2\pi s}} . \qquad \text{(a)}$$

Wir berechnen das Integral durch partielle Integration:

$$I = \int_0^{2\pi} \sin(\tau) \, e^{-s\tau} \, d\tau \overset{\text{p.I.}}{=} -\frac{1}{s} \sin(\tau) \, e^{-s\tau} \Big|_0^{2\pi} + \frac{1}{s} \int_0^{2\pi} \cos(\tau) \, e^{-s\tau} \, d\tau =$$

$$\stackrel{\text{p.I.}}{=} -\frac{1}{s^2}\cos(\tau)\,e^{-s\tau}\,\Big|_0^{2\pi} - \frac{1}{s^2}\int_0^{2\pi}\sin(\tau)\,e^{-s\tau}\,d\tau = -\frac{1}{s^2}(e^{-2\pi s}-1)-\frac{1}{s^2}\,I.$$

Wir haben die Bestimmungsgleichung für I erhalten:

$$I = \frac{1-e^{-2\pi s}}{s^2} - \frac{1}{s^2}\,I \quad \text{oder:}$$

$$I = \frac{1-e^{-2\pi s}}{s^2+1}.$$

Eingesetzt in Gleichung (a) ergibt das:

$$F(s) = \frac{1}{s^2+1}$$

in Übereinstimmung mit dem Ergebnis von Beispiel 1–8.

▼ **1–22** Berechnen Sie $\mathcal{L}\{f(t)\}$ für:

$$f(t) = \begin{cases} 0 & \text{für } t<0 \\ A & \text{für } 0\leq t<a \\ 0 & \text{für } a\leq t<2a \quad \text{usw.} \end{cases} \qquad \text{(s. Bild 1.2)}$$

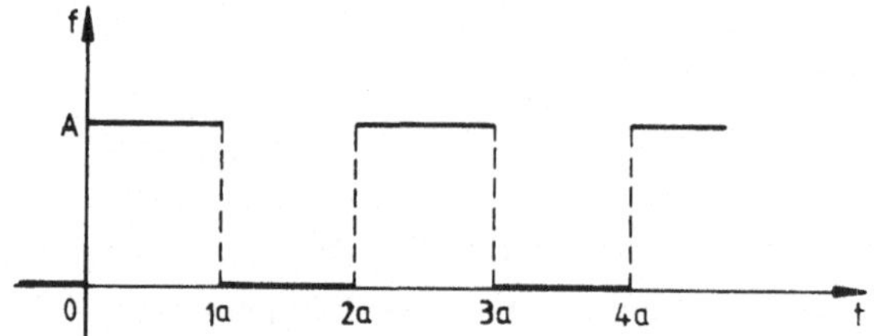

Bild 1.2

Lösung

Die Periode der Funktion $f(t)$ ist $T = 2a$.
Wir wenden Gleichung (1.2) Beispiel 1–20 an:

$$F(s) = \frac{\displaystyle\int_0^a A\,e^{-st}\,dt + \int_a^{2a} 0\,e^{-st}\,dt}{1-e^{-2as}} = \frac{A}{1-e^{-2as}}(-1)\frac{1}{s}\,e^{-st}\,\Big|_0^a = \frac{A(1-e^{-as})}{s(1-e^{-2as})}.$$

Wegen $1-e^{-2as} = 1-(e^{-as})^2 = (1-e^{-as})(1+e^{-as})$ erhalten wir:

$$F(s) = \frac{A}{s(1+e^{-as})}.$$

16

▼ **1–23** a) Skizzieren Sie den Graph der Funktion:

$$f(t) = \frac{1}{2}\left[\left|\sin\left(\frac{2\pi}{T}t\right)\right| + \sin\left(\frac{2\pi}{T}t\right)\right];$$

b) Berechnen Sie $\mathcal{L}\{f(t)\}$.

Lösung

a) Die Funktion $\sin\left(\frac{2\pi}{T}t\right)$ ist positiv für $0 < t < \frac{T}{2}$, $T < t < \frac{3}{2}T$ usw.

Die Funktion $\sin\left(\frac{2\pi}{T}t\right)$ ist negativ für $\frac{T}{2} < t < T$, $\frac{3}{2}T < t < 2T$ usw.

Daraus folgt:

$$f(t) = \begin{cases} \sin\left(\frac{2\pi}{T}t\right) & \text{für} \quad 0 < t < \frac{T}{2} \quad \text{usw.} \\[2ex] 0 & \text{für} \quad \frac{T}{2} < t < T \quad \text{usw.} \end{cases}$$

Wir skizzieren den zugehörigen Graph (Bild 1.3):

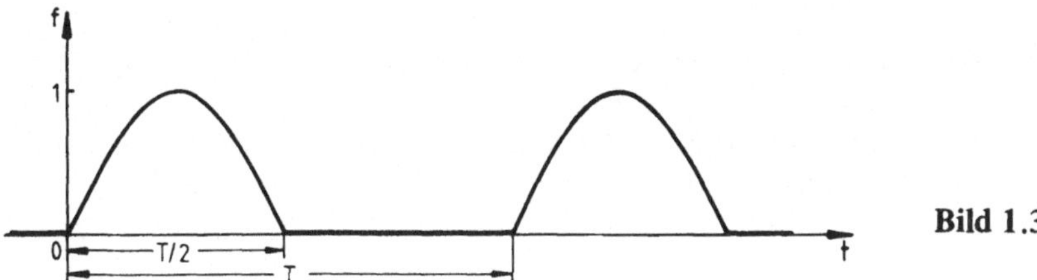

Bild 1.3

b) $$f(t) = \frac{1}{1 - e^{-sT}} \int\limits_{0}^{T/2} \sin\left(\frac{2\pi}{T}t\right) e^{-st}\, dt. \tag{a}$$

Wir berechnen das Integral:

$$I = \int\limits_{0}^{T/2} \sin\left(\frac{2\pi}{T}t\right) e^{-st}\, dt \overset{\text{p.I.}}{=} -\frac{1}{s}\sin\left(\frac{2\pi}{T}t\right) e^{-st}\;\Bigg|_{0}^{T/2} + \frac{2\pi}{Ts}\int\limits_{0}^{T/2}\cos\left(\frac{2\pi}{T}t\right) e^{-st}\, dt$$

$$\overset{\text{p.I.}}{=} -\frac{2\pi}{Ts^2}\cos\left(\frac{2\pi}{T}t\right) e^{-st}\;\Bigg|_{0}^{T/2} - \left(\frac{2\pi}{Ts}\right)^2 \int\limits_{0}^{T/2}\sin\left(\frac{2\pi}{T}t\right) e^{-st}\, dt$$

$$= -\frac{2\pi}{Ts^2}\left(\cos\pi\; e^{-(T/2)s} - 1\right) - \left(\frac{2\pi}{Ts}\right)^2 I.$$

Die Bestimmungsgleichung für I lautet also:

$$I = \frac{2\pi}{Ts^2}\left(1 + e^{-(T/2)s}\right) - \left(\frac{2\pi}{Ts}\right)^2 I.$$

Wir erhalten:

$$I = \frac{2\pi}{T}\,\frac{1 + e^{-(T/2)s}}{s^2 + \left(\frac{2\pi}{T}\right)^2}.$$

I in Gleichung (a) eingesetzt ergibt:

$$\mathcal{L}\{f(t)\} = \frac{\frac{2\pi}{T}}{s^2 + \left(\frac{2\pi}{T}\right)^2}\,\frac{1 + e^{-(T/2)s}}{1 - e^{-Ts}}.$$

Wegen $1 - e^{-Ts} = 1 - (e^{-(T/2)s})^2 = (1 + e^{-(T/2)s})(1 - e^{-(T/2)s})$ erhalten wir:

$$\mathcal{L}\{f(t)\} = \frac{\frac{2\pi}{T}}{s^2 + \left(\frac{2\pi}{T}\right)^2}\,\frac{1}{1 - e^{-(T/2)s}}. \qquad\blacksquare$$

▼ **1–24** a) Berechnen Sie direkt aus der allgemeinen Periodizitätsbedingung $f(t + T) = f(t)$ die Periode von $f(t) = |\sin(\omega t)|$.
b) Berechnen Sie mit Hilfe von Gleichung (1.2) die Laplace-Transformierte der Funktion $f(t) = |\sin(\omega t)|$.

Lösung

a) Wegen $f(t + T) = f(t)$ muß gelten: $|\sin\{\omega(t + T)\}| = |\sin(\omega t)|$. Wir wenden auf der linken Seite das 1. Additionstheorem an und erhalten:

$$|\sin(\omega t)\cdot\cos(\omega T) + \cos(\omega t)\cdot\sin(\omega T)| = |\sin(\omega t)|. \qquad (a)$$

Wenn diese Gleichung für alle Werte von t erfüllt sein soll, müssen die Koeffizienten von $\sin(\omega t)$ und $\cos(\omega t)$ auf beiden Seiten übereinstimmen. Auf der rechten Seite fehlt $\cos(\omega t)$, der Koeffizient ist also Null. Daraus ergibt sich:

$$\sin(\omega T) = 0.$$

Hierdurch reduziert sich Gleichung (a) zu:

$$|\sin(\omega t)\cdot\cos(\omega T)| = |\cos(\omega T)|\cdot|\sin(\omega t)| = 1\cdot|\sin(\omega t)|.$$

Daraus folgt sofort:

$$|\cos(\omega T)| = 1.$$

Die beiden Bedingungen

$$\sin(\omega T) = 0 \quad\text{und}\quad |\cos(\omega T)| = 1$$

sind erfüllt für $\omega T = n\pi$ $(n = 0, 1, 2, \dots)$ oder $T = \frac{n\pi}{\omega}$.

Da $T > 0$ sein muß (sonst wäre die Funktion konstant), ergibt sich der kleinste Wert von T für $n = 1$.

Daraus folgt:

$$T = \frac{\pi}{\omega}.$$

b) $\quad \mathcal{L}\,\{|\sin(\omega t)|\} = \frac{1}{1 - e^{-(\pi/\omega)s}} \int\limits_0^{\pi/\omega} \sin(\omega t)\, e^{-st}\, dt. \qquad\qquad (a)$

Das Absolutzeichen unter dem Integral konnte weggelassen werden, weil $\sin(\omega t)$ im Integrationsbereich nicht negativ wird.
Wir können uns die Berechnung des Integrals in Gleichung (a) ersparen, wenn wir es mit dem Integral (a) des Beispiels 1—23 vergleichen:

$$\int\limits_0^{T/2} \sin\left\{\left(\frac{2\pi}{T}\right) t\right\} e^{-st}\, dt.$$

Setzen wir hier $\frac{2\pi}{T} = \omega$, so erhalten wir:

$$\int\limits_0^{T/2} \sin\left\{\left(\frac{2\pi}{T}\right) t\right\} e^{-st}\, dt = \int\limits_0^{\pi/\omega} \sin(\omega t)\, e^{-st}\, dt.$$

Wir können also das Ergebnis dem Beispiel 1—23 entnehmen, indem wir dort $\frac{2\pi}{T}$ durch ω ersetzen.

$$I = \omega\, \frac{1 + e^{-(\pi/\omega)s}}{s^2 + \omega^2}.$$

Setzen wir diesen Ausdruck in Gleichung (a) ein, so erhalten wir:

$$\mathcal{L}\,\{|\sin(\omega t)|\} = \frac{\omega}{s^2 + \omega^2} \, \frac{1 + e^{-(\pi/\omega)s}}{1 - e^{-(\pi/\omega)s}}.$$

Man kann dem Ergebnis noch eine andere Form geben, indem man den letzten Bruch mit $e^{(\pi s/2\omega)}$ erweitert. Wir erhalten dann:

$$\mathcal{L}\,\{|\sin(\omega t)|\} = \frac{\omega}{s^2 + \omega^2} \, \frac{e^{(\pi s/2\omega)} + e^{-(\pi s/2\omega)}}{e^{(\pi s/2\omega)} - e^{-(\pi s/2\omega)}} = \frac{\omega}{s^2 + \omega^2} \coth\left(\frac{\pi}{2\omega}s\right),$$

wegen

$$\coth(a) = \frac{e^a + e^{-a}}{e^a - e^{-a}}. \qquad\qquad \blacksquare$$

▼ **1–25** Die periodische Funktion $f(t)$ habe nach Bild 1.4 den Graph:
Berechnen Sie $\mathcal{L}\{f(t)\}$.

Lösung

Die Periode T der Funktion ist a.
Die analytische Form der ersten Periode ist: $f(t) = \frac{b}{a}t$.
Damit erhalten wir nach Gleichung (1.2):

$$\mathcal{L}\{f(t)\} = \frac{1}{1 - e^{-as}} \cdot \frac{b}{a} \int_0^a t\, e^{-st}\, dt. \qquad (a)$$

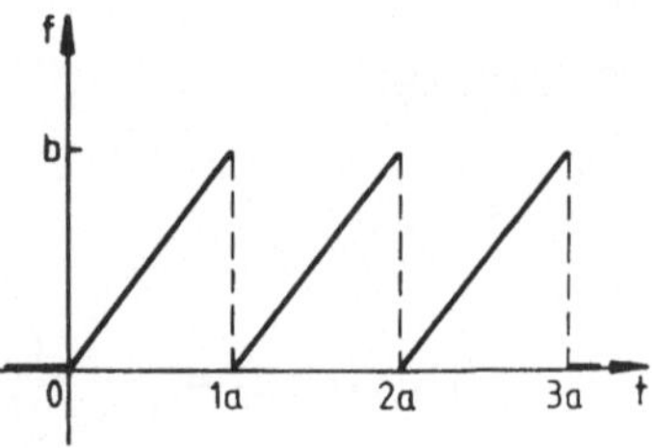

Bild 1.4

Wir berechnen das Integral:

$$I = \int_0^a t\, e^{-st}\, dt = -\frac{d}{ds} \int_0^a e^{-st}\, dt = -\frac{d}{ds}\left(-\left.\frac{e^{-st}}{s}\right|_0^a\right) = \frac{d}{ds}\left(\frac{e^{-as} - 1}{s}\right)$$

$$= \frac{-as\, e^{-as} - e^{-as} + 1}{s^2}.$$

Eingesetzt in Gleichung (a) ergibt das:

$$F(s) = \frac{b}{a}\, \frac{1 - e^{-as} - as\, e^{-as}}{s^2(1 - e^{-as})}.$$

Erweitern wir Zähler und Nenner noch mit e^{as}, so erhalten wir:

$$F(s) = \frac{b}{a}\, \frac{e^{as} - 1 - as}{s^2(e^{as} - 1)}.$$

Die Zahl der Beispiele ließe sich beliebig vermehren, doch würde dies nur auf eine Integrationsaufgabe herauslaufen. Es bleibe dem Leser überlassen, sich weitere periodische Funktionen auszudenken, die er in den Bildraum transformieren möge. ∎

1.5 Die Treppenfunktion, die Einheitssprungfunktion und die Stoßfunktion

1.5.1 Die Treppenfunktion [t]

Die Treppenfunktion ist folgendermaßen definiert:

$$[t] = \begin{cases} 0 & \text{für} & t \leq 1 \\ 1 & \text{für} & 1 < t \leq 2 \\ 2 & \text{für} & 2 < t \leq 3 \quad \text{usw.} \end{cases}$$

Beispiel

▼ 1–26 a) Zeichnen Sie den Graph der Funktion [t].

b) Berechnen Sie $\mathcal{L}\{[t]\}$.

Lösung

a)

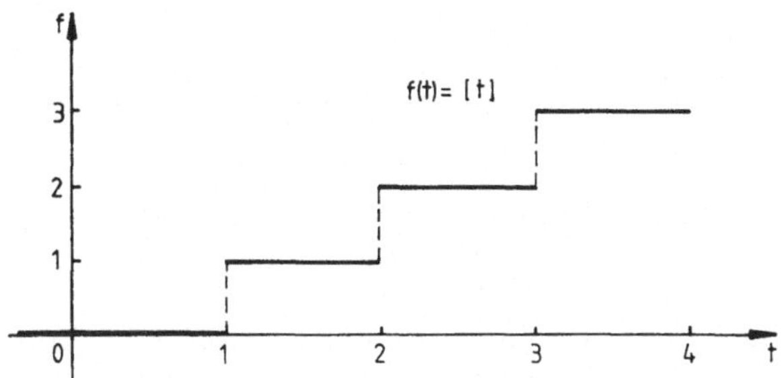

Bild 1.5

b) $\quad \mathcal{L}\{[t]\} = \int\limits_{0}^{1} 0\, e^{-st}\, dt + \int\limits_{1}^{2} 1\, e^{-st}\, dt + \int\limits_{2}^{3} 2\, e^{-st}\, dt + \dots$

$$= -\frac{1}{s} e^{-st}\Big|_{1}^{2} - \frac{2}{s} e^{-st}\Big|_{2}^{3} - \frac{3}{s} e^{-st}\Big|_{3}^{4} - \dots$$

$$= \frac{1}{s} \left(-e^{-2s} + e^{-s} - 2 e^{-3s} + 2 e^{-2s} - 3 e^{-4s} + 3 e^{-3s} + \dots \right)$$

$$= \frac{1}{s} \left(e^{-s} + e^{-2s} + e^{-3s} + \dots \right) = \frac{1}{s} \left[e^{-s} + (e^{-s})^2 + (e^{-s})^3 + \dots \right].$$

Der Ausdruck in der eckigen Klammer ist eine unendliche geometrische Reihe $\sum\limits_{\nu=1}^{\infty} q^{\nu}$ mit $q = e^{-s}$.

Die Reihe konvergiert für $|q| < 1$ oder $\mathrm{Re}\,(s) > 0$. Der Grenzwert ist: $\sum\limits_{\nu=1}^{\infty} q^{\nu} = \frac{q}{1-q} = \frac{e^{-s}}{1-e^{-s}}.$

Damit wird:

$$\mathcal{L}\{[t]\} = \frac{e^{-s}}{s(1-e^{-s})}.$$

Wir erweitern Zähler und Nenner noch mit e^{s} und erhalten:

$$\mathcal{L}\{[t]\} = \frac{1}{s(e^{s}-1)}.$$

∎

1.5.2 Die Einheitssprungfunktion u (t)

Wir kennen diese Funktion bereits, denn wir haben sie schon in Beispiel $1-1$ behandelt:

$$f(t) = \begin{cases} 0 & \text{für} \quad t < 0 \\ 1 & \text{für} \quad t \geq 0. \end{cases}$$

Das Bild dieser Funktion ist ersichtlich:

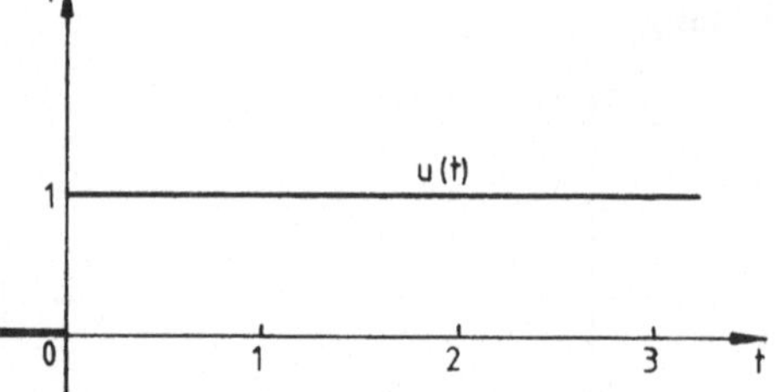

Bild 1.6

Wegen der Bedeutung der Funktion wollen wir ihr einen eigenen Namen *Einheitssprung-funktion* und ein eigenes Funktionszeichen u (t) geben (u für englisch: unit = Einheit).

In der Technik kann man durch u (t) das plötzliche Einschalten einer Batterie oder das plötzliche Einsetzen einer konstanten Kraft beschreiben.

Die für uns hier wichtigste Verwendung von u (t) besteht darin, daß eine beliebige Funktion f_1 (t) durch Multiplikation mit u (t) die Eigenschaft erhält, für alle $t < 0$ den Wert Null anzunehmen:

$$f(t) = f_1(t)\, u(t) = \begin{cases} f_1(t) & \text{für} \quad t \geq 0 \\ 0 & \text{für} \quad t < 0. \end{cases}$$

Der Leser möge z.B. die Funktion $f_1(t) = e^t$ und die Funktion $f(t) = u(t)\, e^t$ zeichnen, um sich den Sachverhalt klarzumachen.

Eine sinngemäße Erweiterung der Einheitssprungfunktion ist die *verschobene Einheits-sprungfunktion* $u(t-a)$ mit $a > 0$. Sie ist eine Sprungfunktion wie u (t) mit dem Unterschied, daß der Sprung nicht bei $t = 0$, sondern *rechts* davon bei $t = a$ erfolgt. Man macht sich das am besten klar, wenn man $t - a = \tau$ setzt. Es ist dann: $u(t - a) = u(\tau)$. $u(\tau)$ hat den Sprung an der Stelle $\tau = 0$. Für $\tau = 0$ ist aber $t = a$.
Es ist also:

$$u(t - a) = \begin{cases} 0 & \text{für} \quad t < a \\ 1 & \text{für} \quad t \geq a. \end{cases}$$

Wir wollen den Graph von $u(t - a)$ aufzeichnen, um uns das Bild einzuprägen:

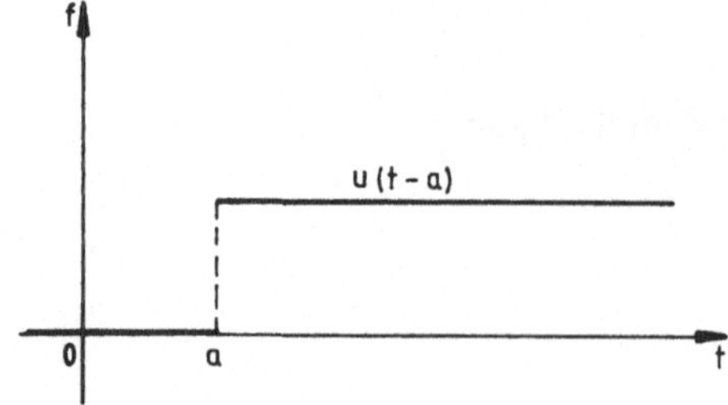

Bild 1.7

22

Wir werden von nun an, wo es notwendig erscheint, den Nullbereich der Funktion durch die Faktoren u (t) bzw. u (t − a) deutlich kennzeichnen. Wo dagegen Verwirrung ausgeschlossen ist, werden wir die Schreibweise wie bisher beibehalten: Schreiben wir zum Beispiel f(t) = sin (t), so bedeutet das f(t) = u (t) sin (t).

Die Laplace-Transformierte von u (t) kennen wir bereits. Wir haben sie in Beispiel 1−1 berechnet:

$$\mathcal{L}\,\{u\,(t)\} = \frac{1}{s}\,.$$

Beispiele

▼ 1−27 Berechnen Sie $\mathcal{L}\,\{u\,(t-a)\}$.

Lösung

$$\mathcal{L}\,\{u\,(t-a)\} = \int_{0}^{a} 0\,e^{-st}\,dt + \int_{a}^{\infty} 1\,e^{-st}\,dt = -\frac{1}{s}\,e^{-st}\,\Big|_{a}^{\infty} = \frac{e^{-sa}}{s}\,.\qquad\blacksquare$$

▼ 1−28 a) Stellen Sie die Treppenfunktion [t] (s. Abschnitt 1.5.1) mit Hilfe von u (t − a) dar.

      b) Berechnen Sie mit Hilfe dieser Darstellung unter Benutzung des Ergebnisses von Beispiel 1−27 die Laplace-Transformierte von [t].

Lösung

a) $\quad [t] = u\,(t-1) + u\,(t-2) + u\,(t-3) + \ldots = \displaystyle\sum_{\nu=1}^{\infty} u\,(t-\nu).$

b) Wegen $\mathcal{L}\,\{u\,(t-\nu)\} = \dfrac{(e^{-\nu s})}{s} = \dfrac{(e^{-s})^{\nu}}{s}$, ist

$$\mathcal{L}\,\{[t]\} = \mathcal{L}\left\{\left(\sum_{\nu=1}^{\infty} u\,(t-\nu)\right)\right\} = \sum_{\nu=1}^{\infty} \mathcal{L}\,\{u\,(t-\nu)\}^{1)}) = \frac{1}{s}\sum_{\nu=1}^{\infty} (e^{-s})^{\nu}$$

$$= \frac{e^{-s}}{s\,(1-e^{-s})} = \frac{1}{s\,(e^{s}-1)}\,.$$

Das Ergebnis stimmt mit dem Ergebnis von Beispiel 1−26 überein.   ■

---

[1]) Wir benutzen hier die allgemeine Eigenschaft der Laplace-Transformation:

    $\mathcal{L}\,\{a\,f\,(t) + b\,g\,(t)\} = a\,\mathcal{L}\,\{f\,(t)\} + b\,\mathcal{L}\,\{g\,(t)\}$

     a, b beliebige Konstanten

Man sagt: Die Laplace-Transformation ist linear.
Der Beweis dieses wichtigen Satzes wird in Kapitel 2 Beispiel 2−1 durchgeführt.

▼ **1–29** a) Zeichnen Sie den Graph der Funktion:

$$f(t) = \begin{cases} 0 & \text{für} & t < a \\ h & \text{für} & a \le t < b \\ 0 & \text{für} & t \ge b \end{cases} \qquad a < b$$

b) Stellen Sie $f(t)$ mit Hilfe der verschobenen Einheitssprungfunktion dar.

c) Berechnen Sie $\mathcal{L}\{f(t)\}$.

Lösung

a)

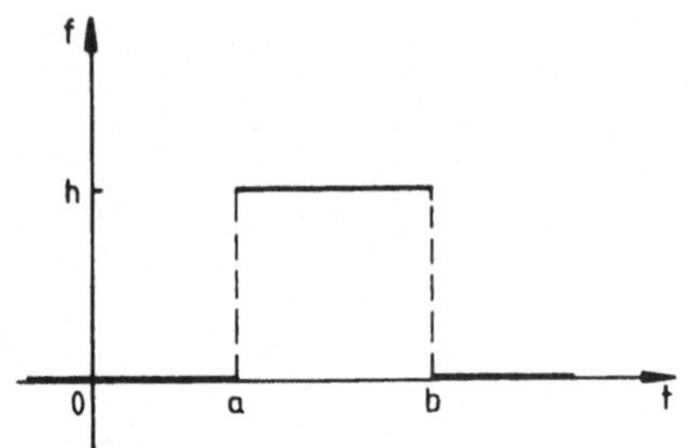

Bild 1.8

b) $\quad f(t) = h\,u(t-a) - h\,u(t-b) = h(u(t-a) - u(t-b)).$

c) Wir wählen zwei Wege.

1. Weg: direkt aus der Definition (1.1)

$$\mathcal{L}\{f(t)\} = \int_0^a 0\,e^{-st}\,dt + \int_a^b h\,e^{-st}\,dt + \int_b^\infty 0\,e^{-st}\,dt = h(-1)\frac{e^{-st}}{s}\bigg|_a^b$$

$$= h \cdot \frac{e^{-as} - e^{-bs}}{s}.$$

2. Weg: Wir verwenden das Ergebnis des Beispiels 1–27.

$$\mathcal{L}\{f(t)\} = \mathcal{L}\{h(u(t-a) - u(t-b))\}$$

$$= h(\mathcal{L}\{u(t-a)\} - \mathcal{L}\{u(t-b)\})^{1)}$$

$$= h\frac{e^{-as} - e^{-bs}}{s}. \qquad\qquad \blacksquare$$

---

[1]) s. Anmerkung zu Beispiel 1–28

▼ **1–30** Gegeben sei eine Funktion $f_1(t) = u(t)\, f(t)$.
a) Wie lautet die Gleichung der Funktion $f_2(t)$, die aus $f_1(t)$ entsteht, wenn diese um die Zahl $a > 0$ nach rechts verschoben wird?
b) Man mache sich den Unterschied zwischen $f_1(t)$ und $f_2(t)$ zeichnerisch klar.

Lösung

a) $f_2(t) = f_1(t - a) = u(t - a)\, f(t - a).$

b)

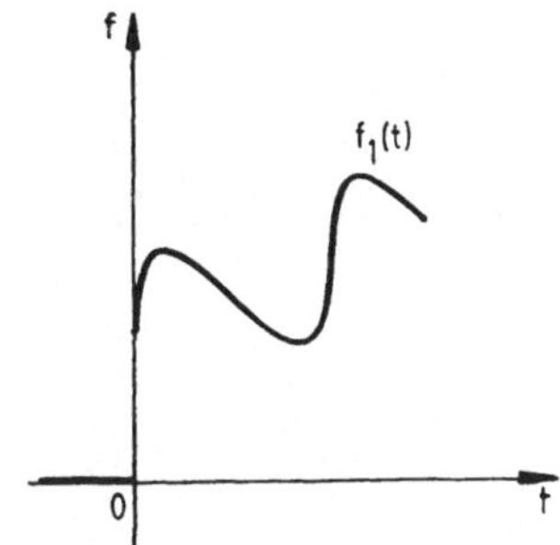

Bild 1.9 a

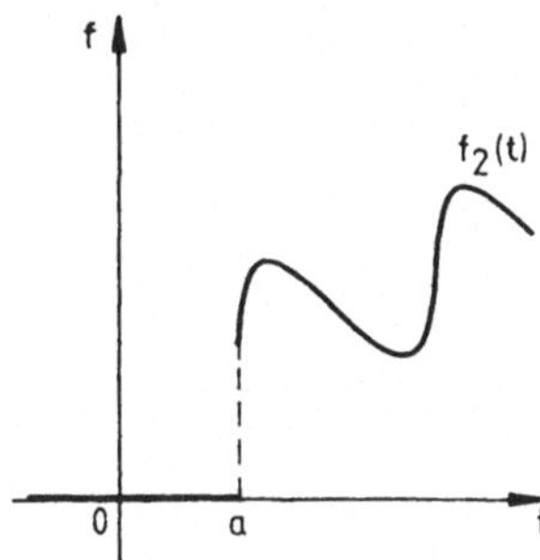

Bild 1.9 b

▼ **1–31** Zeichnen Sie die Graphen folgender Funktionen:
a) $f(t) = t^2$; b) $f_1(t) = u(t)\, t^2$; c) $f_2(t) = u(t)\,(t - 1)^2$;
d) $f_3(t) = u(t - 1)\,(t - 1)^2$; e) $f_4(t) = u(t - 1)\, t^2$;
f) $f_5(t) = u(t - 1)\,(t - 1)^2 - u(t - 3)\,(t - 1)^2$
$$= (u(t - 1) - u(t - 3))\,(t - 1)^2.$$

Lösung

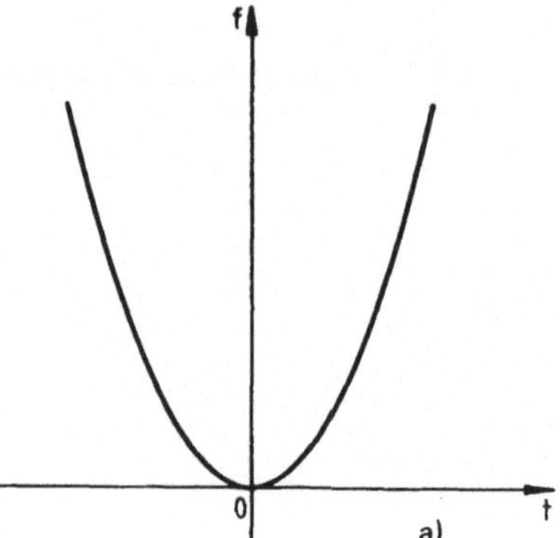

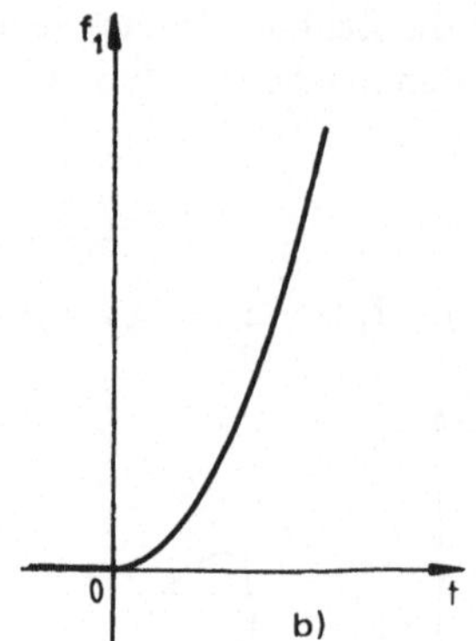

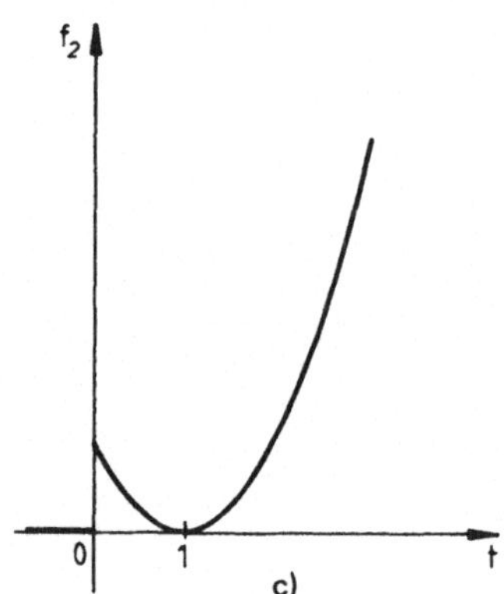

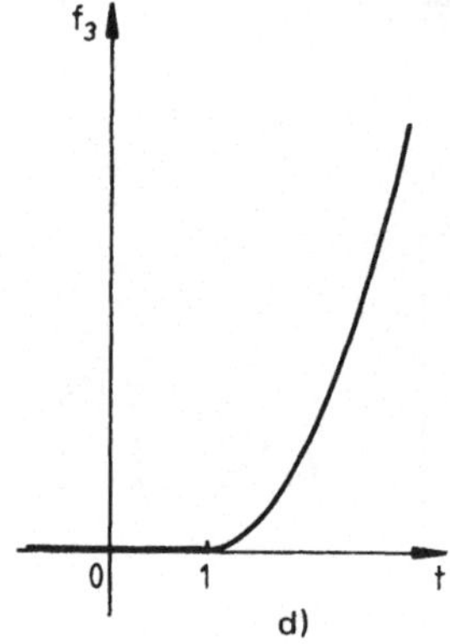

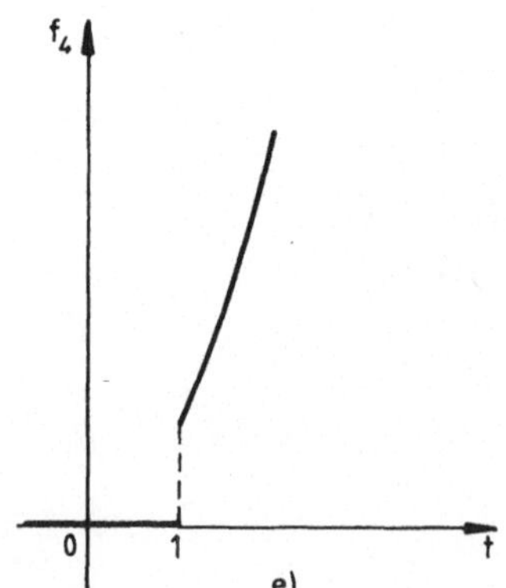

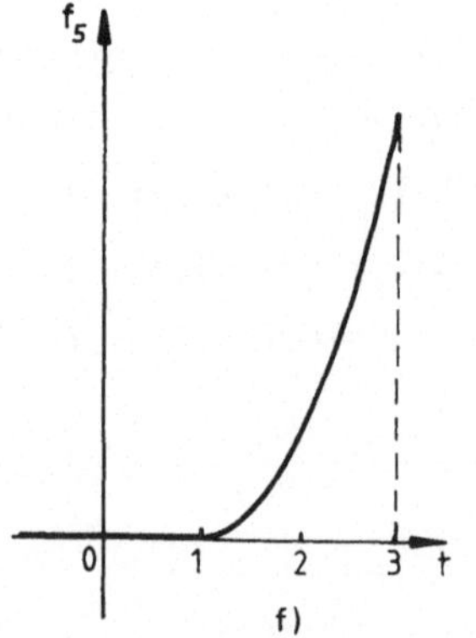

Bild 1.10

1.5.3 Die Stoßfunktion δ (t)

In der Technik spielt die *Stoßfunktion* oder *Impulsfunktion* oder *Diracsche Deltafunktion*
δ (t) eine bedeutende Rolle. Wir werden gleich sehen, daß δ (t) keine Funktion im üblichen Sinne ist. Man nennt sie deshalb eine Pseudofunktion.
δ (t) ist folgendermaßen definiert:

$$\delta(t) = \lim_{\epsilon \to 0} \frac{1}{\epsilon} \{u(t) - u(t - \epsilon)\}$$

$$= \begin{cases} 0 & \text{für alle } t \neq 0 \\ \infty & \text{für } \quad t = 0 \end{cases} . \tag{a}$$

Bild (1.11) zeigt die Funktion $\frac{1}{\epsilon} \{u(t) - u(t - \epsilon)\}$ für $\epsilon = \frac{1}{4}$.

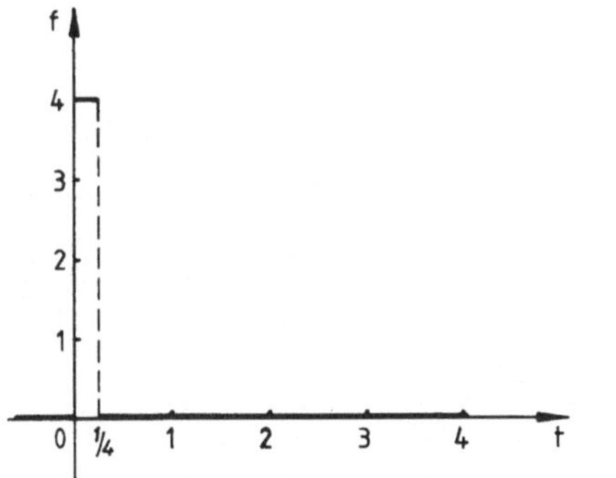

Bild 1.11

Aus der Definition erkennt man, daß δ (t) in der Tat keine Funktion ist: In der Analysis
schließt man alle Stellen, an denen der Funktionswert alle Grenzen übersteigt, aus dem
Definitionsbereich aus, während bei δ (t) gerade die Stelle t = 0, an der der Funktionswert
unendlich ist, die entscheidende Rolle spielt.
Praktisch bedeutet δ (t) eine kurze, starke Erregung zur Zeit t = 0, z.B. einen Hammer-
schlag auf ein mechanisches System oder einen Blitzschlag in ein elektrisches System.
Wir werden, wie es in den Ingenieurwissenschaften üblich ist, mit der Stoßfunktion rechnen,
als wäre sie eine Funktion. Wir müssen aber das Ergebnis dieser Rechnung jeweils kritisch
überprüfen und dürfen uns nicht wundern, wenn das Ergebnis ungewöhnliche Eigenschaften
aufweist.
Eine weitere für manche Zwecke nützliche Definition ist folgende:

$$\delta(t) = \frac{d}{dt} u(t). \tag{b}$$

Beispiele

▼ **1–32** Man zeige anhand des Graphen von u(t), daß die Definition (b) mit der Definition (a) übereinstimmt.

Lösung

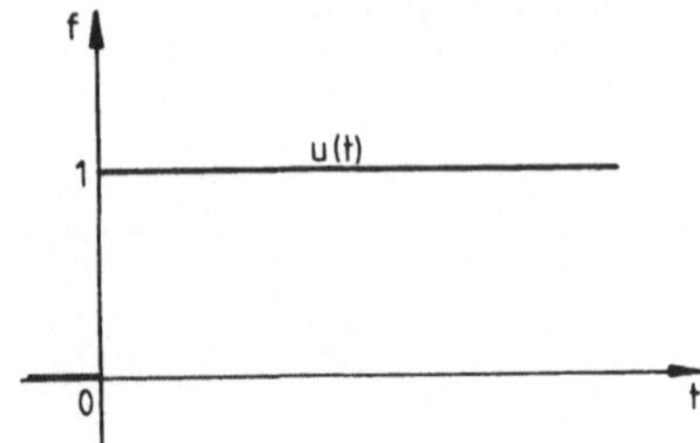

Bild 1.12

Die Ableitung von u(t) für $t > 0$ ist

$$\dot{u}(t) = \lim_{\Delta t \to 0} \frac{u(t + \Delta t) - u(t)}{\Delta t} = \lim_{\Delta t \to 0} \frac{1 - 1}{\Delta t} = 0.$$

Entsprechend gilt für $t < 0$

$$\dot{u}(t) = \lim_{\Delta t \to 0} \frac{u(t + \Delta t) - u(t)}{\Delta t} = \lim_{\Delta t \to 0} \frac{0 - 0}{\Delta t} = 0.$$

Bei $t = 0$ ist $\frac{\Delta u}{\Delta t} = \frac{1 - 0}{\Delta t} = \frac{1}{\Delta t}$; damit ist $\lim_{\Delta t \to 0} \frac{\Delta u}{\Delta t} = \infty$.
Es ist also:

$$\delta(t) = \begin{cases} 0 & \text{für} \quad t \neq 0 \\ \infty & \text{für} \quad t = 0 \end{cases}$$

in Übereinstimmung mit Definition (a).　　■

▼ **1–33** Beweisen Sie mit Hilfe der Definition (a):

$$\int_{-\infty}^{\infty} \delta(t)\, dt = 1.$$

Lösung
Es ist:

$$\int_{-\infty}^{\infty} \frac{1}{\epsilon}(u(t) - u(t - \epsilon))\, dt = \frac{1}{\epsilon} \int_{0}^{\epsilon} dt = \frac{\epsilon}{\epsilon} = 1.$$

Da das Ergebnis von ϵ unabhängig ist, gilt es für jedes ϵ, also auch im Grenzfall $\epsilon \to 0$.

　　■

28

▼ **1–34** Berechnen Sie $\mathcal{L}\{\delta(t)\}$ mit Hilfe der Definition (a), indem Sie zuerst $\mathcal{L}\left\{\frac{1}{\epsilon}(u(t)-u(t-\epsilon))\right\}$ berechnen und dann zum Grenzwert $\epsilon \to 0$ übergehen.

Lösung

$$\mathcal{L}\left\{\frac{1}{\epsilon}(u(t)-u(t-\epsilon))\right\} = \frac{1}{\epsilon}\int_0^\epsilon 1\,e^{-st}\,dt = \frac{1}{\epsilon}(-1)\frac{1}{s}e^{-st}\Big|_0^\epsilon = \frac{1}{s}\frac{1-e^{-s\epsilon}}{\epsilon}.$$

Für $\epsilon = 0$ ist der Ausdruck $\frac{1-e^{-0}}{0} = \frac{0}{0}$ unbestimmt. Wir wenden die l'Hospitalsche Regel an und erhalten:

$$\lim_{\epsilon \to 0}\frac{1-e^{-s\epsilon}}{s\epsilon} = \lim_{\epsilon \to 0}\frac{\frac{d}{d\epsilon}(1-e^{-s\epsilon})}{s\frac{d\epsilon}{d\epsilon}} = \lim_{\epsilon \to 0}\frac{s\,e^{-s\epsilon}}{s} = 1.$$

Es ist also $\mathcal{L}\{\delta(t)\} = 1$.   ●

Die Anomalie der Stoßfunktion zeigt sich auch an ihrer Bildfunktion. Betrachten wir die bisher berechneten Bildfunktionen, so haben sie alle ein übereinstimmendes Merkmal: Für $\mathrm{Re}(s) \to \infty$ gehen die Bildfunktionen gegen Null.[1]) Dagegen ist $\mathcal{L}\{\delta(t)\} = 1$ für alle Werte von s.   ■

Eine sinngemäße Erweiterung der Stoßfunktion ist die verschobene Stoßfunktion: Der Stoß soll nicht zur Zeit $t = 0$, sondern zu einer späteren Zeit $t = a$ erfolgen. Wir definieren demgemäß:

$$\delta(t-a) = \lim_{\epsilon \to 0}\frac{1}{\epsilon}(u(t-a)-u(t-a-\epsilon)) \tag{a'}$$

oder:

$$\delta(t-a) = \frac{d}{dt}u(t-a). \tag{b'}$$

▼ **1–35** Berechnen Sie die Laplace-Transformierte von $\delta(t-a)$.

Hinweis: Gehen Sie von der Definition (1.1) aus und substituieren Sie $t - a = \tau$.

Lösung

$$\mathcal{L}\{\delta(t-a)\} = \int_a^\infty \delta(t-a)\,e^{-st}\,dt.$$

Wir substituieren $t - a = \tau$ und erhalten mit den neuen Grenzen 0 und ∞

$$\mathcal{L}\{\delta(t-a)\} = \int_0^\infty \delta(\tau)\,e^{-s(\tau+a)}\,d\tau = e^{-as}\int_0^\infty \delta(\tau)\,e^{-s\tau}\,d\tau$$

$$= e^{-as}\,\mathcal{L}\{\delta(t)\} = e^{-as}. \quad ■$$

---

[1]) Wir werden in Abschnitt 1.6 beweisen, daß diese Eigenschaft der Bildfunktionen unter sehr allgemeinen Voraussetzungen gilt.

▼ **1–36** Beweisen Sie:

a) $\displaystyle\int_{-\infty}^{\infty} f(t)\,\delta(t)\,dt = f(0);$

b) $\displaystyle\int_{-\infty}^{\infty} f(t)\,\delta(t-a)\,dt = f(a).$

Hinweis: Benutzen Sie die Definition (b) bzw. (b').

Lösung

a) $\displaystyle\int_{-\infty}^{\infty} f(t)\,\frac{du(t)}{dt}\,dt = \int_{-\infty}^{\infty} f(t)\,du(t).$

Nun ist:

$$du(t) = \begin{cases} 0 & \text{für} \quad t \neq 0 \\ 1 & \text{für} \quad t = 0 \end{cases}$$

(s. Bild 1.13)

Daraus folgt sofort die Behauptung.

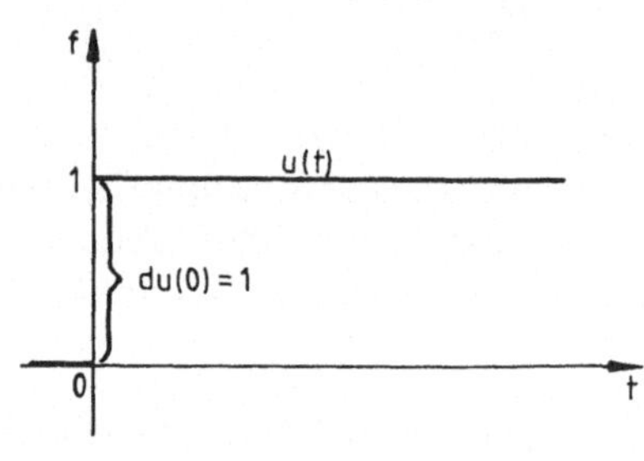

Bild 1.13

b) $\displaystyle\int_{-\infty}^{\infty} f(t)\,\frac{du(t-a)}{dt}\,dt = \int_{-\infty}^{\infty} f(t)\,du(t-a).$

Entsprechend wie unter a) gilt:

$$du(t-a) = \begin{cases} 0 & \text{für} \quad t \neq a \\ 1 & \text{für} \quad t = a. \end{cases}$$

Daraus folgt die Behauptung. ∎

Eine räumlich ausgedehnte physikalische Größe ϕ wie z.B. die Masse m eines Körpers, die elektrische Ladung Q oder die Kraft F auf einen Körper, wird mathematisch durch das Volumintegral $\phi = \int f(x, y, z)\,dV$ beschrieben. $f(x, y, z)$ wird die *Dichtefunktion* der physikalischen Größe genannt. Im Falle einer eindimensionalen Ausdehnung gilt entsprechend:

$$\phi = \int f(x)\,dx.$$

Für die mathematische Behandlung vieler Probleme ist es wünschenswert, eine physikalische Größe, die nur in einem Punkt von Null verschieden ist (Massenpunkt, Punktladung, Kraft, die nur auf einen Punkt des Körpers wirkt), mit Hilfe einer Dichtefunktion $f(x)$ als Integral darzustellen.

Im nächsten Beispiel soll diese Darstellung mit Hilfe der Stoßfunktion gewonnen werden.

▼ 1–37 a) Stellen Sie die Funktion $\phi(x) = \begin{cases} \phi_0 & \text{für} \quad x = a \\ 0 & \text{für} \quad x \neq a \end{cases}$

mit Hilfe der Stoßfunktion $\delta(x - a)$ dar und geben Sie die zugehörige Dichtefunktion $f(x)$ an.

Hinweis: Benutzen Sie das Ergebnis des Beispiels 1–36 b.

b) Transformieren sie die Dichtefunktion $f(x)$ in den Bildraum.

Lösung

a) Wie aus dem Beispiel 1–36 b) sofort ersichtlich ist, läßt sich $\phi(x)$ mit Hilfe der Stoßfunktion folgendermaßen darstellen:

$$\phi(x) = \int_{-\infty}^{\infty} \phi(x)\, \delta(x - a)\, dx = \int_{-\infty}^{\infty} \phi_0 \delta(x - a)\, dx.$$

Die Dichtefunktion ist damit:

$$f(x) = \phi_0 \delta(x - a).$$

b) Wegen $\mathcal{L}\{\delta(x - a)\} = e^{-as}$ (s. Beispiel 1–35) ist $\mathcal{L}\{f(x)\} = \phi_0\, e^{-as}$. ∎

1.6 Die Klasse der transformierbaren Funktionen

Wir wollen am Schluß dieses Kapitels an die Definition (1.1) der Laplace-Transformierten anknüpfen und die Bedingungen angeben, unter denen das Integral

$$\mathcal{L}\{f(t)\} = \int_{0}^{\infty} f(t)\, e^{-st}\, dt \quad \text{existiert.}$$

Die Bedingungen sind:

1. $f(t)$ ist stückweise stetig, d.h. sie darf in jedem Intervall $a \leq t \leq b$ nur endlich viele Unstetigkeiten (Sprünge) aufweisen.[1]
2. $|f(t)| \leq M \cdot e^{at}$, wobei M und a endliche Konstanten sind.

---

[1] Hätten wir die Stetigkeit von $f(t)$ gefordert, so wären sehr wichtige Funktionen, z.B. die Rechteckfunktionen, nicht in die Klasse der transformierbaren Funktionen gefallen. Die Bedingung 1. garantiert, daß die Funktionen über einen endlichen Bereich integrabel sind.

Beispiele

▼ **1–38** Zeigen Sie, daß wegen der Bedingungen 1. und 2. das Integral

$$\int_0^\infty f(t)\, e^{-st}\, dt \quad \text{existiert.}$$

Lösung

$$\int_0^A f(t)\, e^{-st}\, dt \leq \int_0^A |f(t)|\, e^{-st}\, dt.$$

Ersetzen wir $|f(t)|$ durch $M\, e^{at}$, so besteht die Ungleichung um so mehr:

$$\int_0^A f(t)\, e^{-st}\, dt \leq \int_0^A M\, e^{at}\, e^{-st}\, dt = M \int_0^A e^{-(s-a)t}\, dt = \frac{-M}{s-a}\, e^{-(s-a)t}\, \Big|_0^A$$

$$= \frac{M}{s-a}\, (1 - e^{-(s-a)A}).$$

Die Ungleichung gilt für jedes $A > 0$. Gehen wir zur Grenze $A \to \infty$ über, so erhalten wir:

$$\mathcal{L}\{f(t)\} = \int_0^\infty f(t)\, e^{-st}\, dt \leq \frac{M}{s-a} \quad \text{für} \quad \mathrm{Re}\,(s) > a. \tag{a}$$

∎

▼ **1–39** Zeigen Sie, daß die Bildfunktion $F(s)$ einer Funktion $f(t)$, die den Bedingungen 1. und 2. gehorcht, für $\mathrm{Re}\,(s) \to \infty$ gegen Null strebt.

Lösung

Wir greifen auf das Ergebnis des Beispiels 1–38 zurück und haben zu zeigen, daß für jedes $\epsilon > 0$ gilt:

$\left|\dfrac{M}{s-a}\right| < \epsilon$, wenn $\mathrm{Re}\,(s)$ nur groß genug gewählt wird. Da aber M und a feste Zahlen sind, so kann ein solches s immer gefunden werden. Dann haben wir aber mit der Ungleichung (a) des Beispiels 1–38:

$F(s) = \mathcal{L}\{f(t)\} < \epsilon$ für genügend großes $\mathrm{Re}\,(s)$ und damit: $\displaystyle\lim_{\mathrm{Re}\,(s) \to \infty} F(s) = 0.$ ∎

1.7 Tabelle der Laplace-Transformierten

$f(t) = \mathcal{L}^{-1}\{F(s)\}$	$F(s) = \mathcal{L}\{f(t)\}$	
$u(t)$	$\dfrac{1}{s}$ $\qquad$ $\mathrm{Re}(s) > 0$	T1
$u(t-a)$	$\dfrac{e^{-as}}{s}$ $\qquad$ $\mathrm{Re}(s) > 0$	T2
$\delta(t)$	1	T3
$\delta(t-a)$	e^{-as}	T4
$u(t)\,t^n$	$\dfrac{n!}{s^{n+1}}$ $\qquad$ $\mathrm{Re}(s) > 0$	T5
$u(t)\,e^{at}$	$\dfrac{1}{s-a}$ $\qquad$ $\mathrm{Re}(s) > a$	T6
$u(t)\,\sin(\omega t)$	$\dfrac{\omega}{s^2 + \omega^2}$	T7
$u(t)\,\cos(\omega t)$	$\dfrac{s}{s^2 + \omega^2}$	T8
$u(t)\,\sinh(\omega t)$	$\dfrac{\omega}{s^2 - \omega^2}$ $\qquad$ $\mathrm{Re}(s) > |\omega|$	T9
$u(t)\,\cosh(\omega t)$	$\dfrac{s}{s^2 - \omega^2}$ $\qquad$ $\mathrm{Re}(s) > |\omega|$	T10
$u(t)\,t^n\,e^{at}$	$\dfrac{n!}{(s-a)^{n+1}}$ $\qquad$ $\mathrm{Re}(s) > a$	T11
$u(t)\,\sin(\omega t)\,e^{-at}$	$\dfrac{\omega}{(s+a)^2 + \omega^2}$ $\qquad$ $\mathrm{Re}(s) > -a$	T12
$u(t)\,\cos(\omega t)\,e^{-at}$	$\dfrac{s+a}{(s+a)^2 + \omega^2}$ $\qquad$ $\mathrm{Re}(s) > -a$	T13
$u(t)\,\sin^2(\omega t)$	$\dfrac{2\omega^2}{s(s^2 + 4\omega^2)}$	T14
$u(t)\,\cos^2(\omega t)$	$\dfrac{s^2 + 2\omega^2}{s(s^2 + 4\omega^2)}$	T15
$u(t)\,(1 - e^{-at})$	$\dfrac{a}{s(s+a)}$ $\qquad$ $\mathrm{Re}(s) > 0$	T16
$u(t)\,[t]$	$\dfrac{1}{s(e^s - 1)}$ $\qquad$ $\mathrm{Re}(s) > 0$	T17
$h(u(t-a) - u(t-b))$	$\dfrac{h}{s}(e^{-as} - e^{-bs})$	T18
$u(t)\,|\sin(\omega t)|$	$\dfrac{\omega}{s^2 + \omega^2}\coth\left(\dfrac{\pi}{2\omega}s\right)$	T19
$u(t)\,\dfrac{1}{2}\left\{\left|\sin\left(\dfrac{2\pi}{T}t\right)\right| + \sin\left(\dfrac{2\pi}{T}t\right)\right\}$	$\dfrac{2\pi/T}{s^2 + \left(\dfrac{2\pi}{T}\right)^2}\dfrac{1}{1 - e^{-(T/2)s}}$	T20
Rechteckfunktion $\quad 0$ für $t < 0$ $\quad A$ für $0 \leq t < a$ $\quad 0$ für $a \leq t \leq 2a$ usw.	$\dfrac{A}{s(1 + e^{-as})}$	T21
Sägezahnfunktion $\quad 0$ für $t < 0$ $\quad \dfrac{b}{a}t$ für $0 \leq t < a$ usw.	$\dfrac{b}{a}\dfrac{e^{as} - 1 - as}{s^2(e^{as} - 1)}$	T22
$u(t)\,(t\,f(t))$	$-\dfrac{d}{ds}F(s)$	T23
$u(t)\,(t^n f(t))$	$(-1)^n\dfrac{d^n}{ds^n}F(s)$	T24

1.8 Aufgaben zu Kapitel 1

1 Berechnen Sie mit Hilfe der Definition (1.1) die Laplace-Transformierten folgender Funktionen:

a) $f(t) = \cosh(\omega t)$

b) $f(t) = \cos(\omega t)$

c) $f(t) = a^t$ mit $a > 0$

d) $f(t) = 4^t$

e) $f(t) = \sin(\omega t + \phi)$

f) $f(t) = \sin(\omega t + \pi/2)$.

2 Berechnen Sie mit Hilfe von Gleichung (a) in Beispiel 1–15 die Bildfunktionen:

a) $\mathcal{L}\{t^2 \sin(\omega t)\}$

b) $\mathcal{L}\{t^2 \cos(\omega t)\}$

c) $\mathcal{L}\{t^3 e^{-t}\}$

d) $\mathcal{L}\{t(2\sin(3t) - 2\cos(3t))\}$.

3 Berechnen Sie $\mathcal{L}\{\cos^2(t)\}$ mit Hilfe der Gleichung (1.2) in Beispiel 1–20.

4 a) Stellen Sie die Funktion $f(t) = 2^\nu$ für $\nu \leq t < \nu + 1$, $\nu = 0, 1, 2, \ldots$ mit Hilfe von $u(t - \nu)$ dar.

b) Berechnen Sie $\mathcal{L}\{f(t)\}$.

5 Es sei $f(t) = \begin{cases} \sin(\pi t) & \text{für} \quad 0 \leq t \leq 1 \\ 0 & \text{für} \quad t \geq 1 \end{cases}$.

Berechnen Sie $\mathcal{L}\{f(t)\}$.

6 a) Berechnen Sie die Bildfunktion $F(s)$ der Funktion:

$$f(t) = \sum_{\nu = 0}^{\infty} r^\nu u(t - a\nu) \qquad r \in \mathbb{R}\setminus\{0\} \quad \text{und} \quad a > 0.$$

b) Skizzieren Sie die Funktion $f(t)$ für $r = -1$ und berechnen Sie mit der Lösung von a) ihre Bildfunktion. Vergleichen Sie das Ergebnis mit Beispiel 1–22.

2 Eigenschaften der Laplace-Transformation

Übersicht

In diesem Kapitel werden die wichtigsten Eigenschaften der Laplace-Transformation in Sätze gefaßt. Es wird dabei versucht, die Beweise so zu zergliedern, daß sie ganz oder teilweise in Beispiele gefaßt werden können. In Fällen, in denen das nicht möglich war, wird der Beweis im Text angedeutet.

Zu jedem Satz werden Beispiele gerechnet, in denen die Anwendung der Sätze geübt wird. Dabei werden wir sehen, daß wir teilweise schon Spezialfälle der Sätze im ersten Kapitel kennengelernt haben.

Am Schluß des Kapitels werden die Sätze noch einmal übersichtlich zusammengefaßt, damit man sie sich besser einprägen kann.

Der Leser möge nicht ungeduldig werden, daß er auch noch nicht in diesem Kapitel die praktische Bedeutung der Laplace-Transformation erkennen kann. Die Früchte seiner Mühen wird er im dritten und vierten Kapitel ernten.

2.1 Satz über Linearkombinationen

Es seien $f(t)$ und $g(t)$ zwei Funktionen, dann nennt man $h(t) = a\,f(t) + b\,g(t)$ eine *Linearkombination* der Funktionen $f(t)$ und $g(t)$. a und b sind beliebige Konstanten.

Wir fragen: Kann man $\mathcal{L}\{h(t)\}$ berechnen, wenn $\mathcal{L}\{f(t)\}$ und $\mathcal{L}\{g(t)\}$ bekannt sind, und welche Form hat dann $\mathcal{L}\{h(t)\}$?

Wir haben die Beantwortung der Frage schon in Kapitel 1 vorweggenommen (s. Beispiel 1–28), Anmerkung). Hier wollen wir diese Eigenschaft wegen ihrer Wichtigkeit noch einmal als Satz formulieren und den einfachen Beweis dem Leser überlassen.

Satz

Ist $F(s) = \mathcal{L}\{f(t)\}$ und $G(s) = \mathcal{L}\{g(t)\}$
und ist $h(t) = a\,f(t) + b\,g(t)$,
wobei a und b beliebige Konstanten sind, so ist

$$H(s) = \mathcal{L}\{h(t)\} = a\,\mathcal{L}\{f(t)\} + b\,\mathcal{L}\{g(t)\}. \qquad (2.1)$$

Man nennt eine Transformation mit dieser Eigenschaft eine *lineare Transformation.*

Beispiele

▼ **2–1** Beweisen Sie mit Hilfe der Definition (1.1) den Satz (2.1).

Lösung

Wir wenden den bekannten Satz der Differentialrechnung an, daß

$$\int \{a\,f(x) + b\,g(x)\}\,dx = a \int f(x)\,dx + b \int g(x)\,dx \quad \text{ist.}$$

Dann ergibt sich aus Definition (1.1):

$$\mathcal{L}\{h(t)\} = \mathcal{L}\{a\,f(t) + b\,g(t)\} = \int\limits_0^\infty \{a\,f(t) + b\,g(t)\}\,e^{-st}\,dt$$

$$= a \int\limits_0^\infty f(t)\,e^{-st}\,dt + b \int\limits_0^\infty g(t)\,e^{-st}\,dt = a\,\mathcal{L}\{f(t)\} + b\,\mathcal{L}\{g(t)\}$$

$$= a\,F(s) + b\,G(s)^1).$$
∎

▼ **2–2** Berechnen Sie mit Hilfe von Satz (2.1) sowie T7 und T8 $\mathcal{L}\{a\sin(\omega t) + b\cos(\omega t)\}$.

Lösung

Nach Satz (2.1) ist:

$$\mathcal{L}\{a\sin(\omega t) + b\cos(\omega t)\} = a\,\mathcal{L}\{\sin(\omega t)\} + b\,\mathcal{L}\{\cos(\omega t)\}.$$

Nun ist nach T7 bzw. T8:

$$\mathcal{L}\{\sin(\omega t)\} = \frac{\omega}{s^2 + \omega^2} \quad \text{und} \quad \mathcal{L}\{\cos(\omega t)\} = \frac{s}{s^2 + \omega^2}$$

und damit:

$$\mathcal{L}\{a\sin(\omega t) + b\cos(\omega t)\} = \frac{a\omega}{s^2 + \omega^2} + \frac{bs}{s^2 + \omega^2} = \frac{a\omega + bs}{s^2 + \omega^2}.$$
∎

2.2 Ähnlichkeitssatz

Wir stellen uns die Frage: Wie ändert sich die Laplace-Transformierte einer Funktion $f(t)$, wenn die Veränderliche t durch a t mit $a > 0$ ersetzt wird? Oder anders ausgedrückt: Kann man $\mathcal{L}\{f(at)\}$ berechnen, wenn $\mathcal{L}\{f(t)\}$ bekannt ist und wie sieht dann $\mathcal{L}\{f(at)\}$ aus?

Wie man am Ergebnis des Beispiels 2–3 erkennt, wird die Funktion selbst für $a > 1$ gestaucht, für $a < 1$ gedehnt.

Man nennt eine solche Transformation *Ähnlichkeitstransformation*.

---

[1] Wir haben diesen wichtigen Statz schon im ersten Kapitel benutzt und werden ihn auch im folgenden sehr oft anwenden, ohne jedoch ausdrücklich auf ihn zu verweisen. Der Leser möge darauf achten, wie häufig er Satz (2.1) benutzt.

Beispiele

▼ 2–3 Zeichnen Sie die Graphen folgender Funktionen:

    a) $f(t) = u(t) \sin(t)$;

    b) $f_1(2t) = u(t) \sin(2t)$[1];

    c) $f_2\left(\frac{1}{2}t\right) = u(t) \sin\left(\frac{1}{2}t\right)$[1].

Lösung

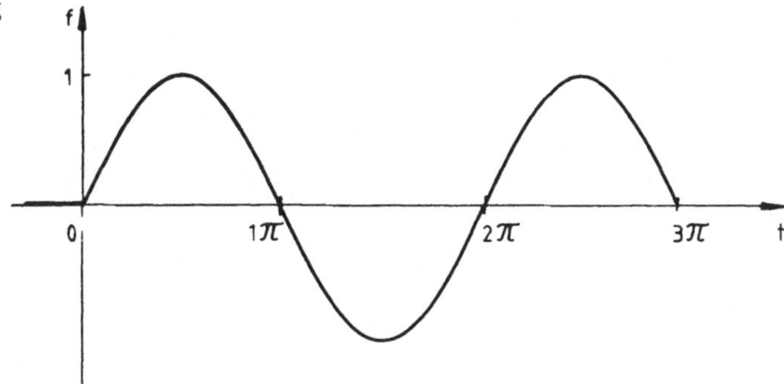

Bild 2.15 a

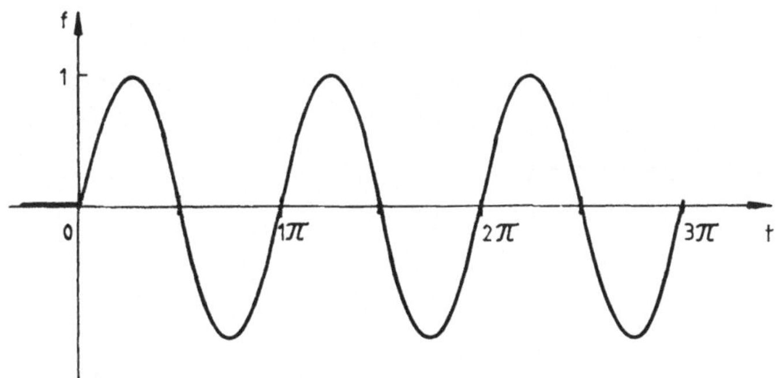

Bild 2.15 b

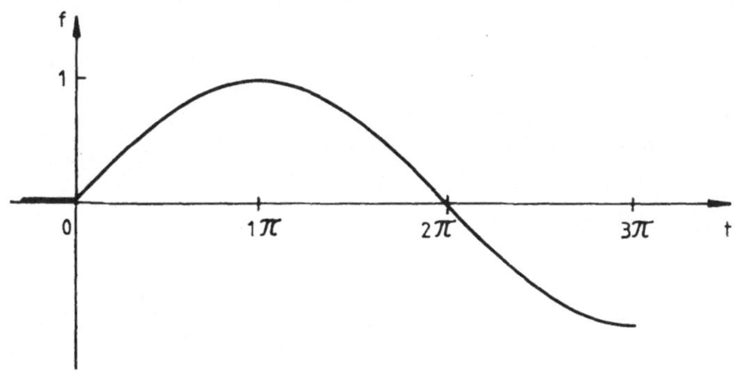

Bild 2.15 c

■

---

[1] $u(at) = u(t)$.

Wir formulieren den Ähnlichkeitssatz. Den Beweis können wir wieder, da er keine Schwierigkeit bietet, als Beispiel dem Leser überlassen.

Ähnlichkeitssatz

Es sei $F(s) = \mathcal{L}\{f(t)\}$ die Bildfunktion von $f(t)$;
dann ist die Bildfunktion der *ähnlichen* Funktion $f(at)$
mit $a > 0$ gleich

$$\mathcal{L}\{f(at)\} = \frac{1}{a} F\left(\frac{s}{a}\right).$$ (2.2)

Beispiel

▼ **2–4** Beweisen Sie Satz (2.2), indem Sie $\tau = a\,t$ substituieren. Hinweis: Gehen Sie von der Definition (1.1) aus.

Lösung
Nach Definition (1.1) ist

$$\mathcal{L}\{f(at)\} = \int\limits_{0}^{\infty} f(at)\, e^{-st}\, dt.$$ (a)

Wir setzen $\tau = a\,t$. Bei dieser Substitution ändern sich die Grenzen des Integrals in Gleichung (a) nicht. Dagegen wird wegen $d\tau = a\,dt$ $dt = \frac{1}{a}\,d\tau$.
Eingesetzt in Gleichung (a) erhalten wir:

$$\mathcal{L}\{f(at)\} = \frac{1}{a} \int\limits_{0}^{\infty} f(\tau)\, e^{-(s/a)\tau}\, d\tau = \frac{1}{a} F\left(\frac{s}{a}\right). \qquad\blacksquare$$

Die folgenden Beispiele sind Anwendungen des Ähnlichkeitssatzes, deren Ergebnisse wir schon aus Kapitel 1 kennen. Sie dienen lediglich der Veranschaulichung des Ähnlichkeitssatzes (2.2).

Beispiele

▼ **2–5** Berechnen Sie mit Hilfe des Satzes (2.2) $\mathcal{L}\{\sin(\omega t)\}$, wenn

$$\mathcal{L}\{\sin(t)\} = \frac{1}{s^2 + 1} \quad \text{ist.}$$

Lösung
Nach Satz (2.2) ist:

$$\mathcal{L}\{\sin(\omega t)\} = \frac{1}{\omega}\, \frac{1}{(s/\omega)^2 + 1} = \frac{\omega}{s^2 + \omega^2}.$$

Dieses Ergebnis kennen wir schon aus Beispiel 1–9. $\qquad\blacksquare$

▼ 2–6 Berechnen Sie mit Hilfe von Satz (2.2) $\mathcal{L}\{\cos(\omega t)\}$, wenn

$$F(s) = \mathcal{L}\{\cos(t)\} = \frac{s}{s^2 + 1} \quad \text{ist.}$$

Lösung

$$\mathcal{L}\{\cos(\omega t)\} = \frac{1}{\omega} F\left(\frac{s}{\omega}\right) = \frac{1}{\omega} \frac{s/\omega}{(s/\omega)^2 + 1} = \frac{s}{s^2 + \omega^2}.$$

▼ 2–7 Berechnen Sie mit Hilfe von Satz (2.2) $\mathcal{L}\{e^{at}\}$, wenn

$$F(s) = \mathcal{L}\{e^{t}\} = \frac{1}{s - 1} \quad \text{ist.}$$

Lösung

$$\mathcal{L}\{e^{at}\} = \frac{1}{a} F\left(\frac{s}{a}\right) = \frac{1}{a} \frac{1}{(s/a) - 1} = \frac{1}{s - a}.$$

▼ 2–8 Berechnen Sie mit Hilfe von Satz (2.2)

$$\mathcal{L}\left\{\frac{1}{2}\left(|\sin(2\pi/T)\,t| - \sin(2\pi/T)\,t\right)\right\}, \text{ wenn}$$

$$\mathcal{L}\left\{\frac{1}{2}\left(|\sin(t)| - \sin(t)\right)\right\} = \frac{1}{s^2 + 1} \frac{1}{(1 - e^{-\pi s})} \quad \text{ist.}$$

Lösung

Wir setzen $a = \dfrac{2\pi}{T}$ oder $\dfrac{1}{a} = \dfrac{T}{2\pi}$.

Dann ist:

$$\mathcal{L}\left\{\frac{1}{2}\left(|\sin(2\pi/T)\,t| - \sin(2\pi/T)\,t\right)\right\} = \frac{(T/2\pi)}{(T/2\pi)^2 s^2 + 1} \frac{1}{1 - e^{-\pi\,(T/2\pi)\,s}}$$

$$= \frac{(2\pi/T)}{s^2 + (2\pi/T)^2} \frac{1}{1 - e^{-(T/2)\,s}}.$$

Das gleiche Ergebnis erhielten wir bereits in Beispiel 1–23.

2.3 Erster Verschiebungssatz

Ersetzt man in einer Funktion $f(t)$ die Variable t durch $t - a$ ($a > 0$), so verschiebt sich die zugehörige Kurve um den Betrag a nach rechts, wie wir uns schon in Abschnitt 1.5.2 überlegt haben.

Wir fragen: Wie läßt sich $\mathcal{L}\{f(t - a)\}$ darstellen, wenn $\mathcal{L}\{f(t)\}$ bekannt ist?

Ehe wir den Verschiebungssatz formulieren und beweisen, wiederholen wir noch einmal, daß wir statt $f(t)$ besser $u(t)\,f(t)$ schreiben, um zu betonen, daß die zu transformierende

Funktion Null für t < 0 ist. Diese Bedingung kommt hier nun zum Tragen. Verschieben wir nämlich u (t) f (t) um den Betrag a nach rechts, so erhalten wir u (t − a) f (t − a) (s. Beispiel 1–30. Diese ist Null für t < a.

Nach diesen Überlegungen können wir die oben gestellte Frage beantworten und den ersten Verschiebungssatz formulieren. Den Beweis überlassen wir wieder dem Leser als Beispiel.

Erster Verschiebungssatz

Es sei u (t − a) f (t − a) die aus u (t) f (t)
durch Verschiebung um den Betrag a entstandene Funktion. Dann gilt:

$$\mathcal{L}\{f(t-a)\} = e^{-as}\, F(s) \quad \text{mit} \quad F(s) = \mathcal{L}\{f(t)\}. \tag{2.3}$$

Beispiele

▼ **2–9** Beweisen Sie den ersten Verschiebungssatz durch die Substitution $t - a = \tau$.

Lösung

Es ist nach Definition (1.1)

$$\mathcal{L}\{f(t-a)\} = \int_0^{\infty} u(t-a)\, f(t-a)\, e^{-st}\, dt. \tag{a}$$

Substituieren wir $\tau = t - a$, so werden die neuen Grenzen für $t = 0$ $\tau = -a$ und für $t = \infty$ $\tau = \infty$. Außerdem ist $dt = d\tau$. Setzen wir das in Gleichung (a) ein, so erhalten wir:

$$\mathcal{L}\{f(t-a)\} = \int_{-a}^{\infty} u(\tau)\, f(\tau)\, e^{-s(\tau + a)}\, d\tau$$

$$= e^{-sa} \int_{-a}^{0} u(\tau)\, f(\tau)\, e^{-s\tau}\, d\tau + e^{-sa} \int_{0}^{\infty} u(\tau)\, f(\tau)\, e^{-s\tau}\, d\tau.$$

Wegen $u(\tau) = 0$ für $\tau < 0$ ist das erste Teilintegral Null. Mit $u(\tau) = 1$ für $\tau \geq 0$ erhalten wir dann:

$$\mathcal{L}\{f(t-a)\} = e^{-as} \int_{0}^{\infty} f(\tau)\, e^{-s\tau}\, d\tau = e^{-as}\, F(s).$$ ∎

▼ **2–10** Berechnen Sie die Laplace-Transformierte von $f(t-a) = u(t-a)(t-a)^2$

    a) mit Hilfe von Satz (2.3);

    b) direkt aus der Definition (1.1).

    Hinweis: Denken Sie daran, daß $u(t-a)(t-a)^2 = 0$ für $t < a$ ist.

Lösung

a) Nach T5 ist $\mathcal{L}\{t^2\} = \dfrac{2}{s^3}$.

Nach Satz (2.3) ist dann:

$$\mathcal{L}\{(t-a)^2\} = e^{-as}\,\mathcal{L}\{t^2\} = e^{-as}\,\frac{2}{s^3} = \frac{2\,e^{-as}}{s^3}\,.$$

b) Nach Definition (1.1) ist die Bildfunktion $F(s)$ von $u(t-a)\,f(t-a)$ gleich:

$$F(s) = \mathcal{L}\{t-a)^2\} = \int_0^\infty u(t-a)\,(t-a)^2\,e^{-st}\,dt.$$

Beachten wir, daß $u(t-a) = 0$ für $t < a$, so wird:

$$F(s) = \int_a^\infty (t-a)^2\,e^{-st}\,dt \overset{\text{p.I.}}{=} -\frac{1}{s}(t-a)^2\,e^{-st}\,\Bigg|_a^\infty + \frac{2}{s}\int_a^\infty (t-a)\,e^{-st}\,dt$$

$$\overset{\text{p.I.}}{=} -\frac{2}{s^2}(t-a)\,e^{-st}\,\Bigg|_a^\infty + \frac{2}{s^2}\int_a^\infty e^{-st}\,dt = -\frac{2}{s^3}\,e^{-st}\,\Bigg|_a^\infty = \frac{2\,e^{-as}}{s^3}\,. \qquad\blacksquare$$

▼ **2–11** Berechnen Sie die Laplace-Transformierte $F(s)$ der Funktion $f(t) = u(t)\,(t-a)^2$.

Lösung

1. Weg: Wir gehen direkt von der Definition (1.1) aus:

$$F(s) = \mathcal{L}\{u(t)\,(t-a)^2\} = \int_0^\infty (t-a)^2\,e^{-st}\,dt = \int_0^\infty (t^2 - 2at + a^2)\,e^{-st}\,dt$$

$$= \int_0^\infty t^2\,e^{-st}\,dt - 2a\int_0^\infty t\,e^{-st}\,dt + a^2\int_0^\infty 1\,e^{-st}\,dt$$

$$= \mathcal{L}\{t^2\} - 2a\,\mathcal{L}\{t\} + a^2\,\mathcal{L}\{1\}.$$

Mit Hilfe unserer Tabelle finden wir:

$$F(s) = \frac{2}{s^3} - 2a\,\frac{1}{s^2} + a^2\,\frac{1}{s} = \frac{2 - 2as + a^2 s^2}{s^3}\,.$$

2. Weg: Wir gehen wieder von der Definition (1.1) aus, doch jetzt unterteilen wir das Integral in folgender Weise:

$$F(s) = \int_0^\infty (t-a)^2\,e^{-st}\,dt = \int_0^a (t-a)^2\,e^{-st}\,dt + \int_a^\infty (t-a)^2\,e^{-st}\,dt = I_1 + I_2.$$

I_2 haben wir schon in Beispiel 2–10 berechnet:

$$I_2 = \frac{2\,e^{-as}}{s^3}\,.$$

I_1 berechnen wir mit Hilfe der partiellen Integration:

$$I_1 = \int_0^a (t-a)^2\, e^{-st}\, dt \overset{\text{p.I.}}{=} -\frac{1}{s}(t-a)^2\, e^{-st}\,\bigg|_0^a + \frac{2}{s}\int_0^a (t-a)\, e^{-st}\, dt$$

$$\overset{\text{p.I.}}{=} \frac{a^2}{s} - \frac{2}{s^2}(t-a)\, e^{-st}\,\bigg|_0^a + \frac{2}{s^2}\int_0^a e^{-st}\, dt = \frac{a^2}{s} - \frac{2a}{s^2} - \frac{2}{s^3}\, e^{-st}\,\bigg|_0^a$$

$$= \frac{a^2}{s} - \frac{2a}{s^2} - \frac{2\,e^{-as}}{s^3} + \frac{2}{s^3} = \frac{a^2 s^2 - 2as + 2}{s^3} - \frac{2\,e^{-as}}{s^3}\,.$$

Wir addieren I_1 und I_2 und erhalten:

$$F(s) = I_1 + I_2 = \frac{a^2 s^2 - 2as + 2}{s^3}\,.$$

■

▼ **2–12** Berechnen Sie die Bildfunktion F (s) der Funktion, die aus der Funktion
$f(t) = u(t)\sin(t)$ durch Verschieben um die Zahl π nach rechts hervorgegangen
ist.

Lösung

Durch die Verschiebung erhalten wir:

$$f(t-\pi) = u(t-\pi)\sin(t-\pi).$$

Wenden wir auf diese Funktion den Satz (2.3) an, so erhalten wir:

$$\mathcal{L}\{f(t-\pi)\} = e^{-\pi s}\,\mathcal{L}\{\sin(t)\}. \tag{a}$$

Nach T7 ist $\mathcal{L}\{\sin(t)\} = \dfrac{1}{s^2+1}$.

Eingesetzt in Gleichung (a) ergibt dies:

$$F(s) = \mathcal{L}\{f(t-\pi)\} = \frac{e^{-\pi s}}{s^2+1}\,.$$

■

▼ **2–13** Berechnen Sie mit Hilfe von Satz (2.3) die Bildfunktion der Treppenfunktion [t].
Hinweis: Benutzen Sie die Darstellung der Treppenfunktion, die Sie in Beispiel 1–28a
gewonnen haben.

Lösung

Es ist:

$$[t] = \sum_{\nu=1}^{\infty} u(t-\nu) \quad \text{und} \quad \mathcal{L}\{[t]\} = \mathcal{L}\left\{\sum_{\nu=1}^{\infty} u(t-\nu)\right\}. \tag{a}$$

Nun ist nach Satz (2.3)

$$\mathcal{L}\{u(t-\nu)\} = e^{-\nu s}\,\mathcal{L}\{u(t)\} = e^{-\nu s}\,\frac{1}{s}.$$

Eingesetzt in Gleichung (a) ergibt dies:

$$\mathcal{L}\{[t]\} = \frac{1}{s}\sum_{\nu=1}^{\infty} e^{-\nu s} = \frac{1}{s}\sum_{\nu=1}^{\infty}(e^{-s})^{\nu}.$$

Die Summe ist eine unendliche geometrische Reihe mit dem Grenzwert $\dfrac{e^{-s}}{1-e^{-s}}$. Das Ergebnis lautet also:

$$\mathcal{L}\{[t]\} = \frac{e^{-s}}{s(1-e^{-s})} = \frac{1}{s(e^{s}-1)}$$

in Übereinstimmung mit dem Ergebnis der Beispiele 1−26 b und 1−28 b. ∎

▼ **2−14** Berechnen Sie mit Hilfe von Satz (2.3)

$$\mathcal{L}\{f(t)\} = \mathcal{L}\{h(u(t-a)-u(t-b))\} \quad (a < b).$$

Lösung

$$\mathcal{L}\{f(t)\} = h(e^{-as}\,\mathcal{L}\{u(t)\} - e^{-bs}\,\mathcal{L}\{u(t)\})$$
$$= h\,\mathcal{L}\{u(t)\}\,(e^{-as} - e^{-bs}).$$

Wegen $\mathcal{L}\{u(t)\} = \frac{1}{s}$ (T1) erhalten wir:

$$\mathcal{L}\{f(t)\} = \frac{h}{s}(e^{-as} - e^{-bs}).$$

Vergleichen Sie das Ergebnis mit Beispiel 1−29. ∎

2.4 Zweiter Verschiebungssatz

Im zweiten Verschiebungssatz liegen die umgekehrten Verhältnisse vor wie im ersten Verschiebungssatz. Wurde dort die Kurve der Funktion nach rechts verschoben, so verschieben wir die Kurve nun nach links:

$$u(t)\,f(t) \rightarrow u(t)\,f(t+a) \quad \text{mit} \quad a > 0.$$

Die Bilder 2.26a und 2.16b sollen dies verdeutlichen.

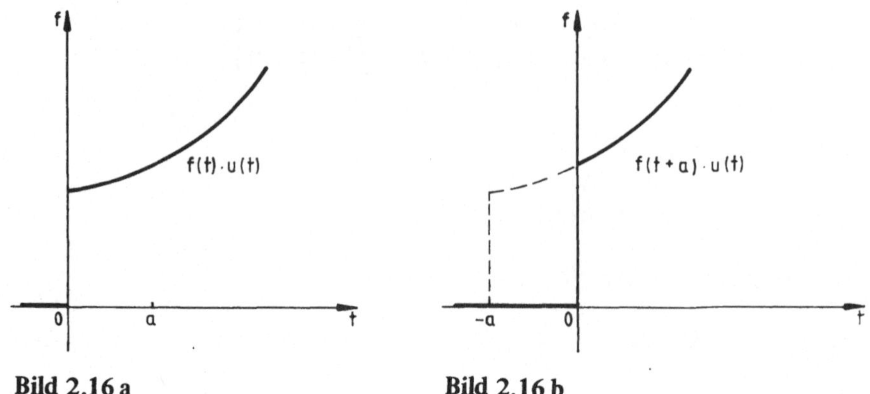

Bild 2.16 a **Bild 2.16 b**

Die Aufgabe, die wir uns stellen, ist die gleiche wie bei den vorhergehenden Sätzen: $\mathcal{L}\{f(t)\}$ sei als bekannt vorausgesetzt. Wir fragen: Ist es möglich, $\mathcal{L}\{u(t)\,f(t+a)\}$ aus $\mathcal{L}\{f(t)\}$ zu berechnen und wie sieht dann die Transformierte aus?

Zweiter Verschiebungssatz

Es sei $\mathcal{L}\{f(t)\}$ die Laplace-Transformierte von $u(t)\,f(t)$.
Dann ist die Laplace-Transformierte von $u(t)\,f(t+a)$:

$$\mathcal{L}\{f(t+a)\} = e^{as}\left(\mathcal{L}\{f(t)\} - \int_{0}^{a} f(t)\,e^{-st}\,dt\right).$$

(2.4)

Beispiele

▼ 2–15 Beweisen Sie Satz 2.4, indem Sie von Definition (1.1) ausgehen.

Hinweis: Substituieren Sie: $\tau = t + a$ und beachten Sie: $\displaystyle\int_{a}^{\infty} = \int_{0}^{\infty} - \int_{0}^{a}$.

Lösung

Nach Definition (1.1) ist:

$$\mathcal{L}\{u(t)\,f(t+a)\} = \int_{0}^{\infty} f(t+a)\,e^{-st}\,dt.$$

Wir substituieren: $\tau = t + a$.
Dann ist: $dt = d\tau$ und die untere Grenze $\tau = a$, die obere Grenze $\tau = \infty$.

44

Wir erhalten damit:

$$\mathcal{L}\{u(t)\,f(t+a)\} = \int_{a}^{\infty} f(\tau)\,e^{-s(\tau-a)}\,d\tau = e^{sa}\int_{a}^{\infty} f(\tau)\,e^{-s\tau}\,d\tau$$

$$= e^{as}\left(\int_{0}^{\infty} f(\tau)\,e^{-s\tau}\,d\tau - \int_{0}^{a} f(\tau)\,e^{-s\tau}\,d\tau\right)$$

$$= e^{as}\left(\mathcal{L}\{f(t)\} - \int_{0}^{a} f(t)\,e^{-st}\,dt\right)^{1)}.$$

■

▼ **2–16** Berechnen Sie mit Hilfe von Satz (2.4) und der Tabelle:

$$\mathcal{L}\left\{\sin\left(t+\frac{\pi}{2}\right)\right\}.$$

Lösung

Wir kennen die Lösung bereits, denn $\sin\left(t+\frac{\pi}{2}\right) = \cos(t)$. Nach T8 ist:

$$\mathcal{L}\left\{\sin\left(t+\frac{\pi}{2}\right)\right\} = \mathcal{L}\{\cos(t)\} = \frac{s}{s^2+1}.$$

Trotzdem ist es lehrreich, das Beispiel mit Hilfe von Satz (2.4) zu berechnen, weil wir sehen werden, daß es wesentlich ist, die Funktion $f(t+a)$ für $t < 0$ gleich Null zu setzen.
Nach Satz (2.4) ist:

$$\mathcal{L}\left\{\sin\left(t+\frac{\pi}{2}\right)\right\} = e^{(\pi/2)s}\left(\mathcal{L}\{\sin(t)\} - \int_{0}^{\pi/2} \sin(t)\,e^{-st}\,dt\right). \tag{a}$$

Die Berechnung des Integrals liefert:

$$\int_{0}^{\pi/2} \sin(t)\,e^{-st}\,dt = \frac{1 - s\,e^{-(\pi/2)s}}{s^2+1}.$$

Setzen wir das Ergebnis in Gleichung (a) ein, so erhalten wir:

$$\mathcal{L}\left\{\sin\left(t+\frac{\pi}{2}\right)\right\} = e^{(\pi/2)s}\left[\frac{1}{s^2+1} - \frac{1 - s\,e^{-(\pi/2)s}}{s^2+1}\right] = \frac{s}{s^2+1}.$$

■

---

1) Wir haben in der letzten Zeile die Integrationsvariable wieder mit t bezeichnet. Wir erinnern daran, daß dies erlaubt ist, weil das bestimmte Integral nur von seinen Grenzen abhängt.

▼ 2–17 Berechnen Sie mit Hilfe von Satz (2.4) die Laplace-Transformierte der verschobenen Einheitssprungfunktion $u(t + a)$ für $a > 0$. Diskutieren Sie das Ergebnis.

Lösung

Nach Satz (2.4) ist:

$$\mathcal{L}\{u(t+a)\} = e^{as}\left(\mathcal{L}\{u(t)\} - \int_0^a u(t)\, e^{-st}\, dt\right) = e^{as}\left(\frac{1}{s} - \int_0^a e^{-st}\, dt\right)$$

$$= e^{as}\left(\frac{1}{s} + \frac{1}{s}\, e^{-st}\,\Big|_0^a\right) = e^{as}\left(\frac{1}{s} + \frac{1}{s}\, e^{-as} - \frac{1}{s}\right) = \frac{e^{as}\, e^{-as}}{s} = \frac{1}{s}.$$

Es ist also $\mathcal{L}\{u(t) + a)\} = \mathcal{L}\{u(t)\}$.

Dieses Ergebnis ist nicht überraschend, wenn wir uns anhand einer Skizze klarmachen, daß $u(t + a)\, u(t) = u(t)$ ist:

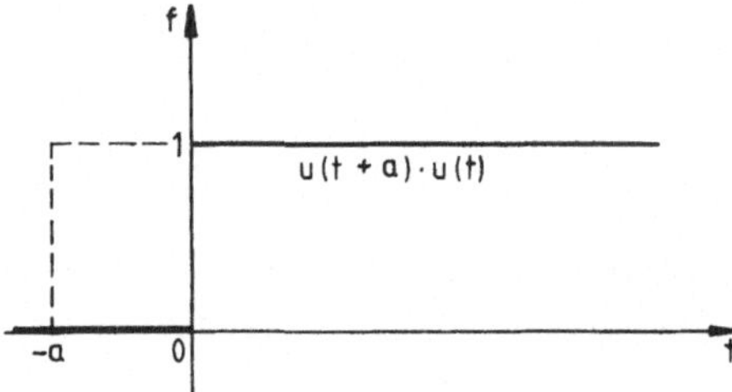

Bild 2.17

▼ 2–18 Berechnen Sie mit Hilfe von Satz (2.4) und T17
$\mathcal{L}\{1 + [t]\}$.

Lösung

Die Funktion ist die um die Zahl $a = 1$ nach links verschobene Treppenfunktion $[t]$ (Vergleichen Sie Beispiel 1–26).
Es ist also $1 + [t] = [t + 1]$.

Wenden wir Satz (2.4) an und beachten, daß nach T17 $\mathcal{L}\{[t]\} = \dfrac{1}{s(e^s - 1)}$ ist, so erhalten wir:

$$\mathcal{L}\{1 + [t])\} = \mathcal{L}\{[t + 1]\} = e^s\left(\frac{1}{s(e^s - 1)} - \int_0^1 0\, e^{-st}\, dt\right) = \frac{e^s}{s(e^s - 1)}.$$

Erweitern wir Zähler und Nenner mit e^{-s}, so erhalten wir:

$$\mathcal{L}\{1 + [t]\} = \frac{1}{s(1 - e^{-s})}.$$

46

▼ **2–19** a) Bestimmen Sie F (s) = $\mathcal{L}\{f(t)\}$, wenn $f(t)$ der *Differenzengleichung* genügt:

$$f(t + 1) = f(t) + 1 \qquad \text{für} \quad t > 1,$$
$$f(t) = 0 \qquad \text{für} \quad 0 < t \leq 1.$$

b) Bestimmen Sie $\mathcal{L}^{-1}\{F(s)\} = f(t)$ mit Hilfe der Tabelle.

Lösung

a) Wir transformieren die *Differenzengleichung* in den Bildraum und erhalten:

$$\mathcal{L}\{f(t + 1)\} = \mathcal{L}\{f(t)\} + \mathcal{L}\{1\}.$$

Auf die linke Seite wenden wir Satz (2.4) an, wobei wir beachten, daß $f(t)$ aufgrund der Definition von $f(t)$ für $t < 1$ gleich Null ist, so daß der Integralteil in Satz (2.4) verschwindet.
Wir erhalten dann:

$$e^s \, \mathcal{L}\{f(t)\} = \mathcal{L}\{f(t)\} + \frac{1}{s}.$$

Aus dieser Bestimmungsgleichung für $\mathcal{L}\{f(t)\}$ berechnen wir:

$$F(s) = \mathcal{L}\{f(t)\} = \frac{1}{s(e^s - 1)}.$$

b) Schauen wir nun in der Tabelle unter T17 nach, so sehen wir, daß zu $F(s) = \dfrac{1}{s(e^s - 1)}$ die Originalfunktion $\mathcal{L}^{-1}\{F(s)\} = f(t) = [t]$ gehört. Wie wir uns leicht anhand einer Skizze überzeugen können, erfüllt die Treppenfunktion $[t]$ die gegebene Differenzengleichung. ∎

In dem folgenden Beispiel kommen wir noch einmal auf den ersten Verschiebungssatz (2.3) zurück, um mit seiner Hilfe eine ähnliche Differenzengleichung wie in Beispiel 2–19 zu lösen. Wir wollen an diesem Beispiel lernen, daß blindes Anwenden einer Regel zu falschen Ergebnissen führen kann. Die meisten Fehler, die gemacht werden, beruhen darauf, daß die Originalfunktionen in der Theorie der Laplace-Transformation für $t < 0$ gleich Null sind, was bei *verschobenen* Funktionen leicht übersehen wird.

▼ **2–20** Bestimmen Sie mit Hilfe von Satz (2.3) die Funktion $f(t)$, die die Differenzengleichung $f(t) = f(t - 1) + 1$ erfüllt. Es soll außerdem gelten: $f(t) = 0$ für $0 < t \leq 1$.

Lösung

Wie schon angedeutet, wollen wir einen *falschen* Weg einschlagen, um aus dem Fehler zu lernen.
Wir transformieren formal die Differenzengleichung in den Bildraum und erhalten:

$$\mathcal{L}\{f(t)\} = \mathcal{L}\{f(t - 1)\} + \mathcal{L}\{1\}.$$

Wir wenden auf $\mathcal{L}\{f(t - 1)\}$ Satz (2.3) an und erhalten mit $\mathcal{L}\{1\} = \frac{1}{s}$:

$$\mathcal{L}\{f(t)\} = e^{-s} \, \mathcal{L}\{f(t)\} + \frac{1}{s}.$$

Aus dieser Bestimmungsgleichung für $\mathcal{L}\{f(t)\}$ ergibt sich:

$$\mathcal{L}\{f(t)\} = \frac{1}{s(1-e^{-s})}.$$

Die zugehörige Originalfunktion ist:

$$f(t) = [t] + 1,$$

wie man Beispiel 2–18 entnehmen kann.

Dieses Ergebnis ist falsch, weil es nicht die Forderung erfüllt, daß für $0 < t \leqq 1$ $f(t) = 0$ ist; denn $f(t) = [t] + 1 = 0 + 1 = 1$ für $0 < t \leqq 1$.

Worin liegt nun der Fehler, den wir gemacht haben?

Entsprechend unserer Forderung und der Eigenschaft der Originalfunktion ist $f(t) = 0$ und $f(t-1) = 0$ für $t \leqq 1$, d.h. $f(t) = f(t-1) (= 0)$ für $t \leqq 1$, so daß die Differenzengleichung $f(t) = f(t-1) + 1$ für $t \leqq 1$ nicht erfüllbar ist.

Wir sind aufgrund dieser Überlegungen gezwungen, die ursprüngliche Differenzengleichung in folgender Weise umzuschreiben:

$$\left.\begin{array}{ll} f(t) = f(t-1) & \text{für } t \leqq 1 \\ f(t) = f(t-1) + 1 & \text{für } t > 1 \end{array}\right\}.$$

Mit Hilfe der verschobenen Sprungfunktion können wir beide Gleichungen zusammenfassen:

$$u(t-1)\,f(t) = u(t-1)\,f(t-1) + u(t-1).$$

Transformieren wir nun diese der Theorie der Laplace-Transformation angepaßte Gleichung in den Bildraum, so erhalten wir:

$$\mathcal{L}\{f(t)\} = e^{-s}\,\mathcal{L}\{f(t)\} + \frac{e^{-s}}{s}$$

oder:

$$\mathcal{L}\{f(t)\} = \frac{e^{-s}}{s(1-e^{-s})}.$$

Erweitern wir noch mit e^{s}, so erhalten wir:

$$\mathcal{L}\{f(t)\} = \frac{1}{s(e^{s}-1)}.$$

Die Rücktransformation gelingt nach T17.
Es ist:

$$f(t) = [t].$$

∎

2.5 Dämpfungssatz

In der Praxis kommt es häufig vor, daß eine Funktion $f(t)$ mit einem Faktor e^{-at} multipliziert ist. Man nennt eine solche Funktion *gedämpft* und den Faktor e^{-at} *Dämpfungsfaktor*[1]).

Wir fragen: Wie läßt sich $\mathcal{L}\{e^{-at}\,f(t)\}$ berechnen, wenn $\mathcal{L}\{f(t)\}$ bekannt ist?

Die Antwort auf diese Frage gibt der

Dämpfungssatz

Es sei $F(s) = \mathcal{L}\{f(t)\}$ die Laplace-Transformierte einer Funktion $f(t)$. Dann ist die Laplace-Transformierte der Funktion $f_1(t) = e^{-at}\,f(t)$ gleich

$$\mathcal{L}\{f_1(t)\} = \mathcal{L}\{e^{-at}\,f(t)\} = F(s+a).$$

(2.5)

Beispiele

▼ **2–21** Beweisen Sie den Dämpfungssatz.

Lösung

Es ist

$$\mathcal{L}\{e^{-at}\,f(t)\} = \int_0^\infty e^{-at}\,f(t)\,e^{-st}\,dt = \int_0^\infty f(t)\,e^{-(s+a)t}\,dt.$$

Schreiben wir für einen Augenblick $s + a = \sigma$, so ist:

$$\int_0^\infty f(t)\,e^{-(s+a)t}\,dt = \int_0^\infty f(t)\,e^{-\sigma t}\,dt = F(\sigma).$$

Schreiben wir nun wieder $s + a$ statt σ, so erhalten wir:

$$\mathcal{L}\{e^{-at}\,f(t)\} = F(s+a). \qquad \blacksquare$$

▼ **2–22** Berechnen Sie mit Hilfe von Satz (2.5) und T5 die Laplace-Transformierte von
$f(t) = t\,e^{-at}$.

Lösung

Nach T5 ist mit $n = 1$ $\mathcal{L}\{t\} = \dfrac{1}{s^2}$.

(a)

---

[1]) Es wird nicht vorausgesetzt, daß $a > 0$ ist, obgleich nur in diesem Fall das Wort Dämpfung gerechtfertigt ist. Für $a < 0$ wäre das Wort Verstärkung angebracht.

Nach Satz (2.5) schreiben wir in Gleichung (a) s + a statt s und erhalten das Ergebnis:

$$\mathcal{L}\{t\,e^{-at}\} = \frac{1}{(s+a)^2}.$$

Vergleichen Sie Beispiel (1–11). ∎

▼ **2–23** Berechnen Sie mit Hilfe von Satz (2.5) und T8 $\mathcal{L}\{e^{-at}\cos(\omega t)\}$.

Lösung

Nach T8 ist $\mathcal{L}\{\cos(\omega t)\} = \dfrac{s}{s^2 + \omega^2}$. (a)

Nach Satz (2.5) haben wir in Gleichung (a) s + a statt a zu schreiben. Wir erhalten dann:

$$\mathcal{L}\{e^{-at}\cos(\omega t)\} = \frac{s+a}{(s+a)^2 + \omega^2}.$$

∎

▼ **2–24** Berechnen Sie $\mathcal{L}\{e^{-2t}\sin(3t)\}$ mit Hilfe von Satz (2.5) und der Tabelle.

Lösung

Nach T7 ist $\mathcal{L}\{\sin(3t)\} = \dfrac{3}{s^2 + 9}$.

Ersetzen wir wieder s durch s + a, so erhalten wir:

$$\mathcal{L}\{e^{-2t}\sin(3t)\} = \frac{3}{(s+2)^2 + 9} = \frac{3}{s^2 + 4s + 13}.$$

∎

▼ **2–25** Berechnen Sie $\mathcal{L}\{e^{2t}\cos(3t)\}$.

Lösung

Es ist:

$$\mathcal{L}\{\cos(3t)\} = \frac{s}{s^2 + 9}.$$

Schreiben wir s − 2 statt s, so erhalten wir:

$$\mathcal{L}\{e^{2t}\cos(3t)\} = \frac{s-2}{(s-2)^2 + 9} = \frac{s-2}{s^2 - 4s + 13}.$$

∎

2.6 Differentiationssatz

Der nun folgende Satz ist für den Anwender der wichtigste, weil er bei der Lösung von Differentialgleichungen mit Hilfe der Laplace-Transformation die entscheidende Rolle spielt, wie wir in den folgenden Kapiteln sehen werden.
Wir stellen uns die Frage: In welchem Zusammenhang steht die Bildfunktion
$F(s) = \mathcal{L}\{f(t)\}$ einer Funktion $f(t)$ mit der Bildfunktion ihrer n^{ten} Ableitung $f^{(n)}(t)$?
Die Antwort darauf gibt der *Differentiationssatz,* den wir nun formulieren wollen:

50

Die Funktion $f(t)$ besitze eine n^{te} Ableitung für jedes $t > 0$, und es existiere die Bildfunktion $\mathcal{L}\{f^{(n)}(t)\}$ dieser n^{ten} Ableitung. Dann hat diese die folgende Form:

$$\mathcal{L}\{f^{(n)}(t)\} = s^n F(s) - s^{n-1} f(0) - s^{n-2} \dot{f}(0) - \ldots - s f^{(n-2)}(0) - f^{(n-1)}(0). \qquad (2.6)$$

Den Beweis dieses Satzes führt man ohne Schwierigkeiten mit Hilfe der vollständigen Induktion.

Wir wollen hier, da es in der Praxis auf die Bildfunktionen der ersten drei Ableitungen ankommt, diese einzeln berechnen. Das Bildungsgesetz für die höheren Ableitungen läßt sich dann leicht erkennen.

Beispiele

▼ 2–26 Beweisen Sie:

a) $\mathcal{L}\{\dot{f}(t)\} = s \mathcal{L}\{f(t)\} - f(0);$

b) $\mathcal{L}\{\ddot{f}(t)\} = s^2 \mathcal{L}\{f(t)\} - s f(0) - \dot{f}(0);$

c) $\mathcal{L}\{\dddot{f}(t)\} = s^3 \mathcal{L}\{f(t)\} - s^2 f(0) - s \dot{f}(0) - \ddot{f}(0).$

Lösung

a) Nach Definition (1.1) ist:

$$\mathcal{L}\{\dot{f}(t)\} = \int_0^\infty \dot{f}(t)\, e^{-st}\, dt \overset{p.I.}{=} f(t)\, e^{-st} \Big|_0^\infty + s \int_0^\infty f(t)\, e^{-st}\, dt.$$

Der ausintegrierte Teil ist für die obere Grenze Null, für die untere Grenze $f(0)\, e^{-s \cdot 0} = f(0)$. Damit erhalten wir das Ergebnis:

$$\mathcal{L}\{\dot{f}(t)\} = -f(0) + s \mathcal{L}\{f(t)\} = s F(s) - f(0).$$

b) Der Beweis entspricht der Lösung a):

$$\mathcal{L}\{\ddot{f}(t)\} = \int_0^\infty \ddot{f}(t)\, e^{-st}\, dt \overset{p.I.}{=} \dot{f}(t)\, e^{-st} \Big|_0^\infty + s \int_0^\infty \dot{f}(t)\, e^{-st}\, dt.$$

Der ausintegrierte Teil ist an der oberen Grenze Null, für die untere Grenze gilt:
$\dot{f}(0)\, e^{-s \cdot 0} = \dot{f}(0)$.
Damit erhalten wir:

$$\mathcal{L}\{\ddot{f}(t)\} = -\dot{f}(0) + s \mathcal{L}\{\dot{f}(t)\}.$$

Setzen wir für $\mathcal{L}\{\dot{f}(t)\}$ das Ergebnis von a) ein, so erhalten wir:

$$\mathcal{L}\{\ddot{f}(t)\} = -\dot{f}(0) + s(s F(s) - f(0)) = s^2 F(s) - s f(0) - \dot{f}(0).$$

c) Entsprechend ist:

$$\mathcal{L}\{\dddot{f}(t)\} = \int_0^\infty \dddot{f}(t)\, e^{-st}\, dt \overset{p.I.}{=} \ddot{f}(t)\, e^{-st}\Big|_0^\infty + s \int_0^\infty \ddot{f}(t)\, e^{-st}\, dt$$

$$= -\ddot{f}(0) + s\,\mathcal{L}\{\ddot{f}(t)\}.$$

Mit dem Ergebnis von b) erhalten wir:

$$\mathcal{L}\{\dddot{f}(t)\} = -\ddot{f}(0) + s(s^2 F(s) - sf(0) - \dot{f}(0))$$

$$= s^3 F(s) - s^2 f(0) - s\dot{f}(0) - \ddot{f}(0). \qquad \bullet$$

Die entscheidend wichtige Eigenschaft der Bildfunktion einer Ableitung liegt darin, daß der *Differentiation* im Originalraum, im Bildraum eine *Multiplikation* einer Potenz von s mit dem Bild F(s) der Originalfunktion f(t) entspricht. Daß noch ein Polynom in s hinzukommt, wird sich als weiterer großer Vorteil bei der Lösung von Differentialgleichungen erweisen. $\qquad\blacksquare$

▼ 2–27 a) Transformieren Sie folgende Gleichung (Differentialgleichung) in den Bildraum:

$$\ddot{f}(t) + f(t) = 0$$

und lösen Sie die entstehende algebraische Gleichung nach $F(s) = \mathcal{L}\{f(t)\}$ auf.
b) Suchen Sie mit Hilfe der Tabelle die Originalfunktion f(t).

Lösung

a) Transformation ergibt wegen der Linearität:

$$\mathcal{L}\{\ddot{f}(t)\} + \mathcal{L}\{f(t)\} = 0. \qquad\qquad (a)$$

Nach Satz (2.6) ist:

$$\mathcal{L}\{\ddot{f}(t)\} = s^2 F(s) - sf(0) - \dot{f}(0).$$

Setzen wir diesen Ausdruck in Gleichung (a) ein, so erhalten wir:

$$s^2 F(s) - sf(0) - \dot{f}(0) + F(s) = 0.$$

Aus dieser Bestimmungsgleichung für F(s) erhalten wir:

$$F(s) = \frac{sf(0) + \dot{f}(0)}{s^2 + 1} = f(0)\,\frac{s}{s^2 + 1} + \dot{f}(0)\,\frac{1}{s^2 + 1}. \qquad\qquad (b)$$

b) Die Rücktransformation von Gleichung (b) ergibt:

$$\mathcal{L}^{-1}\{F(s)\} = f(t) = f(0)\,\mathcal{L}^{-1}\left\{\frac{s}{s^2 + 1}\right\} + \dot{f}(0)\,\mathcal{L}^{-1}\left\{\frac{1}{s^2 + 1}\right\}.$$

Nach T8 bzw. T7 ist:

$$\mathcal{L}^{-1}\left\{\frac{s}{s^2 + 2}\right\} = \cos(t) \quad\text{bzw.}\quad \mathcal{L}^{-1}\left\{\frac{1}{s^2 + 1}\right\} = \sin(t).$$

Damit erhalten wir die Originalfunktion:

$$f(t) = f(0) \cos(t) + \dot{f}(0) \sin(t).$$

Man überzeugt sich leicht, daß $f(t)$ die Gleichung $\ddot{f}(t) + f(t) = 0$ erfüllt. Es ist:

$$\dot{f}(t) = -f(0) \sin(t) + \dot{f}(0) \cos(t);$$
$$\ddot{f}(t) = -f(0) \cos(t) - \dot{f}(0) \sin(t) = -f(t).$$

Setzen wir $\ddot{f}(t) = -f(t)$ in die Gleichung $\ddot{f}(t) + f(t) = 0$ ein, so erhalten wir die Identität:

$$-f(t) + f(t) = 0.$$

▼ **2–28** Berechnen Sie mit Hilfe von Satz (2.6) die Laplace-Transformierte von $f(t) = t$ unter der Annahme, daß $\mathcal{L}\{1\} = \frac{1}{s}$ als bekannt vorausgesetzt wird.
Hinweis: Benutzen Sie $\dot{f}(t) = 1$.

Lösung

Nach Satz (2.6) ist:

$$\mathcal{L}\{\dot{f}(t)\} = \mathcal{L}\{1\} = \frac{1}{s} = s\,\mathcal{L}\{f(t)\} - f(0) = s\,\mathcal{L}\{t\} - f(0).$$

Wegen $f(0) = 0$ folgt sofort:

$$s\,\mathcal{L}\{t\} = \frac{1}{s}$$

oder: $\mathcal{L}\{t\} = \frac{1}{s^2}$.

▼ **2–29** Berechnen Sie mit Hilfe von Satz (2.6) die Bildfunktion $F(s)$ der Funktion $f(t) = t^n$ $(n \in \mathbb{N})$, wenn $\mathcal{L}\{1\} = \frac{1}{s}$ ist.

Lösung

Wir bilden die ersten n Ableitungen von $f(t) = t^n$:

$$\dot{f}(t) = n\,t^{n-1} \qquad\qquad\qquad\qquad \dot{f}(0) = 0$$
$$\ddot{f}(t) = n(n-1)\,t^{n-2} \qquad\qquad\quad\; \ddot{f}(0) = 0$$
$$\vdots$$
$$f^{(n-1)}(t) = n(n-1)(n-2)\ldots 2\cdot 1\,t^{1} \qquad f^{(n-1)}(0) = 0$$
$$f^{(n)}(t) = n(n-1)(n-2)\ldots\ldots 2\cdot 1\,t^{0} \qquad f^{(n)}(0) = n!$$

Wir wenden Satz (2.6) auf $f^{(n)}(t)$ an und erhalten:

$$\mathcal{L}\{f^{(n)}(t)\} = \mathcal{L}\{n!\} = n!\,\mathcal{L}\{1\} = \frac{n!}{s}$$
$$= s^n\,\mathcal{L}\{f(t)\} - s^{n-1}f(0) - s^{n-2}\dot{f}(0) - \ldots - f^{(n-1)}(0).$$

Weil alle Anfangswerte gleich Null sind, erhalten wir:

$$\frac{n!}{s} = s^n\,\mathcal{L}\{t^n\}$$

und daraus:

$$\mathcal{L}\{t^n\} = \frac{n!}{s^{n+1}}.$$ ■

▼ **2–30** Ein Student sollte mit Hilfe von Satz (2.6) die Bildfunktion der Funktion
$f(t-a) = t-a$ berechnen.
Er schlug folgenden Lösungsweg ein:

$$\mathcal{L}\{\dot{f}(t-a)\} = s\,\mathcal{L}\{f(t-a)\} - f(0).$$

Durch Umstellen der Gleichung erhielt er:

$$\mathcal{L}\{f(t-a)\} = \frac{\mathcal{L}\{\dot{f}(t-a)\} + f(0)}{s}.$$ (a)

Er berechnete $\dot{f}(t-a) = \frac{d}{dt}(t-a) = 1$
und mit T1 $\mathcal{L}\{\dot{f}(t-a)\} = \mathcal{L}\{1\} = \frac{1}{s}$.
Für $f(0)$ erhielt er:

$$f(0) = 0 - a = -a.$$

Diese Ergebnisse in Gleichung (a) eingesetzt, ergaben:

$$\mathcal{L}\{t-a\} = \frac{(1/s) - a}{s} = \frac{1 - as}{s^2}.$$

Das Ergebnis ist falsch. Korrigieren Sie die Fehler.

Lösung

Wir machen uns eine Skizze der Funktion $f(t-a) = t-a$ unter Beachtung, daß $f(t-a) = 0$
für $t < a$ ist (s. Bild 2.18)

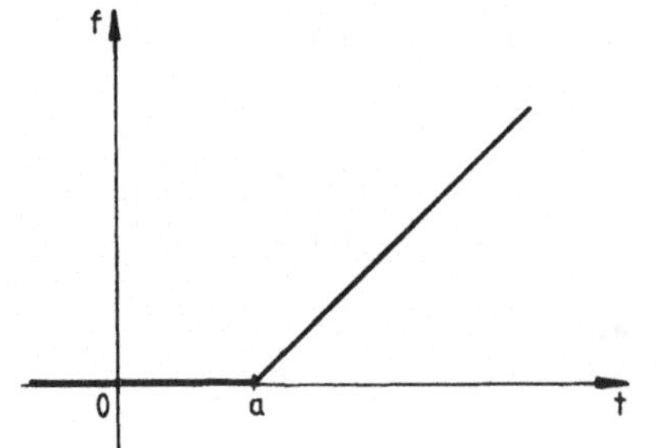

Bild 2.18

54

Wir verfolgen den Lösungsweg des Studenten. Bis Gleichung (a) ist alles richtig, denn Gleichung (a) ist nur eine Umstellung des Differentiationssatzes (2.6).

Er macht den ersten Fehler bei der Berechnung von $\dot{f}(t-a)$: Wie aus der Skizze ersichtlich, ist die Ableitung

$$\dot{f}(t-a) = \left\{ \begin{array}{ccc} 1 & \text{für} & t > a \\ 0 & \text{für} & t < a \end{array} \right\} = u(t-a).$$

Deren Bildfunktion ist nach T2:

$$\mathcal{L}\{u(t-a)\} = \frac{e^{-as}}{s}.$$

Den zweiten Fehler macht er bei der Berechnung von $f(0)$.

$f(0)$ bedeutet: $f(t-a)$ an der Stelle $t = a$. Daraus folgt, daß $f(0) = 0$ ist.

Setzen wir diese Ergebnisse in Gleichung (a) ein, so erhalten wir:

$$\mathcal{L}\{t-a\} = \frac{\dfrac{e^{-as}}{s} - 0}{s} = \frac{e^{-as}}{s^2}.$$

■

▼ **2–31** Leiten Sie den Differentiationssatz für eine verschobene Originalfunktion $\dot{f}(t-a)$ ab, indem Sie

    a) von der Definition (1.1) ausgehen;

    b) den ersten Verschiebungssatz (2.3) und dann den Differentiationssatz (2.6) anwenden.

Lösung

a) Weil $\dot{f}(t-a) = 0$ für $t < a$ ist, ist die untere Grenze des Integrals a.

Mit Definition (1.1) erhalten wir:

$$\mathcal{L}\{\dot{f}(t-a)\} = \int_{a}^{\infty} \dot{f}(t-a)\, e^{-st}\, dt.$$

Substituieren wir $\tau = t - a$, so wird:

$$\mathcal{L}\{\dot{f}(t-a)\} = \int_{0}^{\infty} \dot{f}(\tau)\, e^{-(\tau+a)s}\, d\tau = e^{-as} \int_{0}^{\infty} \dot{f}(\tau)\, e^{-s\tau}\, d\tau$$

$$\overset{\text{p.I.}}{=} e^{-as} \left[f(\tau)\, e^{-s\tau} \Big|_{0}^{\infty} + s \int_{0}^{\infty} f(\tau)\, e^{-s\tau}\, d\tau \right]$$

$$= -e^{-as} f(0) + s\, e^{-as}\, \mathcal{L}\{f(t)\}.$$

b) Wir wenden Satz (2.3) an und erhalten:

$$\mathcal{L}\{\dot{f}(t-a)\} = e^{-as}\,\mathcal{L}\{\dot{f}(t)\} = e^{-as}\,(s\,\mathcal{L}\{f(t)\} - f(0)).$$

$$\mathcal{L}\{\dot{f}(t-a)\} = s\,e^{-as}\,\mathcal{L}\{f(t)\} - e^{-as}\,f(0). \qquad\blacksquare$$

▼ **2–32** Berechnen Sie die Laplace-Transformierte von $f(t) = e^{at}$ mit Hilfe von Satz (2.6).

Lösung

Es ist $\dot{f}(t) = a\,e^{at}$ und $f(0) = 1$.
Wenden wir Satz (2.6) an, so erhalten wir:

$$\mathcal{L}\{\dot{f}(t)\} = a\,\mathcal{L}\{e^{at}\} = s\,\mathcal{L}\{e^{at}\} - 1.$$

Diese Bestimmungsgleichung für $\mathcal{L}\{e^{at}\}$ lösen wir nach $\mathcal{L}\{e^{at}\}$ auf und erhalten:

$$\mathcal{L}\{e^{at}\} = \frac{1}{s-a}. \qquad\blacksquare$$

▼ **2–33** Berechnen Sie die Bildfunktion $F(s)$ von $f(t) = \sinh(\omega t)$ mit Hilfe des Satzes (2.6).
Hinweis: Beachten Sie, daß $\dfrac{d^2}{dt^2}(\sinh(t)) = \sinh(t)$ ist.

Lösung

Es ist $\ddot{f}(t) = \omega^2\,f(t)$.
Gehen wir zur Laplace-Transformierten dieser Differentialgleichung über und wenden Satz (2.6) an, so erhalten wir:

$$s^2\,\mathcal{L}\{f(t)\} - s\,f(0) - \dot{f}(0) = \omega^2\,\mathcal{L}\{f(t)\}$$

oder

$$\mathcal{L}\{f(t)\} = \frac{s\,f(0) + \dot{f}(0)}{s^2 - \omega^2}.$$

Wegen $\sinh(0) = 0 = f(0)$ und $\omega\cosh(0) = \omega = \dot{f}(0)$ erhalten wir:

$$\mathcal{L}\{f(t)\} = \frac{\omega}{s^2 - \omega^2}. \qquad\blacksquare$$

▼ **2–34** Berechnen Sie die Bildfunktion $F(s)$ von $f(t) = \sin(\omega t)$ mit Hilfe von Satz (2.6).

Lösung

Wir gehen den gleichen Weg wie in den Beispielen 2–32 und 2–33.
Es ist $\ddot{f}(t) = -\omega^2\,f(t)$.
Die Anfangsbedingungen sind: $f(0) = 0$ und $\dot{f}(0) = \omega$.
Wenden wir Satz (2.6) an, so erhalten wir:

$$s^2\,\mathcal{L}\{f(t)\} - \omega = -\omega^2\,\mathcal{L}\{f(t)\} \qquad \text{oder}$$

$$\mathcal{L}\{f(t)\} = \frac{\omega}{s^2 + \omega^2}. \qquad\blacksquare$$

▼ **2–35** Es sei $f(t) = \begin{cases} t & \text{für} & 0 \leq t \leq 1 \\ 0 & \text{für} & t > 1 \end{cases}$.

    a) Berechnen Sie $\mathcal{L}\{f(t)\}$;

    b) Berechnen Sie $\mathcal{L}\{\dot{f}(t)\}$;

    c) Ist Satz (2.6) anwendbar? Erklären Sie!

Lösung

a) Nach Definition (1.1) ist

$$\mathcal{L}\{f(t)\} = \int_0^1 t\, e^{-st}\, dt \overset{\text{p.I.}}{=} -\frac{t}{s}\, e^{-st} \Big|_0^1 + \frac{1}{s} \int_0^1 e^{-st}\, dt$$

$$= -\frac{e^{-s}}{s} - \frac{1}{s^2}\, e^{-st} \Big|_0^1 = -\frac{e^{-s}}{s} - \frac{e^{-s}}{s^2} + \frac{1}{s^2}.$$

$$\mathcal{L}\{f(t)\} = \frac{1 - s\, e^{-s} - e^{-s}}{s^2}.$$

b) Es ist: $\dot{f}(t) = \begin{cases} 1 & \text{für} & 0 < t < 1 \\ 0 & \text{für} & t > 1 \end{cases}$.

Anwendung von Definition (1.1) ergibt:

$$\mathcal{L}\{\dot{f}(t)\} = \int_0^1 1\, e^{-st}\, dt = -\frac{1}{s}\, e^{-st} \Big|_0^1 = \frac{1 - e^{-s}}{s}.$$

c) Satz (2.6) ist nicht anwendbar, weil $\dot{f}(t)$ an der Stelle $t = 1$ nicht existiert.
Wir überzeugen uns davon, indem wir die Ergebnisse von a) und b) in Satz (2.6) einsetzen.
Wir erhalten:

$$\mathcal{L}\{\dot{f}(t)\} = \frac{1 - e^{-s}}{s} = s\, \mathcal{L}\{f(t)\} = s\, \frac{1 - s\, e^{-s} - e^{-s}}{s^2}$$

oder:

$$1 - e^{-s} = 1 - s\, e^{-s} - e^{-s}.$$

Daraus folgt: $0 = -s\, e^{-s}$.
Dieses Ergebnis ist offensichtlich falsch. ■

2.7 Integrationssatz

Wir kommen nun zu einer Eigenschaft der Laplace-Transformation, die eng mit dem Differationssatz (2.6) zusammenhängt.

Wir fragen: Wie läßt sich $\mathcal{L}\left\{\int_{-\infty}^{t} f(\tau)\,d\tau\right\}$ darstellen, wenn $\mathcal{L}\{f(t)\}$ bekannt ist.

Die Antwort darauf gibt der

Integrationssatz

Es existiere $\mathcal{L}\{f(t)\}$, dann existiert auch $\mathcal{L}\left\{\int_{-\infty}^{t} f(\tau)\,d\tau\right\}$ und es gilt:

$$\mathcal{L}\left\{\int_{-\infty}^{t} f(\tau)\,d\tau\right\} = \frac{1}{s}\,(\mathcal{L}\{f(t)\} + \phi(0)) \quad \text{mit} \quad \phi(0) = \int_{-\infty}^{0} f(t)\,dt. \tag{2.7}$$

Wir wollen den Satz unter etwas abgeschwächten Bedingungen in Beispiel 2–36 beweisen.

Beispiele

▼ **2–36** Es sei $\phi(t) = u(t) \int_{-\infty}^{t} f(\tau)\,d\tau$, wobei wir $f(t)$ als stetig voraussetzen.

Beweisen Sie

$$\mathcal{L}\{\phi(t)\} = \mathcal{L}\left\{\int_{-\infty}^{t} f(\tau)\,d\tau\right\} = \frac{1}{s}\,(\mathcal{L}\{f(t)\} + \phi(0)) \text{ mit } \phi(0) = \int_{-\infty}^{0} f(t)\,dt.$$

Lösung

Während wir den Satz (2.7) unter der Voraussetzung formuliert haben, daß $\mathcal{L}\{f(t)\}$ existiert, woraus nicht folgt, daß $f(t)$ stetig sein muß, fordern wir hier, daß $f(t)$ stetig ist. Dann wissen wir nämlich nach einem bekannten Satz aus der Integralrechnung, daß $\phi(t)$ differenzierbar ist: $\dot{\phi}(t) = f(t)$.
Nun ist nach Satz (2.6):

$$\mathcal{L}\{\dot{\phi}(t)\} = s\,\mathcal{L}\{\phi(t)\} - \phi(0)$$

oder:

$$\mathcal{L}\{f(t)\} = s\,\mathcal{L}\left\{\int_{-\infty}^{t} f(\tau)\,d\tau\right\} - \phi(0).$$

Durch Umstellen erhalten wir:

$$\mathcal{L}\left\{\int_{-\infty}^{t} f(\tau)\,d\tau\right\} = \frac{1}{s}\,(\mathcal{L}\{f(t)\} + \phi(0)).$$

In der Praxis ist sehr oft $\phi(0) = \int\limits_{-\infty}^{0} f(t)\, dt = 0$, da in vielen technischen Anwendungen $f(t) = 0$ für $t < 0$ ist.

Dann nimmt Satz (2.7) die Form an:

$$\mathcal{L}\left\{ \int\limits_{0}^{t} f(\tau)\, d\tau \right\} = \frac{1}{s}\,\mathcal{L}\{f(t)\}. \tag{2.7a}$$

▼ **2–37** Berechnen Sie die Laplace-Transformierte der Funktion:

$$\phi(t) = \int\limits_{0}^{t} \cos(\tau)\, d\tau \quad \text{mit Hilfe von Satz (2.7a) und T8.}$$

Lösung

Nach Satz (2.7a) und T8 ist:

$$\mathcal{L}\{\phi(t)\} = \mathcal{L}\left\{ \int\limits_{0}^{t} \cos(\tau)\, d\tau \right\} = \frac{1}{s}\,\mathcal{L}\{\cos(t)\} = \frac{1}{s}\,\frac{s}{s^2+1} = \frac{1}{s^2+1}.$$

Das Ergebnis war zu erwarten, denn $\int\limits_{0}^{t} \cos(\tau)\, d\tau = \sin(\tau)\Big|_{0}^{t} = \sin(t)$. Nach T7 ist:
$\mathcal{L}\{\sin(t)\} = \dfrac{1}{s^2+1}.$

▼ **2–38** a) Berechnen Sie mit Hilfe von Satz (2.7a) und T7:

$$\mathcal{L}\left\{ \int\limits_{0}^{t} \sin(\tau)\, d\tau \right\}.$$

b) Berechnen Sie zuerst das Integral und bilden Sie anschließend mit Hilfe der Tabelle die Laplace-Transformierte.

Lösung

a) $\quad \mathcal{L}\left\{ \int\limits_{0}^{t} \sin(\tau)\, d\tau \right\} = \frac{1}{s}\,\mathcal{L}\{\sin(t)\} = \frac{1}{s}\,\frac{1}{s^2+1}.$

b) $\quad \int\limits_{0}^{t} \sin(\tau)\, d\tau = -\cos(\tau)\Big|_{0}^{t} = 1 - \cos(t).$

$$\mathcal{L}\{1 - \cos(t)\} = \mathcal{L}\{1\} - \mathcal{L}\{\cos(t)\} = \frac{1}{s} - \frac{s}{s^2+1}$$

$$= \frac{s^2+1-s^2}{s(s^2+1)} = \frac{1}{s}\,\frac{1}{s^2+1}.$$

Beide Ergebnisse stimmen überein.

▼ **2–39** Berechnen Sie mit Hilfe von Satz (2.7) und T6: $\mathcal{L}\left\{\int\limits_{-\infty}^{t} e^{\tau}\,d\tau\right\}$.

Lösung

$$\mathcal{L}\left\{\int\limits_{-\infty}^{t} e^{\tau}\,d\tau\right\} = \frac{1}{s}\left(\mathcal{L}\{e^{t}\} + \int\limits_{-\infty}^{0} e^{\tau}\,d\tau\right) = \frac{1}{s}\left(\frac{1}{s-1} + 1\right) =$$

$$= \frac{1}{s}\,\frac{1+s-1}{s-1} = \frac{1}{s-1}.$$

▼ **2–40** Berechnen Sie mit Hilfe von Satz (2.7) und T5: $\mathcal{L}\left\{\int\limits_{-1}^{t} e^{2\tau}\,d\tau\right\}$.
Bestätigen Sie das Ergebnis wie in Beispiel 2–38.

Lösung

$$\mathcal{L}\left\{\int\limits_{-1}^{t} e^{2\tau}\,d\tau\right\} = \frac{1}{s}\left(\mathcal{L}\{e^{2t}\} + \int\limits_{-1}^{t} e^{2\tau}\,d\tau\right) = \frac{1}{s}\left(\frac{1}{s-2} + \frac{1}{2}\,e^{2\tau}\,\Big|_{-1}^{0}\right)$$

$$= \frac{1}{2s}\left(\frac{2+s-2-e^{-2}(s-2)}{s-2}\right) = \frac{s-e^{-2}(s-2)}{2s(s-2)}.$$

Wir bestätigen das Ergebnis, indem wir zuerst das Integral $\int\limits_{-1}^{t} e^{2\tau}\,d\tau$ ausrechnen und dann die Bildfunktion bilden.

$$\int\limits_{-1}^{t} e^{2\tau}\,d\tau = \frac{1}{2}\,e^{2t} - \frac{1}{2}\,e^{-2}.$$

$$\mathcal{L}\left\{\frac{1}{2}(e^{2t} - e^{-2})\right\} = \frac{1}{2}\,\mathcal{L}\{e^{2t}\} - \frac{1}{2}\,e^{-2}\,\mathcal{L}\{1\} = \frac{1}{2}\,\frac{1}{s-2} - \frac{1}{2}\,e^{-2}\,\frac{1}{s}$$

$$= \frac{s-e^{-2}(s-2)}{2s(s-2)}.$$

2.8 Faltungssatz

Im ersten Abschnitt dieses Kapitels haben wir die Frage gestellt: „Wie sieht die Laplace-Transformierte der Summe zweier Funktionen aus, wenn die Bildfunktionen der einzelnen Funktionen bekannt sind?"
Die Beantwortung dieser Frage erwies sich als sehr einfach und führte zum Satz (2.1).

Es liegt nun die Frage nahe, wie die Laplace-Transformierte eines Produkts zweier Funktionen $f_1(t)\, f_2(t)$ zu bilden sei, wenn die Bildfunktionen $\mathcal{L}\{f_1(t)\}$ und $\mathcal{L}\{f_2(t)\}$ bekannt sind.

Die Antwort auf diese Frage ist möglich. Doch benötigt man dazu das Hilfsmittel Funktionentheorie. Wir müssen deshalb auf die Formulierung und den Beweis des sogenannten komplexen Faltungssatzes verzichten. Glücklicherweise sind wir im Rahmen dieses Buches nicht auf ihn angewiesen.

Dagegen wird sehr häufig folgende Situation eintreten: Beim Übergang vom Originalraum zum Bildraum entsteht eine Bildfunktion $F(s)$, die das Produkt zweier Bildfunktionen $F_1(s)$ und $F_2(s)$ ist.

Es sei also $F(s) = F_1(s)\, F_2(s)$.

Es stellt sich dann die Frage: Kann man $f(t) = \mathcal{L}^{-1}\{F(s)\}$ bilden, wenn $f_1(t) = \mathcal{L}^{-1}\{F_1(s)\}$ und $f_2(t) = \mathcal{L}^{-1}\{F_2(s)\}$ bekannt sind?

Die Antwort auf diese Frage gibt der Faltungssatz:

Faltungssatz

Es sei $F(s)$ das Produkt zweier Bildfunktionen $F_1(s)$ und $F_2(s)$:

$$F(s) = F_1(s)\, F_2(s).$$

Die $F_1(s)$ bzw. $F_2(s)$ entsprechenden Originalfunktionen seien $f_1(t)$ bzw. $f_2(t)$.
Dann ist:

$$f(t) = \mathcal{L}^{-1}\{F_1(s)\, F_2(s)\} = \int_0^t f_1(\tau)\, f_2(t-\tau)\, d\tau. \tag{2.8}$$

Das Integral in Satz (2.8) hat wegen seiner Bedeutung in vielen Gebieten der Technik und Naturwissenschaften einen eigenen Namen erhalten.
Man nennt

$$f(t) = \int_0^t f_1(\tau)\, f_2(t-\tau)\, d\tau$$ das Faltungsintegral oder das Faltungsprodukt der Funktionen

$f_1(t)$ und $f_2(t)$ und bezeichnet es symbolisch mit $f_1(t) \star f_2(t)$ (sprich: $f_1(t)$ Stern $f_2(t)$)[1].
Mit dieser symbolischen Schreibweise können wir den Faltungssatz folgendermaßen ausdrücken:

$$f(t) = \mathcal{L}^{-1}\{F_1(s)\, F_2(s)\} = f_1(t) \star f_2(t)$$

oder:

$$f(t) = f_1(t) \star f_2(t) \circ\!\!-\!\!\bullet\ F_1(s)\, F_2(s).$$

---

[1] Im Englischen heißt diese Operation *convolution*.

Bevor wir eine geometrische Deutung des Faltungsintegrals (kurz Faltung genannt) geben und den Faltungssatz beweisen, wollen wir uns mit der Anwendung von Satz (2.8) vertraut machen.

Beispiele

▼ **2–41** Es seien $F_1(s) = \frac{1}{s}$ und $F_2(s) = \frac{1}{s}$ zwei Bildfunktionen. Berechnen Sie mit Hilfe von T1 und Satz (2.8) die Originalfunktion $f(t)$ des Produktes $F(s) = F_1(s) \, F_2(s)$.

Lösung

Nach T1 ist $f_1(t) = f_2(t) = 1$
Wenden wir Satz (2.8) an, so erhalten wir wegen $f_1(t) = 1$ und $f_2(t - \tau) = 1$

$$f(t) = 1 \star 1 = \int_0^t 1 \cdot 1 \, d\tau = t.$$

▪

▼ **2–42** Bestimmen Sie mit Hilfe von Satz (2.8) die Originalfunktion $f(t) = \mathcal{L}^{-1}\{F(s)\}$ von $F(s) = \frac{1}{s-a} \; \frac{1}{s-b}$.

Lösung

Wir schreiben $F_1(s) = \frac{1}{s-a}$ und $F_2(s) = \frac{1}{s-b}$.
Nach T6 ist dann:

$$f_1(t) = e^{at} \quad \text{und} \quad f_2(t) = e^{bt}$$

und damit ist:

$$f_1(\tau) = e^{a\tau} \quad \text{und} \quad f_2(t - \tau) = e^{b\,(t-\tau)}.$$

Nun können wir das Faltungsintegral berechnen:

$$\int_0^t f_1(\tau)\, f_2(t-\tau)\, d\tau = \int_0^t e^{a\tau}\, e^{b\,(t-\tau)}\, d\tau = e^{bt} \int_0^t e^{(a-b)\tau}\, d\tau$$

$$= e^{bt} \left. \frac{e^{(a-b)\tau}}{a-b} \right|_0^t = \frac{e^{bt}}{a-b}\left(e^{(a-b)t} - 1\right) = \frac{e^{at} - e^{bt}}{a-b}.$$

Das Ergebnis lautet also:

$$f(t) = \mathcal{L}^{-1}\left\{\frac{1}{s-a} \cdot \frac{1}{s-b}\right\} = \mathcal{L}^{-1}\left\{\frac{1}{s-a}\right\} \star \mathcal{L}^{-1}\left\{\frac{1}{s-b}\right\} = \frac{e^{at} - e^{bt}}{a-b}.$$

▪

▼ **2–43** Berechnen Sie mit Hilfe des Faltungssatzes (2.8) die Originalfunktion

$$f(t) = \mathcal{L}^{-1}\left\{\frac{\omega}{s^2\,(s^2+\omega^2)}\right\}.$$

Lösung

Es sei $F_1(s) = \dfrac{\omega}{s^2+\omega^2}$ und $F_2(s) = \dfrac{1}{s^2}$.

Die zugehörigen Originalfunktionen sind $f_1(t) = \sin(\omega t)$ und $f_2(t) = t$. Damit erhalten wir:

$$f(t) = \int\limits_0^t \sin(\omega\tau)\,(t-\tau)\,d\tau.$$

Wir berechnen das Faltungsintegral:

$$f(t) = \int\limits_0^t \sin(\omega\tau)\,(t-\tau)\,d\tau \overset{\text{p.I.}}{=} -\frac{t-\tau}{\omega}\cos(\omega\tau)\Big|_0^t - \frac{1}{\omega}\int\limits_0^t \cos(\omega\tau)\,d\tau$$

$$= \frac{t}{\omega} - \frac{1}{\omega^2}\sin(\omega\tau)\Big|_0^t = \frac{t}{\omega} - \frac{\sin(\omega t)}{\omega^2}. \qquad\blacksquare$$

Wir wollen nun die angekündigte geometrische Deutung des Faltungsintegrals geben. Wir betrachten dazu den zweiten Faktor des Integranden $f_2(t-\tau)$:

Es sei $f_2(\tau)$ eine Funktion, die als Originalfunktion für $\tau < 0$ verschwindet (s. Bild 2.19a). Dann ist $f_2(\tau-t)$ bei konstantem t die um diese Zahl t nach rechts verschobene Funktion $f_2(\tau)$ (s. Bild 2.19b). Die Vorzeichenänderung des Arguments $(\tau - t \to -(\tau - t) = t - \tau)$ bedeutet die Spiegelung der Funktion an der in t errichteten Senkrechten auf der τ-Achse (s. Bild 2.19c).

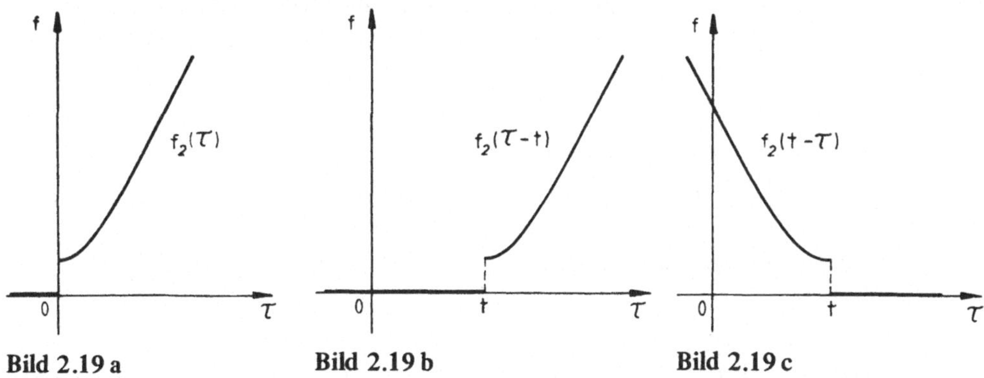

Bild 2.19 a   **Bild 2.19 b**   **Bild 2.19 c**

Multipliziert man die Funktion $f_2(t-\tau)$ mit $f_1(\tau)$, so ist dieses Produkt $f_1(\tau)\,f_2(t-\tau)$ nur im Intervall $0 \le \tau \le t$ von Null verschieden (Es sei daran erinnert, daß $f_1(\tau)$ als Originalfunktion für $\tau < 0$ verschwindet). Diese Eigenschaft ist für den Beweis des Faltungssatzes wichtig.

Die Bezeichnung Faltung findet ihre Deutung so:
Falten wir die τ-Achse in der Mitte zwischen 0 und t, so liegt der Punkt $t - \tau_1$ auf τ_1
(s. Bild 2.20).

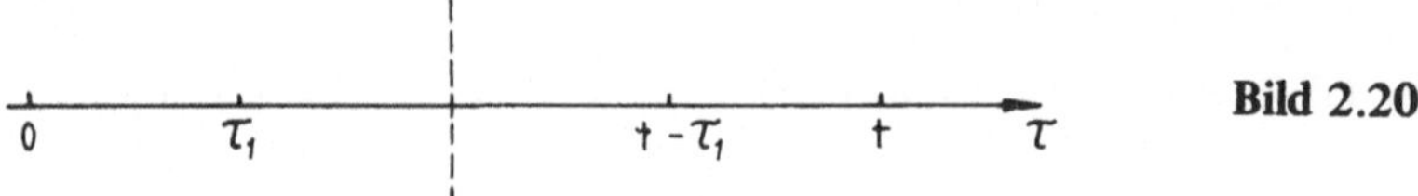

Bild 2.20

Nach dieser Vorbereitung kommen wir zum Beweis des Faltungssatzes:
Es sei:

$$f(t) = \int_0^t f_1(\tau)\, f_2(t - \tau)\, d\tau.$$

Wir haben zu zeigen, daß gilt:

$$F(s) = \mathcal{L}\{f(t)\} = \int_{t=0}^{\infty} \int_{\tau=0}^{t} f_1(\tau)\, f_2(t - \tau)\, d\tau\; e^{-st}\, dt$$

$$= \mathcal{L}\{f_1(t)\}\, \mathcal{L}\{f_2(t)\} = \int_0^{\infty} f_1(\tau)\, e^{-s\tau}\, d\tau \int_0^{\infty} f_2(t)\, e^{-st}\, dt = F_1(s)\, F_2(s).$$

Zu diesem Zweck formen wir das Doppelintegral um:
Wie wir bei der geometrischen Deutung der Faltung gesehen haben, ist der Integrand
$f_1(\tau)\, f_2(t - \tau) = 0$ für $\tau > t$. Wir können deshalb die obere Grenze des inneren Integrals
bis unendlich erstrecken. Dann wird:

$$\mathcal{L}\{f(t)\} = \int_{t=0}^{\infty} \int_{\tau=0}^{\infty} f_1(\tau)\, f_2(t - \tau)\, d\tau\; e^{-st}\, dt.$$

Wir vertauschen nun die beiden Integrale, ohne zu untersuchen, unter welchen Bedingungen
dies erlaubt ist:

$$\mathcal{L}\{f(t)\} = \int_{\tau=0}^{\infty} f_1(\tau) \int_{t=0}^{\infty} f_2(t - \tau)\, e^{-st}\, dt\, d\tau. \tag{a}$$

Auf das innere Integral $\displaystyle\int_{t=0}^{\infty} f_2(t-\tau)\, e^{-st}\, dt = \mathcal{L}\{f_2(t-\tau)\}$ wenden wir den ersten Verschiebungssatz (2.3) an und erhalten:

$$\mathcal{L}\{f_2(t-\tau)\} = e^{-s\tau} \int_{t=0}^{\infty} f_2(t)\, e^{-st}\, dt.$$

Den letzten Ausdruck in (a) eingesetzt, ergibt:

$$\mathcal{L}\{f(t)\} = \int_{\tau=0}^{\infty} f_1(\tau)\, e^{-s\tau} \int_{t=0}^{\infty} f_2(t)\, e^{-st}\, dt\, d\tau.$$

Das innere Integral ist von τ unabhängig und kann deshalb aus dem äußeren Integral herausgezogen werden.

Damit erhalten wir:

$$\mathcal{L}\{f(t)\} = \int_{0}^{\infty} f_1(\tau)\, e^{-s\tau}\, d\tau \int_{0}^{\infty} f_2(t)\, e^{-st}\, dt = \mathcal{L}\{f_1(t)\}\, \mathcal{L}\{f_2(t)\} = F_1(s)\, F_2(s).$$

Wir haben damit gezeigt, daß gilt:

$$\mathcal{L}\left\{ \int_{0}^{t} f_1(\tau)\, f_2(t-\tau)\, d\tau \right\} = \mathcal{L}\{f_1(t) \star f_2(t)\} = F_1(s)\, F_2(s),$$

d.h. Zur Funktion $F_1(s)\, F_2(s)$ im Bildraum gehört $f_1(t) \star f_2(t)$ im Originalraum oder kürzer:

$$f_1(t) \star f_2(t) \circ\!\!-\!\!\bullet\ F_1(s)\, F_2(s).$$

Um die für die Anwendung des Faltungssatzes notwendige Sicherheit zu erlangen, wollen wir noch einige Übungsbeispiele rechnen, ehe wir die wichtigsten Eigenschaften der Faltung aufzeigen.

Beispiel

▼ **2–44** Berechnen Sie mit Hilfe von Satz (2.8) und T7

$$f(t) = \mathcal{L}^{-1}\left\{ \frac{\omega^2}{(s^2 + \omega^2)^2} \right\}.$$

Lösung

Wir setzen $F_1(s) = F_2(s) = \dfrac{\omega}{s^2 + \omega^2}$.

Dann ist nach T7 $f_1(\tau) = \sin(\omega\tau)$ und $f_2(t - \tau) = \sin(\omega(t - \tau))$.
Setzen wir diese Funktionen in den Faltungssatz (2.8) ein, so erhalten wir:

$$f(t) = \sin(\omega t) * \sin(\omega t) = \int_0^t \sin(\omega\tau)\,\sin(\omega(t - \tau))\,d\tau. \tag{a}$$

Zur Berechnung des Integrals formen wir den Integranden mittels des Additionstheorems $\sin(\alpha - \beta) = \sin(\alpha)\cos(\beta) - \sin(\beta)\cos(\alpha)$ um und erhalten:

$$f(t) = \int_0^t \sin(\omega\tau)\,(\sin(\omega t)\cos(\omega\tau) - \sin(\omega\tau)\cos(\omega t))\,d\tau$$

$$= \sin(\omega t)\int_0^t \sin(\omega\tau)\cos(\omega\tau)\,d\tau - \cos(\omega t)\int_0^t \sin^2(\omega\tau)\,d\tau.$$

Setzen wir noch, wieder mit Hilfe von Additionstheoremen:

$$\sin(\omega\tau)\cos(\omega\tau) = \frac{1}{2}\sin(2\omega\tau) \quad \text{und} \quad \sin^2(\omega\tau) = \frac{1}{2}(1 - \cos(2\omega\tau)),$$

so erhalten wir zwei Integrale, die wir sofort lösen können:

$$f(t) = \frac{\sin(\omega t)}{2}\int_0^t \sin(2\omega\tau)\,d\tau - \frac{\cos(\omega t)}{2}\int_0^t (1 - \cos(2\omega\tau))\,d\tau$$

$$= \frac{\sin(\omega t)}{2}(-1)\frac{\cos(2\omega\tau)}{2\omega}\Big|_0^t - \frac{\cos(\omega t)}{2}\left(\tau - \frac{\sin(2\omega\tau)}{2\omega}\right)\Big|_0^t$$

$$= -\frac{\sin(\omega t)}{4\omega}(\cos(2\omega t) - 1) - \frac{\cos(\omega t)}{2}\left(t - \frac{\sin(2\omega t)}{2\omega}\right)$$

$$= \frac{\sin(\omega t)}{4\omega} - \frac{\sin(\omega t)\cos(2\omega t)}{4\omega} + \frac{\cos(\omega t)\sin(2\omega t)}{4\omega} - \frac{t\cos(\omega t)}{2}.$$

Die beiden mittleren Terme lassen sich mittels der Additionstheoreme zusammenfassen zu $\sin(2\omega t - \omega t) = \sin(\omega t)$.
Damit ist:

$$f(t) = \frac{\sin(\omega t)}{4\omega} + \frac{\sin(\omega t)}{4\omega} - \frac{t\cos(\omega t)}{2}$$

und schließlich:

$$f(t) = \frac{\sin(\omega t) - \omega t \cos(\omega t)}{2\omega}.$$

∎

Da Integranden wie in Gleichung (a), die Produkte von $\sin(\alpha)$, $\cos(\alpha)$, $\sin(\beta)$, $\cos(\beta)$ sind, recht häufig vorkommen werden und in der Mathematik überhaupt eine große Rolle spielen, wollen wir an dieser Stelle noch einen anderen Weg einschlagen, Integrale dieser Art zu lösen.
Wir wandeln dazu die Produkte der trigonometrischen Funktionen mittels der Additionstheoreme in Summen um, die sich sofort integrieren lassen.
Wir schreiben die Additionstheoreme auf:

$$\sin(\alpha + \beta) = \sin(\alpha)\cos(\beta) + \sin(\beta)\cos(\alpha) \qquad (b)$$

$$\sin(\alpha - \beta) = \sin(\alpha)\cos(\beta) - \sin(\beta)\cos(\alpha) \qquad (c)$$

$$\cos(\alpha + \beta) = \cos(\alpha)\cos(\beta) - \sin(\alpha)\sin(\beta) \qquad (d)$$

$$\cos(\alpha - \beta) = \cos(\alpha)\cos(\beta) + \sin(\alpha)\sin(\beta). \qquad (e)$$

Addition bzw. Subtraktion von Gleichungen (b) und (c) ergibt:

$$\sin(\alpha)\cos(\beta) = \frac{1}{2}(\sin(\alpha + \beta) + \sin(\alpha - \beta)), \qquad \text{I}$$

bzw.

$$\cos(\alpha)\sin(\beta) = \frac{1}{2}(\sin(\alpha + \beta) - \sin(\alpha - \beta)). \qquad \text{II}$$

Desgleichen verfahren wir mit Gleichungen (d) und (e):

$$\cos(\alpha)\cos(\beta) = \frac{1}{2}(\cos(\alpha + \beta) + \cos(\alpha - \beta)), \qquad \text{III}$$

bzw.

$$\sin(\alpha)\sin(\beta) = \frac{1}{2}(\cos(\alpha - \beta) - \cos(\alpha + \beta)). \qquad \text{IV}$$

Beispiele

▼ **2–45** Berechnen Sie das Integral des Beispiels 2–44.

$$f(t) = \int_0^t \sin(\omega\tau)\sin(\omega t - \omega\tau)\,d\tau \quad \text{mit Hilfe von Formel IV.}$$

Lösung

Wir setzen: $\alpha = \omega\tau$ und $\beta = \omega t - \omega\tau$.
Dann ist:

$$\alpha - \beta = -\omega t + 2\omega\tau \quad \text{und} \quad \alpha + \beta = \omega t.$$

Eingesetzt in Formel IV ergibt das:

$$\sin(\omega\tau)\sin(\omega t - \omega\tau) = \frac{1}{2}\left(\cos(2\omega\tau - \omega t) - \cos(\omega t)\right).$$

Setzen wir diesen Ausdruck in das Integral ein und bedenken, daß nur über τ integriert wird, so erhalten wir:

$$f(t) = \frac{1}{2}\int_0^t \cos(2\omega\tau - \omega t)\,d\tau - \frac{1}{2}\cos(\omega t)\int_0^t d\tau$$

$$= \frac{1}{2}\cdot\frac{1}{2\omega}\sin(2\omega\tau - \omega t)\Big|_0^t - \frac{1}{2}\cos(\omega t)\,\tau\Big|_0^t$$

$$= \frac{1}{4\omega}\left(\sin(2\omega t - \omega t) - \sin(-\omega t)\right) - \frac{1}{2}t\cos(\omega t)$$

$$= \frac{1}{4\omega}\left(\sin(\omega t) - \sin(-\omega t)\right) - \frac{1}{2}t\cos(\omega t).$$

Wegen $\sin(-\omega t) = -\sin(\omega t)$ erhalten wir schließlich:

$$f(t) = \frac{1}{2\omega}\sin(\omega t) - \frac{1}{2}t\cos(\omega t) = \frac{\sin(\omega t) - \omega t\cos(\omega t)}{2\omega}. \qquad \blacksquare$$

▼ **2–46** Berechnen Sie mit Hilfe von Satz (2.8)

$$f(t) = \mathcal{L}^{-1}\left\{\frac{\omega s}{(s^2 + \omega^2)^2}\right\}.$$

Lösung

Wir setzen

$$F_1(s) = \frac{\omega}{s^2 + \omega^2} \quad\text{und}\quad F_2(s) = \frac{s}{s^2 + \omega^2}.$$

Mit Hilfe der Tabelle finden wir:

$$f_1(t) = \mathcal{L}^{-1}\{F_1(s)\} = \sin(\omega t) \quad\text{und}\quad f_2(t) = \mathcal{L}^{-1}\{F_2(s)\} = \cos(\omega t).$$

Mit Hilfe von Satz (2.8) erhalten wir:

$$f(t) = \int_0^t \sin(\omega\tau)\cos(\omega t - \omega\tau)\,d\tau.$$

Zur Berechnung des Integrals benutzen wir Formel I:

$$\sin(\alpha)\cos(\beta) = \frac{1}{2}\left(\sin(\alpha + \beta) + \sin(\alpha - \beta)\right).$$

Wir setzen: $\alpha = \omega\tau$ und $\beta = \omega t - \omega\tau$ und erhalten wegen $\alpha + \beta = \omega t$ und $\alpha - \beta = 2\omega\tau - \omega t$:

$$\sin(\omega\tau)\cos(\omega t - \omega\tau) = \frac{1}{2}(\sin(\omega t) + \sin(2\omega\tau - \omega t)).$$

Dann ist:

$$f(t) = \frac{1}{2}\sin(\omega t)\int\limits_0^t d\tau + \frac{1}{2}\int\limits_0^t \sin(2\omega\tau - \omega t)\, d\tau$$

$$= \frac{1}{2}\sin(\omega t)\,\tau\,\Big|_0^t - \frac{1}{4\omega}\cos(2\omega\tau - \omega t)\,\Big|_0^t$$

$$= \frac{1}{2}t\sin(\omega t) - \frac{1}{4\omega}(\cos(\omega t) - \cos(-\omega t)).$$

Wegen $\cos(-\omega t) = \cos(\omega t)$ verschwindet der zweite Term und wir erhalten:

$$f(t) = \frac{1}{2}t\sin(\omega t). \qquad\qquad\blacksquare$$

▼ **2–47** Berechnen Sie das Integral $\int\limits_0^t \sinh(\omega\tau)\cosh(\omega(t-\tau))\, d\tau$ mit Hilfe des Faltungssatzes (2.8), wenn

$$\mathcal{L}\left\{\frac{1}{2}t\sinh(\omega t)\right\} = \frac{\omega s}{(s^2 - \omega^2)^2} \quad \text{ist.}$$

Lösung

Wir setzen:

$$F(s) = \frac{\omega s}{(s^2 - \omega^2)^2} = F_1(s)\,F_2(s) \quad \text{mit} \quad F_1(s) = \frac{\omega}{s^2 - \omega^2} \quad \text{und} \quad F_2(s) = \frac{s}{s^2 - \omega^2}.$$

Die Originalfunktionen von $F_1(s)$ bzw. $F_2(s)$ finden wir in unserer Tabelle unter T9 und T10:

$$f_1(t) = \sinh(\omega t) \quad \text{und} \quad f_2(t) = \cosh(\omega t).$$

Nun ist einerseits nach Satz (2.8) die Originalfunktion von $F(s)$ gleich

$$f(t) = f_1(t) \star f_2(t) = \int\limits_0^t \sinh(\omega\tau)\cosh(\omega(t-\tau))\, d\tau;$$

andererseits ist $f(t) = \mathcal{L}^{-1}\{F(s)\} = \frac{1}{2}t\sinh(\omega t)$ wegen

$$\mathcal{L}\{f(t)\} = \mathcal{L}\left\{\frac{1}{2}t\sinh(\omega t)\right\} = \frac{\omega s}{(s^2 - \omega^2)^2} = F(s).$$

Damit erhalten wir:

$$\int_0^t \sinh(\omega\tau) \cosh(\omega(t-\tau)) \, d\tau = \frac{1}{2} t \sinh(\omega t).$$

■

▼ **2–48** Berechnen Sie $f_1(t) = f(t) * \delta(t)$.

Lösung

Nach der Definition der Faltung ist $f(t) * \delta(t) = \int_0^t f(\tau) \delta(t-\tau) \, d\tau$.

Wegen $\delta(t-\tau) = 0$ für alle $\tau \neq t$ können wir das Integral von $-\infty$ bis $+\infty$ erstrecken. Mit dem Ergebnis des Beispiels 1–36b erhalten wir:

$$f_1(t) = f(t) * \delta(t) = f(t).$$

■

▼ **2–49** Beweisen Sie mit Hilfe des Faltungssatzes (2.8) den Integrationssatz (2.7 a).

Hinweis: Aus der Definition des Faltungsintegrals folgt $\int_0^t f(\tau) \, d\tau = f(t) * 1$.

Lösung

Es ist:

$$\mathcal{L}\left\{ \int_0^t f(\tau) \, d\tau \right\} = \mathcal{L}\{f(t) * 1\} = \mathcal{L}\{f(t)\} \, \mathcal{L}\{1\}.$$

Nach T1 ist $\mathcal{L}\{1\} = \frac{1}{s}$.
Daraus folgt Satz (2.7 a):

$$\mathcal{L}\left\{ \int_0^t f(\tau) \, d\tau \right\} = \frac{1}{s} \mathcal{L}\{f(t)\}.$$

An diesem Beispiel erkennt man, wie allgemein der Faltungssatz ist.

■

Auch im nächsten Beispiel werden wir sehen, daß man mit Hilfe des Faltungssatzes wichtige Eigenschaften von Funktionen erkennen kann, ohne die Funktionen explizit angeben zu müssen.

▼ **2–50** Bringen Sie mit Hilfe von Satz (2.8) und T5 eine beliebige Funktion $f_1(t)$ in die Form eines Doppelintegrals, wenn die Bildfunktion $\mathcal{L}\{f_1(t)\} = F(s)\frac{1}{s^2}$ ist.

Lösung

Nach Voraussetzung ist $f_1(t) = \mathcal{L}^{-1}\left\{ F(s)\frac{1}{s^2} \right\}$.

Mit Hilfe des Faltungssatzes können wir schreiben:

$$f_1(t) = \mathcal{L}^{-1}\{F(s)\} \star \mathcal{L}^{-1}\left\{\frac{1}{s^2}\right\}.$$

Schreiben wir noch $\mathcal{L}^{-1}\{F(s)\} = f(t)$, so erhalten wir:

$$f_1(t) = f(t) \star t = \int_0^t f(\tau)(t-\tau)\,d\tau.$$

Wir integrieren partiell, indem wir $f(\tau) = \dot{u}(\tau)$ und $t - \tau = v(\tau)$ setzen:

Dann erhalten wir wegen $u(\tau) = \int_0^\tau f(\lambda)\,d\lambda$ und $\dot{v}(\tau) = -1$:

$$f_1(t) = (t-\tau)\int_0^\tau f(\lambda)\,d\lambda \ \Big|_{\tau=0} - \int_{\tau=0}^t (-1)\int_{\lambda=0}^\tau f(\lambda)\,d\lambda\,d\tau.$$

Der ausintegrierte Teil ist Null; denn an der oberen Grenze $\tau = t$ erhalten wir:

$$(t-t)\int_0^t f(\lambda)\,d\lambda = 0\int_0^t f(\lambda)\,d\lambda = 0,$$

an der unteren Grenze erhalten wir:

$$(t-0)\int_0^0 f(\lambda)\,d\lambda = t\,0 = 0.$$

Also ist:

$$f_1(t) = \int_{\tau=0}^t \int_{\lambda=0}^\tau f(\lambda)\,d\lambda\,d\tau. \tag{a}$$

▼ **2–51** Berechnen Sie mit dem Ergebnis des Beispiels 2–50 und der Tabelle:

$$f_1(t) = \mathcal{L}^{-1}\left\{\frac{\omega}{s^2 + \omega^2}\,\frac{1}{s^2}\right\}.$$

Lösung

Nach T7 ist: $f(t) = \mathcal{L}^{-1}\left\{\frac{\omega}{s^2 + \omega^2}\right\} = \sin(\omega t)$.

In die Gleichung (a) des Beispiels 2–50 eingesetzt erhalten wir:

$$f_1(t) = \int_0^t \int_0^\tau \sin(\omega\lambda)\,d\lambda\,d\tau. \tag{a}$$

Wir berechnen das innere Integral:

$$\int\limits_0^\tau \sin(\omega\lambda)\, d\lambda = \frac{-1}{\omega}\cos(\omega\lambda)\,\Big|_0^\tau = \frac{1}{\omega}(1-\cos(\omega\tau)).$$

Setzen wir das Ergebnis in Gleichung (a) ein und integrieren, so erhalten wir:

$$f_1(t) = \frac{1}{\omega}\int\limits_0^t (1-\cos(\omega\tau))\, d\tau = \frac{1}{\omega}\left(\tau - \frac{1}{\omega}\sin(\omega\tau)\right)\Big|_0^t = \frac{1}{\omega}\left(t - \frac{1}{\omega}\sin(\omega t)\right)$$

oder

$$f_1(t) = \frac{t}{\omega} - \frac{1}{\omega^2}\sin(\omega t).$$

Vergleichen Sie Beispiel 2–43.   ●

Wegen der Bedeutung des Faltprodukts oder Faltungsintegrals oder einfach der Faltung wollen wir das bisher Erarbeitete noch einmal in übersichtlicher Form zusammenstellen.

1. Das Faltprodukt $f(t)$ ist eine Integraloperation zwischen zwei Funktionen $f_1(t)$ und $f_2(t)$:

$$f(t) = \int\limits_0^t f_1(\tau)\, f_2(t-\tau)\, d\tau.$$

2. Bei der Transformation in den Bildraum erweist sich das Bild des Faltprodukts als echtes Produkt der beiden Bildfunktionen von $f_1(t)$ und $f_2(t)$;

$$F(s) \equiv \mathcal{L}\{f(t)\} = \mathcal{L}\{f_1(t)\}\, \mathcal{L}\{f_2(t)\} \equiv F_1(s)\, F_2(s).$$

Um diese Eigenschaft hervorzuheben, bezeichnen wir symbolisch die Faltung als Produkt höherer Ordnung[1]) und schreiben:

$$f(t) = f_1(t) \star f_2(t). \qquad ■$$

Bei der uns geläufigen Zahlenalgebra gehorcht die Multiplikation den zwei Grundgesetzen:

a) dem Kommutativgesetz: $a\,b = b\,a$;
b) dem Assoziativgesetz: $a\,(b\,c) = (a\,b)\,c = a\,b\,c$.

Wir wollen im folgenden nachweisen, daß diese Gesetze auch für das Faltprodukt gelten.

---

[1]) Ganz so neu ist uns die Bildung von Produkten höherer Ordnung nicht: Denken wir in der Vektoralgebra an das *Skalarprodukt* oder an das *Vektorprodukt* und in der Matrizenrechnung an das *Matrizenprodukt*.

a) *Kommutativgesetz*

Daß das Faltprodukt dem Kommutativgesetz gehorcht, ist selbstverständlich; denn wir
haben beim Beweis des Faltungssatzes keine speziellen Voraussetzungen für $f_1(t)$ bzw.
$f_2(t)$ gemacht.
Trotzdem wollen wir in dem folgenden Beispiel direkt zeigen, daß das Kommutativgesetz
gilt.

Beispiele

▼ **2–52** Beweisen Sie mittels der Substitution $t - \tau = u$, daß für das Faltprodukt das Kommutativgesetz gilt:

$$f_1(t) \star f_2(t) = f_2(t) \star f_1(t).$$

Beweis

Nach Definition ist $f_1(t) \star f_2(t) = \int\limits_0^t f_1(\tau)\, f_2(t-\tau)\, d\tau.$

Wir substituieren $t - \tau = u$. Dann ist $d\tau = -\,du$.
Die neuen Grenzen sind: $\tau = t \to u = 0$ und $\tau = 0 \to u = t$.
Wir erhalten damit:

$$f_1(t) \star f_2(t) = -\int\limits_t^0 f_1(t-u)\, f_2(u)\, du = \int\limits_0^t f_2(u)\, f_1(t-u)\, du = f_2(t) \star f_1(t).$$

■

▼ **2–53** Zeigen Sie am Beispiel $f_1(t) = t$ und $f_2(t) = \sin(t)$ durch Ausrechnen, daß gilt:

$$f_1(t) \star f_2(t) = f_2(t) \star f_1(t).$$

Lösung

$$f_1(t) \star f_2(t) = \int\limits_0^t \tau \sin(t-\tau)\, d\tau \overset{\text{p.I.}}{=} \tau \cos(t-\tau)\Big|_0^t - \int\limits_0^t \cos(t-\tau)\, d\tau$$

$$= t \cos(t-t) + \sin(t-\tau)\Big|_0^t = t - \sin(t).$$

$$f_2(t) \star f_1(t) = \int\limits_0^t \sin(\tau)(t-\tau)\, d\tau \overset{\text{p.I.}}{=} -\cos(\tau)(t-\tau)\Big|_0^t - \int\limits_0^t \cos(\tau)\, d\tau =$$

$$= -(\cos(t)(t-t) - \cos(0)(t-0)) - \sin(\tau) \Big|_0^t$$

$$= t - \sin(t).$$

Beide Ergebnisse stimmen überein. ●

Bei der Berechnung des Faltungsintegrals wird man entweder $f_1(t) \star f_2(t)$ oder $f_2(t) \star f_1(t)$ ausrechnen, je nachdem welches Integral einfacher zu berechnen ist. ∎

b) Assoziativgesetz

▼ 2–54 Beweisen Sie die Gültigkeit des Assoziativgesetzes für die Faltung:

$$(f_1(t) \star f_2(t)) \star f_3(t) = f_1(t) \star (f_2(t) \star f_3(t)). \tag{a}$$

Hinweis: Beweisen Sie die Behauptung im Bildraum.

Lösung

Wir transformieren die linke Seite der Gleichung (a) in den Bildraum und wenden den Faltungssatz (2.8) an:

$$\mathcal{L}\{(f_1(t) \star f_2(t)) \star f_3(t)\} = \mathcal{L}\{f_1(t) \star f_2(t)\}\, \mathcal{L}\{f_3(t)\}.$$

Nochmaliges Anwenden des Satzes ergibt:

$$\mathcal{L}\{(f_1(t) \star f_2(t)) \star f_3(t)\} = (\mathcal{L}\{f_1(t)\}\, \mathcal{L}\{f_2(t)\})\, \mathcal{L}\{f_3(t)\}$$
$$= \mathcal{L}\{f_1(t)\}\, \mathcal{L}\{f_2(t)\}\, \mathcal{L}\{f_3(t)\}.$$

Für die rechte Seite von Gleichung (a) gilt in der gleichen Weise:

$$\mathcal{L}\{f_1(t) \star (f_2(t) \star f_3(t))\} = \mathcal{L}\{f_1(t)\}\, \mathcal{L}\{f_2(t) \star f_3(t)\}$$
$$\mathcal{L}\{f_1(t)\}\, (\mathcal{L}\{f_2(t)\}\, \mathcal{L}\{f_3(t)\}) = \mathcal{L}\{f_1(t)\}\, \mathcal{L}\{f_2(t)\}\, \mathcal{L}\{f_3(t)\}.$$

Im Bildraum sind also beide Seiten von Gleichung (a) gleich. Wegen der Eineindeutigkeit der Laplace-Transformation gilt dann auch im Originalraum das Assoziativgesetz[1]). ∎

▼ 2–55 Schreiben Sie die Faltung $f(t) = f_1(t) \star f_2(t) \star f_3(t)$ in Form eines Doppelintegrals.
Hinweis: Schreiben Sie formal $\phi(t) = f_1(t) \star f_2(t)$ und drücken Sie zuerst $\phi(t) \star f_3(t)$ als Integral aus.

---

[1]) Wir haben bisher stillschweigend den Eindeutigkeitssatz benutzt, der besagt: Gehört zu zwei Funktionen $f_1(t)$ und $f_2(t)$ die gleiche Bildfunktion $F(s)$, so unterscheiden sich die Originalfunktionen $f_1(t)$ und $f_2(t)$ nur um eine Nullfunktion $n(t)$. $n(t)$ hat folgende Eigenschaft:

$$\int_0^t n(\tau)\, d\tau = 0 \text{ für jedes } t \geq 0.$$ Für die Funktionen $f_1(t)$ und $f_2(t)$ bedeutet dies, daß sie in einem endlichen Intervall nur an endlich vielen Stellen verschieden sein können.

Lösung

Nach Definition der Faltung ist:

$$f(t) = \phi(t) \star f_3(t) = \int_0^t \phi(\tau)\, f_3(t-\tau)\, d\tau. \qquad (a)$$

Nun ist

$$\phi(\tau) = \int_0^\tau f_1(\lambda)\, f_2(\tau-\lambda)\, d\lambda.$$

Setzen wir $\phi(\tau)$ in Gleichung (a) ein, so erhalten wir:

$$f(t) = \int_0^t \int_0^\tau f_1(\lambda)\, f_2(\tau-\lambda)\, d\lambda\; f_3(t-\tau)\, d\tau$$

oder:

$$f(t) = \int_0^t \int_0^\tau f_1(\lambda)\, f_2(\tau-\lambda)\, f_3(t-\tau)\, d\lambda\, d\tau. \qquad (b)$$

∎

▼ **2–56** Berechnen Sie $f(t) = 1 \star 1 \star 1$ mit Hilfe des Ergebnisses des Beispiels 2–55.

Lösung

Es ist $f_1(t) = f_2(t) = f_3(t) = 1$.
In Gleichung (b) des Beispiels 2–55 eingesetzt, ergibt dies:

$$f(t) = \int_0^t \int_0^\tau 1\cdot1\cdot1 \, d\lambda\, d\tau = \int_0^t \tau\, d\tau = \left.\frac{\tau^2}{2}\right|_0^t = \frac{t^2}{2}.$$

∎

▼ **2–57** Berechnen Sie wie in Beispiel 2–56 $f(t) = t \star e^t \star \sin(t)$.

Lösung

Wir setzen $f_1(t) = t$, $f_2(t) = e^t$, $f_3(t) = \sin(t)$.
Setzen wir dies in Gleichung (b) des Beispiels 2–55 ein, so erhalten wir:

$$f(t) = \int_0^t \int_0^\tau \lambda\, e^{\tau-\lambda} \sin(t-\tau)\, d\lambda\, d\tau. \qquad (a)$$

Wir berechnen zuerst das innere Integral:

$$\int_0^\tau \lambda\, e^{\tau-\lambda}\, d\lambda = e^\tau \int_0^\tau \lambda\, e^{-\lambda}\, d\lambda \overset{\text{p.I.}}{=} e^\tau(-1)\,\lambda\, e^{-\lambda}\Big|_0^\tau + e^\tau \int_0^\tau e^{-\lambda}\, d\lambda$$

$$= -\tau - e^\tau\, e^{-\lambda}\Big|_0^\tau = -\tau - 1 + e^\tau.$$

Setzen wir das Ergebnis in Gleichung (a) ein, so erhalten wir:

$$f(t) = \int_0^t (-\tau - 1 + e^\tau) \sin(t - \tau)\, d\tau$$

$$= -\int_0^t \tau \sin(t - \tau)\, d\tau - \int_0^t \sin(t - \tau)\, d\tau + \int_0^t e^\tau \sin(t - \tau)\, d\tau$$

$$= I_1 + I_2 + I_3.$$

Wir berechnen die einzelnen Integrale:

$$I_1 = -\int_0^t \tau \sin(t - \tau)\, d\tau \overset{\text{p.I.}}{=} -\tau \cos(t - \tau)\Big|_0^t + \int_0^t \cos(t - \tau)\, d\tau$$

$$= -t - \sin(t - \tau)\Big|_0^t = -t + \sin(t).$$

$$I_2 = -\int_0^t \sin(t - \tau)\, d\tau = -\cos(t - \tau)\Big|_0^t = \cos(t) - 1.$$

$$I_3 = \int_0^t e^\tau \sin(t - \tau)\, d\tau \overset{\text{p.I.}}{=} e^\tau \sin(t - \tau)\Big|_0^t + \int_0^t e^\tau \cos(t - \tau)\, d\tau$$

$$\overset{\text{p.I.}}{=} -\sin(t) + e^\tau \cos(t - \tau)\Big|_0^t - \int_0^t e^\tau \sin(t - \tau)\, d\tau$$

$$= -\sin(t) + e^t - \cos(t) - I_3.$$

$$I_3 = \frac{1}{2}(e^t - \sin(t) - \cos(t)).$$

Wegen $f(t) = I_1 + I_2 + I_3$ erhalten wir:

$$f(t) = -t + \sin(t) + \cos(t) - 1 + \frac{1}{2}e^t - \frac{1}{2}\sin(t) - \frac{1}{2}\cos(t)$$

$$= \frac{1}{2}e^t - t + \frac{1}{2}\cos(t) + \frac{1}{2}\sin(t) - 1. \qquad \blacksquare$$

2.9 Asymptotisches Verhalten der Originalfunktion

In der Praxis ist es oft von Interesse, aus der Bildfunktion $F(s)$ auf das Verhalten der Originalfunktion $f(t)$ für kleine t oder für große t zu schließen, ohne die Rücktransformation von $F(s)$ in den Originalraum durchführen zu müssen.
Wir stellen also zwei Fragen:

1. Kann man aus der Bildfunktion $F(s)$ den Grenzwert $\lim_{t \to 0} f(t) \equiv f(0)$ bestimmen?

2. Kann man aus der Bildfunktion $F(s)$ den Grenzwert $\lim_{t \to \infty} f(t) \equiv f(\infty)$ bestimmen?

Auf beide Fragen geben die folgenden Sätze eine bejahende Antwort.

Satz

Unter der Voraussetzung, daß $\lim_{t \to 0} f(t) \equiv f(0)$ existiert, gilt:

$$f(0) \equiv \lim_{t \to 0} f(t) = \lim_{s \to \infty} s\, F(s).$$

$(2.9a)$

Satz

Unter der Voraussetzung, daß $\lim_{t \to \infty} f(t) \equiv f(\infty)$ existiert, gilt:

$$f(\infty) \equiv \lim_{t \to \infty} f(t) = \lim_{s \to 0} s\, F(s).$$

$(2.9b)$

Die Beweise wollen wir in die Form eines Beispiels kleiden.

Beispiele

▼ 2–58 Beweisen Sie
    a) Satz 2.9a;
    b) Satz 2.9b.

    Hinweis: Gehen Sie vom Differentiationssatz (2.6) aus und beachten Sie, daß jede Bildfunktion für $\mathrm{Re}(s) \to \infty$ gegen Null geht.

Lösung

Wir gehen aus vom Differentiationssatz (2.6):

$$\int_0^\infty \dot{f}(t)\, e^{-st}\, dt = s\, F(s) - f(0).$$

(a)

a) Wir beweisen Satz (2.9a), indem wir in Gleichung (a) den Grenzübergang $s \to \infty$ machen:

$$\lim_{s \to \infty} \int_0^\infty \dot{f}(t)\, e^{-st}\, dt = \lim_{s \to \infty} s\, F(s) - f(0).$$

Nach Abschnitt 1.6 Beispiel 1–39 ist die linke Seite Null. Damit ist Satz (2.9a) bewiesen.

b) Zum Beweis von Satz (2.9b) gehen wir in Gleichung (a) zur Grenze $s \to 0$ über:

$$\lim_{s \to 0} \int_0^\infty \dot{f}(t)\, e^{-st}\, dt = \int_0^\infty \dot{f}(t)\, \lim_{s \to 0} e^{-st}\, dt = \int_0^\infty \dot{f}(t)\, dt = f(t)\,\Big|_0^\infty = f(\infty) - f(0)$$

$$= \lim_{s \to 0} s\, F(s) - f(0).$$

Es ist also:

$$\lim_{s \to 0} s\, F(s) - f(0) = f(\infty) - f(0).$$

und daraus:

$$f(\infty) = \lim_{s \to 0} s\, F(s).$$

■

▼ **2–59** Verifizieren Sie die Sätze (2.9a) und (2.9b) am Beispiel $f(t) = 2e^{-3t}$.

Lösung

Nach T6 ist $F(s) = \dfrac{2}{s + 3}$.

Aus Satz (2.9a) folgt dann:

$$f(0) = \lim_{s \to \infty} s\, F(s) = \lim_{s \to \infty} s\, \frac{2}{s + 3} = \lim_{s \to \infty} \frac{2}{1 + 3/s} = 2.$$

Das Ergebnis ist in Übereinstimmung mit $f(0) = 2e^{-3 \cdot 0} = 2$.

Aus Satz (2.9b) folgt:

$$f(\infty) = \lim_{s \to 0} s\, F(s) = \lim_{s \to 0} s\, \frac{2}{s + 3} = 0.$$

Das Ergebnis ist in Übereinstimmung mit $f(\infty) = 2e^{-3 \cdot \infty} = 0$.

■

▼ **2–60** Gegeben sei die Bildfunktion $F(s) = \dfrac{s}{s^2 - 1}$. Berechnen Sie mit Hilfe von Satz (2.9a) $\lim_{t \to 0} f(t) = f(0)$.

Lösung

Nach Satz (2.9a) ist:

$$\lim_{t \to 0} f(t) = \lim_{s \to \infty} s\, \frac{s}{s^2 - 1} = \lim_{s \to \infty} \frac{1}{1 - 1/s^2} = 1.$$

■

▼ **2–61** Gegeben sei die Bildfunktion $F(s) = \dfrac{5s^2 - 3s + 2}{2s^3 + 3s^2 + s + 7}$. Berechnen Sie ohne Kenntnis der Originalfunktion $\lim\limits_{t \to 0} f(t)$.

Lösung

Nach Satz (2.9a) ist:

$$f(0) = \lim_{s \to \infty} \frac{5s^3 - 3s^2 + 2s}{2s^3 + 3s^2 + s + 7} = \lim_{s \to \infty} \frac{5 - 3/s + 2/s^2}{2 + 3/s + 1/s^2 + 7/s^3} = \frac{5}{2}.$$

▼ **2–62** Berechnen Sie mit Hilfe von Satz (2.9a) $f(0)$, wenn

$$\mathcal{L}\{f(t)\} = \frac{1}{(s - a)(s - b)(s - c)} \quad \text{ist.}$$

Lösung

$$f(0) = \lim_{s \to \infty} s \frac{1}{(s - a)(s - b)(s - c)} = \lim_{s \to \infty} \frac{1}{(1 - a/s)(s - b)(s - c)} = 0.$$

▼ **2–63** Berechnen Sie mit Hilfe von Satz (2.9a) $f(0)$, wenn

$$\mathcal{L}\{f(t)\} = \frac{s^2}{(s - a)(s - b)(s - c)} \quad \text{ist.}$$

Lösung

$$f(0) = \lim_{s \to \infty} s \frac{s^2}{(s - a)(s - b)(s - c)} = \lim_{s \to \infty} \frac{1}{(1 - a/s)(1 - b/s)(1 - c/s)} = 1.$$

▼ **2–64** a) Berechnen Sie mit Hilfe von Satz (2.9b) $\lim\limits_{t \to \infty} f(t)$, wenn

$$\mathcal{L}\{f(t)\} = \frac{1}{s(s + a)} \quad a > 0 \quad \text{ist.}$$

b) Bestätigen Sie das Ergebnis, indem Sie die Originalfunktion $f(t)$ bilden (s. Beispiel 1–19 oder T16) und den Grenzwert $\lim\limits_{t \to \infty} f(t)$ bilden.

Lösung

a) Nach Satz (2.9b) ist $f(\infty) = \lim\limits_{s \to 0} s\, F(s) = \lim\limits_{s \to 0} s \dfrac{1}{s(s + a)} = \dfrac{1}{a}$

b) Nach Beispiel (1–19) ist $\mathcal{L}^{-1}\left\{\dfrac{1}{s(s + a)}\right\} = \dfrac{1}{a}(1 - e^{-at})$. Der Grenzwert für $t \to \infty$ ist wegen

$$\lim_{t \to \infty} e^{-at} = 0: \quad f(\infty) = \frac{1}{a}.$$

In Satz (2.9b) wird vorausgesetzt, daß der Grenzwert $\lim\limits_{t \to \infty} f(t)$ existiert. Daß diese Voraussetzung notwendig ist, soll folgendes Gegenbeispiel zeigen:

▼ 2–65 a) Berechnen Sie $\lim\limits_{s \to 0} s \dfrac{1}{s^2 + 1}$.

     b) Erklären Sie, warum Satz (2.9b) nicht anwendbar ist.

Lösung

a) $\lim\limits_{s \to 0} s \dfrac{1}{s^2 + 1} = 0 \cdot 1 = 0$

b) Die Originalfunktion der Bildfunktion $F(s) = \dfrac{1}{s^2 + 1}$ ist $\mathcal{L}^{-1}\left\{\dfrac{1}{s^2 + 1}\right\} = \sin(t)$ (Vergleichen Sie Beispiel 1–8). Da aber $\lim\limits_{t \to \infty} \sin(t)$ nicht existiert (die Funktion nimmt jeden beliebigen Wert zwischen -1 und $+1$ an), würde Satz (2.9b) das sinnlose Gebilde „existiert nicht $= 0$" liefern. Satz (2.9b) ist also nicht anwendbar.   ■

▼ 2–66 Berechnen Sie $\lim\limits_{t \to \infty} f(t)$, wenn $F(s) = \dfrac{1 - e^{-s}}{s^2}$ ist.

Lösung

Nach Satz (2.9b) ist:

$$f(\infty) = \lim\limits_{s \to 0} s \,\frac{1 - e^{-s}}{s^2} = \lim\limits_{s \to 0} \frac{1 - e^{-s}}{s}.$$

Den Grenzwert berechnen wir mit Hilfe der l'Hospitalschen Regel:

$$\lim\limits_{s \to 0} \frac{1 - e^{-s}}{s} = \lim\limits_{s \to 0} \frac{e^{-s}}{1} = 1.$$

Das Ergebnis lautet also:

$$f(\infty) = \lim\limits_{t \to \infty} f(t) = 1.$$

  ■

▼ 2–67 Berechnen Sie $f(\infty)$, wenn $F(s) = \dfrac{2s + 1}{2s\,(s + 3/2)}$ ist.

Lösung

Nach Satz (2.9b) ist:

$$f(\infty) = \lim\limits_{s \to 0} s \,\frac{2s + 1}{2s\,(s + 3/2)} = \lim\limits_{s \to 0} \frac{2s + 1}{2\,(s + 3/2)} = \frac{1}{2 \cdot 3/2} = \frac{1}{3}$$

  ■

2.10 Zusammenfassung der Sätze dieses Kapitels

Satz über Linearkombinationen

$$\mathcal{L}\{a\,f(t) + b\,g(t)\} = a\,\mathcal{L}\{f(t)\} + b\,\mathcal{L}\{g(t)\}. \tag{2.1}$$

Ähnlichkeitssatz

$$\mathcal{L}\{f(at)\} = \frac{1}{a}\,F\left(\frac{s}{a}\right) \quad \text{mit} \quad \mathcal{L}\{f(t)\} = F(s) \quad (a > 0). \tag{2.2}$$

Erster Verschiebungssatz

$$\mathcal{L}\{f(t-a)\} = e^{-as}\,\mathcal{L}\{f(t)\} \quad (a \geqslant 0). \tag{2.3}$$

Zweiter Verschiebungssatz

$$\mathcal{L}\{f(t+a)\} = e^{as}\left(\mathcal{L}\{f(t)\} - \int_0^a f(t)\,e^{-st}\,dt\right) \quad (a \geqslant 0). \tag{2.4}$$

Dämpfungssatz

$$\mathcal{L}\{e^{-at}\,f(t)\} = F(s+a) \quad \text{mit} \quad \mathcal{L}\{f(t)\} = F(s). \tag{2.5}$$

Differentiationssatz

$$\mathcal{L}\{f^{(n)}(t)\} = s^n\,\mathcal{L}\{f(t)\} - s^{n-1}\,f(0) - s^{n-1}\,\dot{f}(0) - \ldots$$
$$\ldots - s\,f^{(n-2)}(0) - f^{(n-1)}(0). \tag{2.6}$$

Integrationssatz

$$\mathcal{L}\left\{\int_{-\infty}^t f(\tau)\,d\tau\right\} = \frac{1}{s}\left(\mathcal{L}\{f(t)\} + \phi(0)\right) \quad \text{mit} \quad \phi(0) = \int_{-\infty}^0 f(t)\,dt. \tag{2.7}$$

$$\mathcal{L}\left\{\int_0^t f(\tau)\,d\tau\right\} = \frac{1}{s}\,\mathcal{L}\{f(t)\} \quad \text{wenn} \quad \phi(0) = 0. \tag{2.7a}$$

Faltungssatz

$$\mathcal{L}\{f_1(t) \star f_2(t)\} = \mathcal{L}\{f_1(t)\}\,\mathcal{L}\{f_2(t)\}$$
$$\text{mit } f_1(t) \star f_2(t) = \int_0^t f_1(\tau)\,f_2(t-\tau)\,d\tau. \tag{2.8}$$

Grenzwertsätze

Wenn $\lim\limits_{t \to 0} f(t)$ existiert, so ist $\lim\limits_{t \to 0} f(t) = \lim\limits_{s \to \infty} s\,F(s).$ (2.9a)

Wenn $\lim\limits_{t \to \infty} f(t)$ existiert, so ist $\lim\limits_{t \to \infty} f(t) = \lim\limits_{s \to 0} s\,F(s).$ (2.9b)

1 Berechnen Sie mit Hilfe des Ähnlichkeitssatzes (2.2) die Bildfunktionen folgender Funktionen:

a) $f(t) = a\,t$, wenn $\mathcal{L}\{t\} = \dfrac{1}{s^2}$ ist,

b) $f(t) = e^{-at}$, wenn $\mathcal{L}\{e^t\} = \dfrac{1}{s-1}$ ist,

c) $f(t) = \cosh(\omega t)$, wenn $\mathcal{L}\{\cosh(t)\} = \dfrac{s}{s^2-1}$ ist,

d) $f(t) = \sinh(\omega t)$, wenn $\mathcal{L}\{\sinh(t)\} = \dfrac{1}{s^2-1}$ ist,

e) $f(t) = \sin^2(\omega t)$, wenn $\mathcal{L}\{\sin^2(t)\} = \dfrac{2}{s(s^2+4)}$ ist,

f) $f(t) = \cos^2(\omega t)$, wenn $\mathcal{L}\{\cos^2(t)\} = \dfrac{s^2+2}{s(s^2+4)}$ ist.

2 Berechnen Sie die Bildfunktion von

$$f(t) = \begin{cases} 0 & \text{für} & t \leq c \\ 1 & \text{für} & c < t \leq 2c \qquad c > 0 \\ 2 & \text{für} & 2c < t \leq 3c \ \text{usw.} \end{cases}$$

a) mit Hilfe des Ähnlichkeitssatzes (2.2), wenn $\mathcal{L}\{[t]\} = \dfrac{1}{s(e^s-1)}$ ist,

b) mit Hilfe des ersten Verschiebungssatzes (2.3).
   Hinweis: Zeichnen Sie $f(t)$.

3 Berechnen Sie $\mathcal{L}\{\sin(\pi t)\,(u(t) - u(t-1))\}$ mit Hilfe von Satz (2.3).

4 Berechnen Sie mit Hilfe des Dämpfungssatzes (2.5) und der Tabelle die Bildfunktionen folgender Funktionen:

a) $f(t) = a^t$ b) $f(t) = 4^t$ c) $f(t) = a^{-t}\sin(\omega t)$

d) $f(t) = 4^{-t}\sin(2t)$ e) $f(t) = 2^{-t}\sin(4t)$

f) $f(t) = a^t\cos(\omega t)$ g) $f(t) = 0{,}5^t\cos(3t)$.

5 Berechnen Sie mit Hilfe von Satz 2.4 die Laplace-Transformierte der verschobenen Stoßfunktion $\delta(t+a)$ für $a > 0$.
Diskutieren Sie das Ergebnis.

6 Berechnen Sie:

a) $\mathcal{L}^{-1}\left\{\dfrac{s}{s^2+16}\right\}$ b) $\mathcal{L}^{-1}\left\{\dfrac{s}{s^2-16}\right\}$ c) $\mathcal{L}^{-1}\left\{\dfrac{1}{s^2+9}\right\}$

d) $\mathcal{L}^{-1}\left\{\dfrac{1}{s^2-9}\right\}$ e) $\mathcal{L}^{-1}\left\{\dfrac{1}{(s-3)^2+4}\right\}$ f) $\mathcal{L}^{-1}\left\{\dfrac{1}{(s-3)^2-4}\right\}$

g) $\mathcal{L}^{-1}\left\{\dfrac{s}{(s+2)^2+9}\right\}$ h) $\mathcal{L}^{-1}\left\{\dfrac{2s+3}{(s+3/2)^2-3}\right\}$.

7 Berechnen Sie mit Hilfe des Differentiationssatzes (2.6) folgende Bildfunktionen:

a) $\mathcal{L}\{e^{at}\}$ b) $\mathcal{L}\{\cosh(\omega t)\}$ c) $\mathcal{L}\{\cos(\omega t)\}$.

8 Berechnen Sie $\mathcal{L}\left\{\displaystyle\int_{-\pi}^{t}\sin(\tau)\,d\tau\right\}$

a) mit Hilfe von Satz (2.7),

b) indem Sie das Integral $\displaystyle\int_{-\pi}^{t}\sin(\tau)\,d\tau$ berechnen und dann diese Funktion in den

Bildraum transformieren.

9 a) Berechnen Sie mit Hilfe von Satz (2.7) $\mathcal{L}\left\{\displaystyle\int_{0}^{t}(\tau^2+\tau-1+e^{\tau})\,d\tau\right\}$.

b) Bestätigen Sie das Ergebnis, indem Sie zuerst das Integral ausrechnen und diese Funktion dann in den Bildraum transformieren.

10 Berechnen Sie mit Hilfe des Faltungssatzes (2.8)

a) $\mathcal{L}^{-1}\left\{\dfrac{1}{(s+2)(s-1)}\right\}$ b) $\mathcal{L}^{-1}\left\{\dfrac{1}{(s+1)(s^2+1)}\right\}$

c) $\mathcal{L}^{-1}\left\{\dfrac{\omega^2}{s^4-\omega^4}\right\}$ d) $\mathcal{L}^{-1}\left\{\dfrac{\omega s}{s^4-\omega^4}\right\}$ e) $\mathcal{L}^{-1}\left\{\dfrac{s^2}{s^4-\omega^4}\right\}$.

11 Zeigen Sie mit Hilfe des Faltungssatzes (2.8), daß

$$\int_{0}^{t}\cos(\tau)\sin(t-\tau)\,d\tau=\frac{1}{2}\,t\sin(t)\quad\text{ist.}$$

Hinweis: $\mathcal{L}\{t\sin(t)\}=\dfrac{2s}{(s^2+1)^2}$ (s. Beispiel (1–13)).

12 Berechnen Sie $f(0)$, wenn $F(s)=\dfrac{2}{s(s+1)}+\dfrac{1}{2}\dfrac{1}{s^2-1}+\dfrac{9}{4}\dfrac{1}{s+1}$ ist.

13 Berechnen Sie $f(\infty)$, wenn $F(s)=\dfrac{2s^2+3s+2}{s^3+2s^2+2s}$ ist.

3 Gewöhnliche Differentialgleichungen

Übersicht

In diesem Kapitel wird die Methode der Laplace-Transformation auf die Lösung gewöhnlicher Differentialgleichungen mit konstanten Koeffizienten angewendet.
Die Methode wird summarisch beschrieben, damit der Leser die Linie vor Augen hat, wenn er zuerst einige einfache Aufgaben löst.
Dann wird die Methode der Partialbruchzerlegung ausführlich erklärt, weil sie für die Rücktransformation vom Bildraum in den Originalraum unerläßlich ist und deshalb bei der praktischen Lösung von Differentialgleichungen eine wichtige Rolle spielt.
Im Anschluß daran werden Beispiele gerechnet, die den Leser systematisch mit der Überwindung von Schwierigkeiten vertraut machen.

3.1 Die Methode der Lösung von Differentialgleichungen mittels Laplace-Transformation

3.1.1 Gewöhnliche lineare Differentialgleichungen

Definition

Eine Bestimmungsgleichung für eine Funktion mit einer Variabeln, in der mindestens eine Ableitung der Funktion vorkommt, heißt gewöhnliche Differentialgleichung[1].
Die Lösungsmenge der Dgl. ist die Menge der Funktionen, die mit den Funktionen selbst und ihren Ableitungen die Dgl. erfüllen.
Die höchste in einer Dgl. vorkommenden Ableitung der gesuchten Funktion bestimmt die Ordnung der Dgl.

Beispiel

▼ 3–1 Bestimmen Sie die Ordnung folgender Dgl.:

    a) $\dot{x}(t) + t^2 x(t) = 0$;

    b) $\dddot{x}(t) + \dot{x}(t) = \sin^4(t)$;

    c) $\sin^3(t) \cdot \ddot{y}(t) + t \cdot y(t) = 0$.

---

[1] Im folgenden wird Differentialgleichung mit Dgl. abgekürzt.

Lösung

a) $\dot{x}(t)$ ist die höchste Ableitung von $x(t)$. Die Dgl. ist also von erster Ordnung.

b) $\dddot{x}(t)$ ist die höchste und zugleich dritte Ableitung von der gesuchten Funktion $x(t)$. Die Dgl. ist also von dritter Ordnung.

c) $\ddot{y}(t)$ ist die höchste Ableitung von $y(t)$. Die Dgl. ist also von zweiter Ordnung. ∎

3.1.2 Summarische Beschreibung des Lösungsweges für gewöhnliche Dgl. mit konstanten Koeffizienten

Wir nehmen an, daß der Leser mit den üblichen Methoden zur Lösung von gewöhnlichen Dgl. mit vorgeschriebenen Anfangsbedingungen vertraut ist, setzen es aber nicht voraus.

Die mathematische Behandlung von Dgl. mit der herkömmlichen Methode verläuft folgendermaßen: Man sucht mit Hilfe bestimmter dem speziellen Typus der Dgl. angepaßter Methoden die allgemeinste Funktion, die die Dgl. erfüllt und paßt diese den vorgegebenen Bedingungen an.

Im Blockdiagramm sieht das so aus:

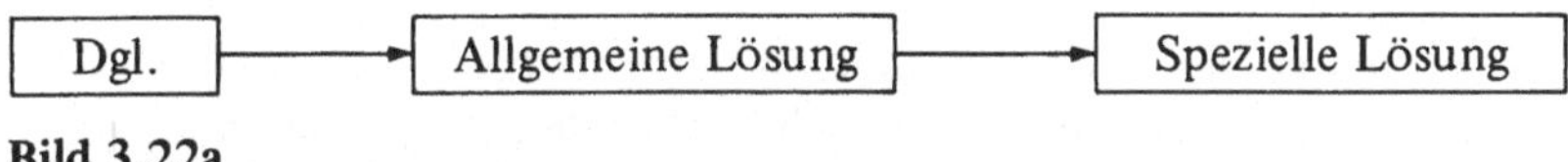

Bild 3.22a

Wir werden einen anderen, scheinbar umständlicheren Weg gehen:

a) Die gegebene Dgl. wird in den Bildraum transformiert. Das hat folgende Vorteile:

1. Die Dgl. verwandelt sich in eine algebraische Gleichung, die nach bekannten Methoden aus der Elementarmathematik nach der gesuchten Lösung im Bildraum umgestellt werden kann.

2. Die vorgegebenen Bedingungen werden automatisch eingebaut.

b) Für die spezielle Lösung im Bildraum sucht man dann, meist mit Hilfe einer Tabelle, die Originalfunktion.

Im Blockdiagramm sieht das Verfahren so aus:

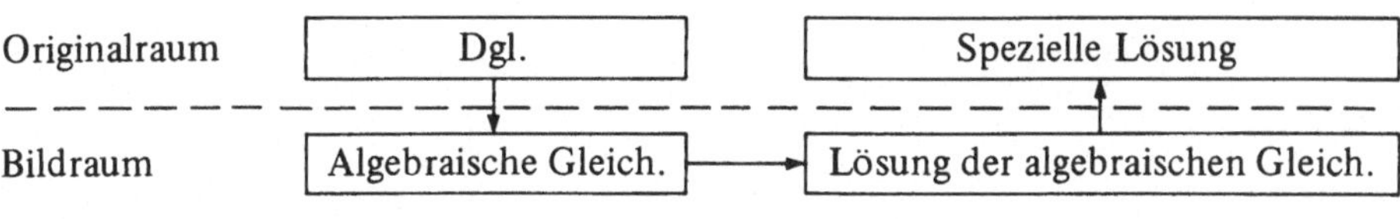

Bild 3.22b

Daß ein solcher Umweg sich lohnen kann, zeigt das bekannte Beispiel der Multiplikation zweier Zahlen a und b mit Hilfe von Logarithmen.

Die folgenden Blockdiagramme sollen die Analogie verdeutlichen:

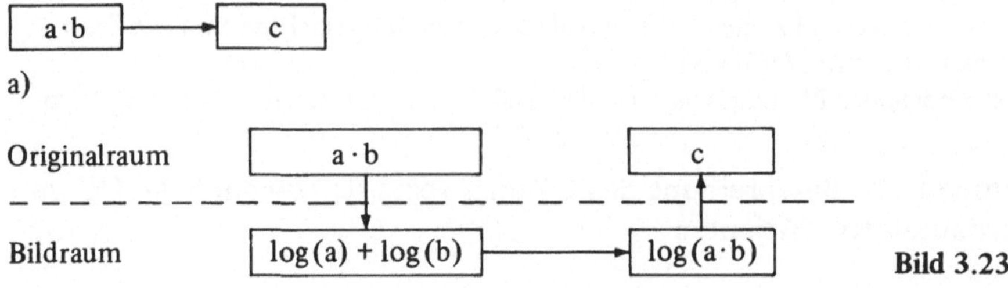

a)

b)

Bild 3.23

An folgendem einfachen Beispiel — wir schießen mit „Kanonen nach Spatzen" — möge sich der Leser die einzelnen Schritte klarmachen.

Beispiele

▼ **3–2** Lösen Sie die Dgl. $\dot{y}(t) = 0$ mit der Anfangsbedingung $y(0) = y_0$.

Lösung

1. Schritt: Transformation der Dgl. in den Bildraum mittels Satz (2.6).
Das ergibt $s\,Y(s) - y_0 = 0$. Damit haben wir die algebraische Gleichung erhalten.

2. Schritt: Auflösung der Gleichung nach $Y(s)$: $Y(s) = y_0\,\dfrac{1}{s}$.

3. Schritt: Rücktransformation in den Originalraum.

Nach T1 ist $\mathcal{L}\left\{\dfrac{1}{s}\right\} = 1$.

Damit erhalten wir die Lösung:

$$y(t) = y_0.$$

■

▼ **3–3** a) Lösen Sie auf die gleiche Weise wie in Beispiel 3–2 die Dgl. 1. Ordnung:

$$\dot{y}(t) + a\,y(t) = 1 \quad \text{mit der Anfangsbedingung} \quad y(0) = 2.$$

b) Lösen Sie die Dgl. mit Hilfe der Variation der Konstanten[1]).

Lösung

a) *1. Schritt:*

$$s\,Y(s) - 2 + a\,Y(s) = \frac{1}{s}$$

2. Schritt:

$$(s + a)\,Y(s) = \frac{1}{s} + 2$$

$$Y(s) = \frac{1}{s(s + a)} + \frac{2}{s + a}$$

---

[1]) Der Leser, der mit dieser Methode nicht vertraut ist, übergehe Beispiel 3–3b.

3. Schritt:

Nach T16 ist $\mathcal{L}^{-1}\left\{\frac{a}{s\,(s+a)}\right\} = 1 - e^{-at}$ und nach T6 ist $\mathcal{L}^{-1}\left\{\frac{1}{s+a}\right\} = e^{-at}$. Daraus ergibt sich sofort die Lösung der Dgl.:

$$y(t) = \mathcal{L}^{-1}\{Y(s)\} = \frac{1}{a}\,(1 - e^{-at}) + 2\,e^{-at} = \frac{1}{a} + \left(2 - \frac{1}{a}\right) e^{-at}.$$

b) Wir lösen die zugehörige homogene Dgl. $\dot{y}_h(t) + a\,y_h(t) = 0$. (a)

Man kann diese Dgl. auf verschiedene Arten lösen. Wir wählen den allgemeineren Weg:

Lösungsansatz: $y_h(t) = e^{\lambda t}$.

Durch Differenzieren ergibt sich: $\dot{y}_h(t) = \lambda\,e^{\lambda t}$.

Setzen wir diese Ausdrücke in Gleichung (a) ein, so erhalten wir die charakteristische Gleichung für λ:

$$\lambda\,e^{\lambda t} + a\,e^{\lambda t} = 0.$$

Die einzige Lösung dieser Gleichung ist: $\lambda = -a$.
Damit erhalten wir die Lösung der homogenen Dgl.:

$$y_h(t) = c\,e^{-at}.$$

Um die Lösung der inhomogenen Dgl. zu erhalten, betrachtet man c als unbekannte noch zu bestimmende Funktion von t.
Wir machen also den Lösungsansatz:

$$y(t) = c(t)\,e^{-at}.$$ (b)

Die Ableitung dieser Funktion ist:

$$\dot{y}(t) = \dot{c}(t)\,e^{-at} - a\,c(t)\,e^{-at}.$$

Setzen wir die beiden letzten Ausdrücke in die Dgl. $\dot{y}(t) + a\,y(t) = 1$ ein, so erhalten wir eine Bestimmungsgleichung für $\dot{c}(t)$. Es ist nämlich:

$$\dot{c}(t)\,e^{-at} - a\,c(t)\,e^{-at} + a\,c(t)\,e^{-at} = 1$$

oder:

$$\dot{c}(t) = e^{at}.$$

Integration liefert:

$$c(t) = \frac{1}{a}\,e^{at} + k.$$

Den so gewonnenen Ausdruck für c(t) in Gleichung (b) eingesetzt, ergibt die allgemeine Lösung der Dgl.:

$$y(t) = \frac{1}{a} + k\,e^{-at}.$$ (c)

Diese Gleichung ist noch der Anfangsbedingung $y(0) = 2$ anzupassen. Es ist

$$y(0) = \frac{1}{a} + k = 2.$$

Aus dieser Bestimmungsgleichung für k erhalten wir $k = 2 - \frac{1}{a}$.
In Gleichung (c) eingesetzt ergibt dies die Lösung der Dgl.:

$$y(t) = \frac{1}{a} + \left(2 - \frac{1}{a}\right) e^{-at}.$$

■

▼ **3—4** Lösen Sie die Dgl. $\ddot{x}(t) = -g$ mit den Anfangsbedingungen $\dot{x}(0) = 0$, $x(0) = h$

Lösung
Transformation in den Bildraum ergibt:

$$s^2 X(s) - s\, x(0) - \dot{x}(0) = -g\, \frac{1}{s}.$$

Setzen wir die gegebenen Anfangsbedingungen ein, so erhalten wir:

$$s^2 X(s) - s\, h = -g\, \frac{1}{s}.$$

Die Gleichung nach $X(s)$ aufgelöst, ergibt:

$$X(s) = \frac{h}{s} - \frac{g}{s^3}.$$

Die Rücktransformation mittels T5 ergibt:

$$x(t) = h - \frac{g}{2}\, t^2.$$

■

▼ **3—5** Lösen Sie mit Hilfe des Faltungssatzes (2.8) die Dgl.:

$$\dot{y}(t) + a\, y(t) = f(t) \quad \text{mit} \quad y(0) = y_0.$$

Lösung
f(t), die sogenannte Störfunktion, ist nicht explizit gegeben, sondern bedeutet eine beliebige, aber bekannte Funktion, z.B. $\delta(t)$, $\sin(\omega t)$ u.ä.
Wir transfomieren die Dgl. in den Bildraum:

$$s\, Y(s) - y_0 + a\, Y(s) = \mathcal{L}\{f(t)\}.$$

Auflösung nach $Y(s)$ ergibt:

$$Y(s) = \frac{y_0}{s+a} + \mathcal{L}\{f(t)\}\, \frac{1}{s+a}.$$

Wegen $\mathcal{L}\{e^{-at}\} = \frac{1}{s+a}$ erhalten wir:

$$Y(s) = y_0\, \mathcal{L}\{e^{-at}\} + \mathcal{L}\{f(t)\}\, \mathcal{L}\{e^{-at}\} = y_0\, \mathcal{L}\{e^{-at}\} + \mathcal{L}\{f(t) \star e^{-at}\}.$$

Rücktransformation in den Originalraum ergibt:

$$y(t) = y_0 e^{-at} + f(t) * e^{-at} = y_0 e^{-at} + \int\limits_0^t f(\tau) e^{-a(t-\tau)} \, d\tau$$

$$= y_0 e^{-at} + e^{-at} \int\limits_0^t f(\tau) e^{a\tau} \, d\tau \tag{a}$$

oder weil die Faltung kommutativ ist:

$$y(t) = y_0 e^{-at} + \int\limits_0^t e^{-a\tau} f(t-\tau) \, d\tau. \tag{b}$$

$\blacksquare$

▼ **3–6** Lösen Sie mit Hilfe der Gleichung (a) in Beispiel 3–5 die Dgl.:

$$\dot{y}(t) + 3\,y(t) = e^{j2t} \quad \text{mit} \quad y(0) = 0.$$

Lösung

Nach Gleichung (a) ist:

$$y(t) = e^{-3t} \int\limits_0^t e^{2j\tau} e^{3\tau} \, d\tau = e^{-3t} \int\limits_0^t e^{(3+2j)\tau} \, d\tau = e^{-3t} \frac{1}{3+2j} e^{(3+2j)\tau} \Bigg|_0^t$$

$$= \frac{e^{-3t}}{3+2j} (e^{(3+2j)t} - 1) = \frac{e^{2jt} - e^{-3t}}{3+2j}.$$

$\blacksquare$

▼ **3–7** Lösen Sie mit Hilfe der Gleichung (a) in Beispiel 3–5 die Dgl.:

$$\dot{x}(t) + a\,x(t) = \cos(\omega t) \quad \text{mit} \quad x(0) = x_0.$$

Lösung

$$x(t) = x_0 e^{-at} + e^{-at} \int\limits_0^t \cos(\omega\tau) e^{a\tau} \, d\tau.$$

Wir berechnen das Integral mit Hilfe der Methode der partiellen Integration.

$$\phi(t) = \int\limits_0^t \cos(\omega\tau) e^{a\tau} \, d\tau \overset{\text{p.I.}}{=} \frac{1}{\omega} \sin(\omega\tau) e^{a\tau} \Bigg|_0^t - \frac{a}{\omega} \int\limits_0^t \sin(\omega\tau) e^{a\tau} \, d\tau$$

$$\overset{\text{p.I.}}{=} \frac{1}{\omega} \sin(\omega t) e^{at} + \frac{a}{\omega^2} \cos(\omega\tau) e^{a\tau} \Bigg|_0^t - \frac{a^2}{\omega^2} \int\limits_0^t \cos(\omega\tau) e^{a\tau} \, d\tau.$$

Daraus erhalten wir die Bestimmungsgleichung für $\phi(t)$:

$$\phi(t) = \frac{1}{\omega}\sin(\omega t)\,e^{at} + \frac{a}{\omega^2}\cos(\omega t)\,e^{at} - \frac{a}{\omega^2} - \frac{a^2}{\omega^2}\,\phi(t).$$

Durch Umstellen ergibt sich $\phi(t)$:

$$\phi(t) = \frac{1}{a^2 + \omega^2}\,(\omega \sin(\omega t)\,e^{at} + a \cos(\omega t)\,e^{at} - a).$$

Die Lösung der Dgl. ist somit:

$$x(t) = x_0\,e^{-at} + \frac{1}{a^2 + \omega^2}\,(\omega \sin(\omega t) + a \cos(\omega t) - a\,e^{-at}). \qquad\blacksquare$$

▼ **3–8** Benutzen Sie die Gleichung (b) des Beispiels 3–5, um folgende Dgl. zu lösen:

$$\dot{y}(t) + 2\,y(t) = 3\,u(t) \quad \text{mit} \quad y(0) = 0.$$

Lösung

Nach Gleichung (b) des Beispiels 3–5 ergibt sich:

$$y(t) = 3 \int_0^t e^{-2\tau}\cdot 1\,d\tau = -\frac{3}{2}\,e^{-2\tau}\,\Big|_0^t = \frac{3}{2}\,(1 - e^{-2t}). \qquad\blacksquare$$

3.2 Partialbruchzerlegung

Wir haben im vorigen Abschnitt Dgl. gelöst, bei denen die Rücktransformation mit Hilfe der Tabelle ohne weiteres gelang.

In dem folgenden Beispiel werden wir sehen, daß die Rücktransformation aus dem Bildraum mit Hilfe von Tabellen praktisch unmöglich wird, weil es keine so ausführlichen Tabellen geben kann, die alle vorkommenden Bildfunktionen enthalten.

Wir werden also bemüht sein müssen, die auftretenden Bildfunktionen so umzugestalten, daß wir sie in unserer Tabelle finden können.

Bei den in der Praxis gebräuchlichen Dgl. sind die zugehörigen Bildfunktionen meist rationale Funktionen in s. Diese aber kann man in Summen von Partialbrüchen zerlegen, deren Originalfunktionen direkt in der Tabelle abzulesen sind. Man nennt die Zerlegung rationaler Funktionen in eine Summe von Brüchen *Partialbruchzerlegung*.

Es wird sich im folgenden herausstellen, daß die Zerlegung der rationalen Bildfunktionen, die bei der Lösung der hier behandelten Dgl. auftreten, sehr mühsam sein kann und auch einiges Geschick erfordert, wenn der Rechenaufwand nicht unnötig ausufern soll. Wir widmen der Partialbruchzerlegung deswegen einen eigenen Abschnitt, obgleich die Methode dem Leser bekannt sein müßte, weil sie auch bei der Integration rationaler Funktionen verwendet wird.

90

Beispiel

▼ **3—9** Transformieren Sie folgende Dgl. in den Bildraum und berechnen Sie die Bildfunktion $X(s)$:

$$\ddot{x}(t) + A\,\dot{x}(t) + B\,x(t) = e^{at} \quad \text{mit} \quad x(0) = \dot{x}(0) = 0.$$

Lösung

Mit Hilfe des Differentiationssatzes (2.6) und T6 erhalten wir:

$$s^2\,X(s) + A\,s\,X(s) + B\,X(s) = \frac{1}{s-a}.$$

Durch Ausklammern von $X(s)$ und Umstellen der Gleichung erhalten wir:

$$X(s) = \frac{1}{(s-a)\,(s^2 + A\,s + B)}.$$

Die Bildfunktion ist eine rationale Funktion, bei der die Nennerfunktion $N(s)$ eine ganze Funktion dritten Grades ist. Wir können in unserer Tabelle die zugehörige Originalfunktion nicht finden[1]). Wir sind also gezwungen, die angekündigte Umformung vorzunehmen.

Wir bezeichnen im folgenden eine rationale Funktion mit $R(s) = \frac{Z(s)}{N(s)}$. $R(s)$ deutet auf rationale Funktion, $Z(s)$ auf Zählerfunktion und $N(s)$ auf Nennerfunktion.
Wir werden uns hier nur mit echt gebrochenen rationalen Funktionen beschäftigen; das sind solche, bei denen die Nennerfunktion $N(s)$ von höherem Grade ist als die Zählerfunktion $Z(s)$. Der Fall, daß $Z(s)$ von höherem Grad als $N(s)$ ist, erledigt sich sofort durch Division. Es entsteht dann eine ganze Funktion und eine echt gebrochene Funktion, wie an folgendem Beispiel gezeigt werden soll.

$R_2(s) = \dfrac{s^4 - 2s^3 + 3s^2 + 2s + 1}{s^2 + s + 2}$ ist eine rationale Funktion, deren Zählerfunktion $Z_4(s)$

vierten Grades und deren Nennerfunktion $N_2(s)$ zweiten Grades ist[2]).
Wir dividieren:

$$
\begin{array}{l}
(s^4 - 2s^3 + 3s^2 + 2s + 1) : (s^2 + s + 2) = s^2 - 3s + 4 + \dfrac{4s - 7}{s^2 + s + 2} \\[2pt]
\underline{-(s^4 +\ \ s^3 + 2s^2)} \\
\qquad -3s^3 +\ \ s^2 + 2s \\
\qquad \underline{-(-3s^3 - 3s^2 - 6s)} \\
\qquad\qquad 4s^2 + 8s + 1 \\
\qquad\qquad \underline{-(4s^2 + 4s + 8)} \\
\qquad\qquad\qquad 4s - 7
\end{array}
$$

---

[1]) Auch für diese Funktionen gibt es ausführliche Tabellenwerke (s. Literaturnachweis). Aber kann man mit Vorteil Tabellen benutzen, wenn man nicht weiß, wie die in ihnen aufgeführten Transformationen wenigstens grundsätzlich zustande gekommen sind?

[2]) Wenn es notwendig erscheint, werden wir den Grad der Zählerfunktion bzw. der Nennerfunktion als Index an das Funktionszeichen schreiben. Der Index n am Funktionszeichen $R_n(s)$ soll den Grad der Nennerfunktion kennzeichnen.

Durch die Division haben wir die unecht gebrochene Funktion in die ganze Funktion $s^2 - 3s + 4$ und in die echt gebrochene Funktion $\frac{4s - 7}{s^2 + s + 2}$ zerlegt.

Damit im folgenden die Schreibarbeit nicht unnütz groß und dadurch unübersichtlich wird, behandeln wir nur rationale Funktionen, deren Nennerfunktion $N(s)$ höchstens dritten Grades ist. Alle Rechenverfahren, die an diesen Funktionen gewonnen werden, lassen sich leicht auf Funktionen höheren Grades erweitern.

Die rationale Funktion habe somit die Form:

$$R_3(s) = \frac{Z_2(s)}{N_3(s)} = \frac{a_1 s^2 + a_2 s + a_3}{s^3 + b_1 s^2 + b_2 s + b_3}.$$

Wir suchen zuerst die drei Nullstellen der Funktion $N_3(s)$ und bezeichnen sie mit $\alpha_1, \alpha_2, \alpha_3$. Mit diesen „Wurzeln" läßt sich die Nennerfunktion faktorisieren:

$$N_3(s) = (s - \alpha_1)(s - \alpha_2)(s - \alpha_3).$$

Es können zwei Fälle auftreten, deren Unterscheidung für die Partialbruchzerlegung wichtig ist.

1. Fall: Alle Wurzeln sind verschieden (einfache Wurzeln).
2. Fall: Wenigstens zwei Wurzeln sind gleich (mehrfache Wurzeln). ∎

3.2.1 Partialbruchzerlegung: Einfache Wurzeln

Im Falle, daß die Nennerfunktion $N_3(s)$ nur einfache Wurzeln hat, läßt sich die rationale Funktion $R_3(s)$ in folgende Form bringen:

$$R_3(s) = \frac{A_1}{s - \alpha_1} + \frac{A_2}{s - \alpha_2} + \frac{A_3}{s - \alpha_3}$$

Die unbekannten Koeffizienten A_1, A_2, A_3 werden wir nach zwei verschiedenen Methoden bestimmen.

Methode A: Koeffizientenvergleich

Wir setzen an:

$$\frac{a_1 s^2 + a_2 s + a_3}{(s - \alpha_1)(s - \alpha_2)(s - \alpha_3)} = \frac{A_1}{s - \alpha_1} + \frac{A_2}{s - \alpha_2} + \frac{A_3}{s - \alpha_3}.$$

Wir erweitern beide Seiten der Gleichung mit $N_3(s)$ und erhalten:

$$a_1 s^2 + a_2 s + a_3 = A_1(s - \alpha_2)(s - \alpha_3) + A_2(s - \alpha_1)(s - \alpha_3)$$
$$+ A_3(s - \alpha_1)(s - \alpha_2).$$

92

Die rechte Seite wird nach Potenzen von s geordnet:

$$a_1 s^2 + a_2 s + a_3 = (A_1 + A_2 + A_3) s^2 - (A_1 (\alpha_2 + \alpha_3) + A_2 (\alpha_1 + \alpha_3) + A_3 (\alpha_1 + \alpha_2)) s$$
$$+ (A_1 \alpha_2 \alpha_3 + A_2 \alpha_1 \alpha_3 + A_3 \alpha_1 \alpha_2).$$

Da die Gleichung für beliebige Werte von s erfüllt sein soll, müssen die Koeffizienten bei gleichen Potenzen von s auf beiden Seiten gleich sein.
Also ist:

$$A_1 + A_2 + A_3 = a_1$$
$$A_1 (\alpha_2 + \alpha_3) + A_2 (\alpha_1 + \alpha_3) + A_3 (\alpha_1 + \alpha_2) = - a_2$$
$$A_1 \alpha_2 \alpha_3 + A_2 \alpha_1 \alpha_3 + A_3 \alpha_1 \alpha_2 = a_3.$$

Das sind die drei Gleichungen, aus denen die Konstanten A_1, A_2, A_3 ermittelt werden können.

Beispiel

▼ **3–10** Bestimmen Sie die Originalfunktion $r_3 (t)$ der Bildfunktion:

$$R_3 (s) = \frac{2s^2 + 3s + 5}{s(s + 1)(s - 1)}.$$

Lösung
Wir zerlegen $R_3 (s)$ in Partialbrüche.
Ansatz:

$$\frac{2s^2 + 3s + 5}{s(s + 1)(s - 1)} = \frac{A_1}{s} + \frac{A_2}{s + 1} + \frac{A_3}{s - 1}. \tag{a}$$

Wir erweitern mit $N (s)$ und ordnen nach Potenzen von s:

$$2s^2 + 3s + 5 = (A_1 + A_2 + A_3) s^2 + (- A_2 + A_3) s - A_1.$$

Wir machen den Koeffizientenvergleich:

$$A_1 + A_2 + A_3 = 2$$
$$- A_2 + A_3 = 3$$
$$- A_1 \qquad\quad = 5.$$

Aus diesem Gleichungssystem berechnen wir die Konstanten:

$$A_1 = -5; \quad A_2 = 2; \quad A_3 = 5.$$

Setzen wir diese Werte in Gleichung (a) ein, so erhalten wir:

$$R_3 (s) = -5 \frac{1}{s} + 2 \frac{1}{s + 1} + 5 \frac{1}{s - 1}.$$

Die Transformation in den Originalraum bereitet nun keine Schwierigkeiten mehr.

Nach T1 und T6 erhalten wir:

$$r_3(t) = -5 + 2\,e^{-t} + 5\,e^t.$$ ∎

Eine weitere Methode, die Konstanten A_ν der Partialbruchzerlegung zu bestimmen, wollen wir an einer rationalen Funktion demonstrieren, deren Zählerfunktion ersten Grades und deren Nennerfunktion zweiten Grades ist. Eine Verallgemeinerung auf beliebige echt gebrochene rationale Funktionen, deren Nennerfunktionen einfache Wurzeln haben, macht keine Schwierigkeiten.

Methode B

Die rationale Funktion $R_2(s)$ habe folgende Form:

$$R_2(s) = \frac{Z(s)}{N(s)} = \frac{Z(s)}{(s-\alpha_1)(s-\alpha_2)}.$$

Wir zerlegen sie in Partialbrüche mit den unbekannten Konstanten A_1 und A_2.

$$\frac{Z(s)}{(s-\alpha_1)(s-\alpha_2)} = \frac{A_1}{s-\alpha_1} + \frac{A_2}{s-\alpha_2}. \tag{a}$$

Wir erweitern beide Seiten der Gleichung (a) mit $N(s)$ und erhalten:

$$Z(s) = A_1\,\frac{N(s)}{s-\alpha_1} + A_2\,\frac{N(s)}{s-\alpha_2}.$$

Der Funktion auf der rechten Seite der Gleichung hat an den Stellen $s = \alpha_1$ und $s = \alpha_2$ Lücken, d.h. sie ist an diesen Stellen unbestimmt, weil $N(\alpha_1) = 0$ und $N(\alpha_2) = 0$ ist und jeweils auch der Nenner verschwindet. Setzen wir z.B. $s = \alpha_1$, so erhalten wir:

$$Z(\alpha_1) = A_1\,\frac{0}{0} + A_2\,\frac{0}{\alpha_1 - \alpha_2}.$$

Der erste Summand auf der rechten Seite der Gleichung ist unsinnig: Der Funktionswert existiert nicht. Wir ersetzen ihn deshalb durch den Grenzwert an dieser Stelle. Das ist möglich, weil die Funktion in der Umgebung dieser Stelle stetig ist.
Den Grenzwert bestimmen wir mit Hilfe der l'Hospitalschen Regel:

$$Z(\alpha_1) = A_1 \lim_{s \to \alpha_1} \frac{N'(s)}{(s-\alpha_1)'} = A_1 \lim_{s \to \alpha_1} N'(s) = A_1 N'(\alpha_1)$$

oder:

$$A_1 = \frac{Z(\alpha_1)}{N'(\alpha_1)}.$$

Entsprechend ist:

$$A_2 = \frac{Z(\alpha_2)}{N'(\alpha_2)}.$$

Setzen wir diese Konstanten in Gleichung (a) ein, so erhalten wir:

$$R_2(s) = \frac{Z(\alpha_1)}{N'(\alpha_1)}\frac{1}{s-\alpha_1} + \frac{Z(\alpha_2)}{N'(\alpha_2)}\frac{1}{s-\alpha_2} = \sum_{\nu=1}^{2}\frac{Z(\alpha_\nu)}{N'(\alpha_\nu)}\frac{1}{(s-\alpha_\nu)}.$$

Die Formel läßt sich ohne weiteres auf den Fall erweitern, daß $N(s)$ m^{ten} Grades ist:

$$R_m(s) = \sum_{\nu=1}^{m}\frac{Z(\alpha_\nu)}{N'(\alpha_\nu)}\frac{1}{(s-\alpha_\nu)}. \tag{3.1}$$

Es sei nochmals betont, daß $N(s)$ nur einfache Wurzeln haben darf!

Beispiele

▼ **3–11** Zerlegen Sie die rationale Funktion des Beispiels 3–10 $R_3(s) = \frac{2s^2+3s+5}{s(s+1)(s-1)}$ mit Hilfe der Formel (3.1) in Partialbrüche.

Lösung

Wir berechnen $Z(0) = 5$; $Z(-1) = 4$; $Z(1) = 10$.
Wegen

$$N'(s) = (s+1)(s-1) + s(s-1) + s(s+1)$$

erhalten wir: $N'(0) = -1$; $N'(-1) = 2$; $N'(1) = 2$.
Setzen wir diese Werte in Formel (3.1) ein, so erhalten wir:

$$R_3(s) = \frac{5}{-1}\frac{1}{s} + \frac{4}{2}\frac{1}{(s+1)} + \frac{10}{2}\frac{1}{(s-1)}$$

$$= -5\frac{1}{s} + 2\frac{1}{s+1} + 5\frac{1}{s-1}. \qquad\bullet$$

Vergleichen wir Methode A mit Methode B, so sehen wir, daß Methode B schneller zum Ziele führt. Leider ist sie nur bei einfachen Wurzeln anwendbar, während Methode A in etwas veränderter Form auch anwendbar ist, wenn $N(s)$ mehrfache Wurzeln hat[1]). ∎

▼ **3–12** Lösen Sie die Dgl. $\ddot{y}(t) + 5\dot{y}(t) + 4y(t) = 1$ mit den Anfangsbedingungen $y(0) = \dot{y}(0) = 0$.

Lösung

1. Schritt: Transformation der Dgl. in den Bildraum:

$$s^2 Y(s) + 5sY(s) + 4Y(s) = \frac{1}{s}.$$

---

[1]) Für mehrfache Wurzeln in der Nennerfunktion gibt es eine Methode, die eine Verallgemeinerung der Methode B ist. Sie ist aber so schwerfällig, daß die Methode des Koeffizientenvergleichs fast immer schneller zum Ziele führt.
(s. z.B. *Ameling:* Laplace-Transformation, Seite 95 ff.)

Die Lösung im Bildraum lautet:

$$Y(s) = \frac{1}{s(s^2 + 5s + 4)} = R_3(s).$$

2. Schritt: Zerlegung der Bildfunktion $R_3(s)$ in Partialbrüche.
Dazu benötigen wir die Wurzeln der Nennerfunktion $N(s)$.
$\alpha_1 = 0$; Um α_2 und α_3 zu erhalten, setzen wir: $s^2 + 5s + 4 = 0$.
Durch Lösen der quadratischen Gleichung erhalten wir:

$$\alpha_2 = -\frac{5}{2} + \sqrt{\frac{25}{4} - 4} = -\frac{5}{2} + \frac{3}{2} = -1$$

$$\alpha_3 = -\frac{5}{2} - \frac{3}{2} = -4.$$

Mit diesen Wurzeln wird

$$Y(s) = R_3(s) = \frac{1}{s(s+1)(s+4)}.$$

Um die Partialbruchzerlegung durchzuführen, wenden wir Methode B an:

$$Z(0) = Z(-1) = Z(-4) = 1.$$

Wegen $N'(s) = (s+1)(s+4) + s(s+4) + s(s+1)$ ist:

$$N'(0) = 4; \quad N'(-1) = -3; \quad N'(-4) = 12.$$

Mittels der Formel (3.1) erhalten wir:

$$Y(s) = \frac{1}{4}\frac{1}{s} - \frac{1}{3}\frac{1}{(s+1)} + \frac{1}{12}\frac{1}{(s+4)}.$$

3. Schritt: Rücktransformation in den Originalraum.
Mit Hilfe der Tabelle erhalten wir sofort die Lösung der Dgl.:

$$y(t) = \frac{1}{4} - \frac{1}{3}e^{-t} + \frac{1}{12}e^{-4t}.$$

Vergleichen wir den Arbeitsaufwand bei den einzelnen Schritten, so sehen wir, daß die Partialbruchzerlegung die meiste Mühe macht. Diese Erfahrung wird sich leider immer wieder bestätigen.

▼ 3–13 Berechnen Sie mit Hilfe der Partialbruchzerlegung die Originalfunktion

$$f(t) = \mathcal{L}^{-1}\{F(s)\}, \quad \text{wenn} \quad F(s) = \frac{s+3}{(2s+1)(s^2+2s+2)} \quad \text{ist};$$

a) nach Methode A,
b) nach Methode B.

Lösung

a) Die Wurzeln der Nennerfunktion $N(s)$ sind:

$$\alpha_1 = -\frac{1}{2}, \quad \alpha_2 = -1 + j, \quad \alpha_3 = -1 - j.$$

Durch Faktorisierung von $N(s)$ erhalten wir:

$$F(s) = \frac{s+3}{2(s+1/2)(s+1-j)(s+1+j)}. \tag{a}$$

Wir behalten den Faktor $\frac{1}{2}$ im Gedächtnis und zerlegen $2F(s)$ in Partialbrüche.

$$\frac{s+3}{(s+1/2)(s+1-j)(s+1+j)} = \frac{A_1}{s+1/2} + \frac{A_2}{s+1-j} + \frac{A_3}{s+1+j}.$$

Erweitern mit $N(s)$ ergibt:

$$s+3 = A_1(s^2 + 2s + 2) + A_2(s+1/2)(s+1+j) + A_3(s+1/2)(s+1-j).$$

Wir ordnen die rechte Seite nach Potenzen von s:

$$s+3 = (A_1 + A_2 + A_3)s^2 + (2A_1 + (3/2+j)A_2 + (3/2-j)A_3)s$$

$$+ \left(2A_1 + \left(\frac{1}{2} + \frac{1}{2}j\right)A_2 + \left(\frac{1}{2} - \frac{1}{2}j\right)A_3\right).$$

Koeffizientenvergleich ergibt das Gleichungssystem

$$A_1 \quad + \quad A_2 \quad + \quad A_3 = 0$$

$$2A_1 + \left(\frac{3}{2}+j\right)A_2 + \left(\frac{3}{2}-j\right)A_3 = 1$$

$$2A_1 + \left(\frac{1}{2}+\frac{1}{2}j\right)A_2 + \left(\frac{1}{2}-\frac{1}{2}j\right)A_3 = 3.$$

Wir berechnen die Koeffizienten mit Hilfe der Determinantenmethode.
Die Hauptdeterminante ist:

$$D = \begin{vmatrix} 1 & 1 & 1 \\[2mm] 2 & \dfrac{3}{2}+j & \dfrac{3}{2}-j \\[2mm] 2 & \dfrac{1}{2}+\dfrac{1}{2}j & \dfrac{1}{2}-\dfrac{1}{2}j \end{vmatrix}$$

Zur einfacheren Berechnung der Determinante subtrahieren wir die dritte Spalte von der zweiten.

$$D = \begin{vmatrix} 1 & 0 & 1 \\ 2 & 2j & \dfrac{3}{2} - j \\ 2 & j & \dfrac{1}{2} - \dfrac{1}{2}j \end{vmatrix}$$

Subtrahieren wir nun die erste Spalte von der dritten, so erhalten wir:

$$D = \begin{vmatrix} 1 & 0 & 0 \\ 2 & 2j & -\dfrac{1}{2} - j \\ 2 & j & -\dfrac{3}{2} - \dfrac{1}{2}j \end{vmatrix} = j \begin{vmatrix} 2 & -\dfrac{1}{2} - j \\ 1 & -\dfrac{3}{2} - \dfrac{1}{2}j \end{vmatrix}$$

$$= j \left(-3 - j + \dfrac{1}{2} + j \right) = -\dfrac{5}{2}j$$

Wir berechnen nun die Unterdeterminanten D_{A_1} und D_{A_2}.

$$D_{A_1} = \begin{vmatrix} 0 & 1 & 1 \\ 1 & \dfrac{3}{2} + j & \dfrac{3}{2} - j \\ 3 & \dfrac{1}{2} + \dfrac{1}{2}j & \dfrac{1}{2} - \dfrac{1}{2}j \end{vmatrix}$$

Wir subtrahieren die dritte von der zweiten Spalte:

$$D_{A_1} = \begin{vmatrix} 0 & 0 & 1 \\ 1 & 2j & \dfrac{3}{2} - j \\ 3 & j & \dfrac{1}{2} - \dfrac{1}{2}j \end{vmatrix} = j \begin{vmatrix} 1 & 2 \\ 3 & 1 \end{vmatrix} = j(1 - 6) = -5j.$$

$$D_{A_2} = \begin{vmatrix} 1 & 0 & 1 \\ 2 & 1 & \dfrac{3}{2} - j \\ 2 & 3 & \dfrac{1}{2} - \dfrac{1}{2}j \end{vmatrix}$$

Wir subtrahieren die erste von der dritten Spalte:

$$
D_{A_2} = \begin{vmatrix} 1 & 0 & 0 \\ 2 & 1 & -\frac{1}{2} - j \\ 2 & 3 & -\frac{3}{2} - \frac{1}{2}j \end{vmatrix} = \begin{vmatrix} 1 & -\frac{1}{2} - j \\ 3 & -\frac{3}{2} - \frac{1}{2}j \end{vmatrix} = \frac{5}{2}j.
$$

Mit den berechneten Werten erhalten wir:

$$
A_1 = \frac{D_{A_1}}{D} = \frac{-5j}{-\frac{5}{2}j} = 2; \qquad A_2 = \frac{D_{A_2}}{D} = \frac{\frac{5}{2}j}{-\frac{5}{2}j} = -1.
$$

Wegen $A_1 + A_2 + A_3 = 0$ folgt $A_3 = -1$.

Wir können nun die Partialbruchzerlegung von $F(s)$ durchführen:

$$
F(s) = \frac{1}{(s + 1/2)} - \frac{1}{2}\frac{1}{(s + 1 - j)} - \frac{1}{2}\frac{1}{(s + 1 + j)}. \tag{b}
$$

Mit Hilfe von T6 finden wir die Originalfunktion:

$$
f(t) = e^{-t/2} - \frac{1}{2}e^{(-1+j)t} - \frac{1}{2}e^{(-1-j)t}
$$

$$
= e^{-t/2} - e^{-t}\frac{e^{jt} + e^{-jt}}{2} = e^{-t/2} - e^{-t}\cos(t).
$$

b) Wir berechnen zuerst die in Formel (3.1) benötigten Konstanten.

$$
Z\left(-\frac{1}{2}\right) = \frac{5}{2}, \qquad Z(-1 + j) = 2 + j, \qquad Z(-1 - j) = 2 - j.
$$

Wegen $N'(s) = 2(s^2 + 2s + 2) + (2s + 1)(2s + 2)$ ist:

$$
N'\left(-\frac{1}{2}\right) = \frac{5}{2}, \qquad N'(-1 + j) = -2(2 + j), \qquad N'(-1 - j) = -2(2 - j).
$$

Setzen wir diese Werte in Formel (3.1) ein, so erhalten wir in Übereinstimmung mit Gleichung (b):

$$
F(s) = \frac{1}{(s + 1/2)} - \frac{1}{2}\frac{1}{(s + 1 - j)} - \frac{1}{2}\frac{1}{(s + 1 + j)}.
$$

Auch hier führt die Methode B schneller zum Ziel.

Dem Leser wird aufgefallen sein, daß die Partialbruchzerlegung die Bildfunktion $F(s)$ des Beispiels 3–13 in drei Summanden zerlegt, während die Originalfunktion $f(t)$ nur aus zwei Summanden besteht. Das legt den Gedanken nahe, ob man in manchen Fällen nicht mit einer teilweisen Partialbruchzerlegung schneller zum Ziel kommt. Wir wollen die Nennerfunktion nicht unbedingt nur in Linearfaktoren zerlegen, sondern auch quadratische Faktoren zulassen.

Um das an einem Beispiel zu demonstrieren, betrachten wir noch einmal die Bildfunktion des Beispiels 3−13:

$$2\,F(s) = \frac{s+3}{(s+1/2)\,(s^2+2s+2)}.$$

Wir machen eine *teilweise* Partialbruchzerlegung, indem wir ansetzen:

$$2\,F(s) = \frac{A}{s+1/2} + \frac{B_1 s + B_2}{s^2+2s+2}\;^{1)}.$$

Die Berechnung der Konstanten verläuft wie in Methode A.
Wir erweitern $2\,F(s)$ mit $N(s)$ und erhalten:

$$s+3 = A\,(s^2+2s+2) + (B_1 s + B_2)\,(s+1/2).$$

Wir ordnen die rechte Seite der Gleichung nach Potenzen von s.

$$s+3 = (A+B_1)\,s^2 + \left(2A + \frac{1}{2}B_1 + B_2\right)\,s + \left(2A + \frac{1}{2}B_2\right).$$

Durch Koeffizientenvergleich erhalten wir:

$$A + \phantom{\frac{1}{2}}B_1 = 0$$

$$2A + \frac{1}{2}B_1 + B_2 = 1$$

$$2A + \frac{1}{2}B_2 = 3.$$

Aus diesem Gleichungssystem berechnen wir die Konstanten:

$$A = 2, \qquad B_1 = -2, \qquad B_2 = -2.$$

$^{1)}$ Die Form des Ansatzes ergibt sich aus folgender Überlegung. Die Nennerfunktion einer echt gebrochenen rationalen Funktion sei quadratisch und habe die Wurzeln α_1 und α_2. Dann lautet die Partialbruchzerlegung:

$$R_2(s) = \frac{A_1}{s-\alpha_1} + \frac{A_2}{s-\alpha_2}.$$

Machen wir die Zerlegung rückgängig, so erhalten wir:

$$R_2(s) = \frac{A_1(s-\alpha_2) + A_2(s-\alpha_1)}{(s-\alpha_1)(s-\alpha_2)} = \frac{(A_1+A_2)\,s - (\alpha_2 A_1 + \alpha_1 A_2)}{(s-\alpha_1)(s-\alpha_2)}$$

$$= \frac{B_1 s + B_2}{(s-\alpha_1)(s-\alpha_2)}.$$

Wir haben $A_1 + A_2 = B_1$ und $-(\alpha_2 A_1 + \alpha_1 A_2) = B_2$ gesetzt, um Übereinstimmung mit unserem Ansatz zu bekommen.

Mit diesen Werten erhält die Bildfunktion folgende Form:

$$F(s) = \frac{1}{s + 1/2} - \frac{s + 1}{s^2 + 2s + 2} \cdot$$

Für den ersten Term läßt sich nach T6 sofort die Originalfunktion angeben:

$$\mathcal{L}^{-1} \left\{ \frac{1}{s + 1/2} \right\} = e^{-t/2}.$$

Den zweiten Term formen wir noch etwas um.
Wegen $s^2 + 2s + 2 = (s^2 + 2s + 1^2) + 1^2 = (s + 1)^2 + 1^2$ erhalten wir:

$$\frac{s + 1}{s^2 + 2s + 2} = \frac{s + 1}{(s + 1)^2 + 1^2} \cdot$$

Nach dem Dämpfungssatz (2.5) in Verbindung mit T8 oder direkt nach T13 ist:

$$\mathcal{L}^{-1} \left\{ \frac{s + 1}{(s + 1)^2 + 1^2} \right\} = e^{-t} \cos(t).$$

Die Originalfunktion von $F(s)$ ist damit:

$$f(t) = e^{-t/2} - e^{-t} \cos(t). \qquad \blacksquare$$

▼ **3−14** Suchen Sie mit Hilfe der Tabelle die Originalfunktion von $F(s)$ ohne Partialbruchzerlegung.

$$F(s) = \frac{5s + 3}{s^2 + 2s + 4} \cdot$$

Lösung

Um unsere Tabelle benutzen zu können, müssen wir die Bildfunktion in folgende Form
bringen:

$$F(s) = A \frac{s + a}{(s + a)^2 + \omega^2} + B \frac{\omega}{(s + a)^2 + \omega^2} \cdot$$

Dazu formen wir zuerst den Nenner um:

$$s^2 + 2s + 4 = (s^2 + 2s + 1) + 3 = (s + 1)^2 + 3.$$

$F(s)$ erhält damit die Form:

$$F(s) = \frac{5s + 3}{(s + 1)^2 + 3} \cdot$$

Wir formen nun den Zähler in durchsichtiger Weise um:

$$5s + 3 = (5s + 5) - 5 + 3 = 5(s + 1) - 2.$$

Dann wird:

$$F(s) = 5 \frac{s + 1}{(s + 1)^2 + 3} - 2 \frac{1}{(s + 1)^2 + 3} \cdot$$

Den zweiten Term erweitern wir mit $\sqrt{3}$ und erhalten:

$$F(s) = 5\,\frac{s+1}{(s+1)+(\sqrt{3})^2} - \frac{2}{\sqrt{3}}\,\frac{\sqrt{3}}{(s+1)+(\sqrt{3})^2}.$$

Mit Hilfe der Tabelle erhalten wir die Originalfunktion:

$$f(t) = 5\,e^{-t}\cos(\sqrt{3}\,t) - \frac{2}{\sqrt{3}}\,e^{-t}\sin(\sqrt{3}\,t).$$

∎

Die hier angewendete Prozedur erscheint im ersten Augenblick kompliziert, doch mit einiger Übung läuft der Rechengang schnell und problemlos ab.
Um diese Routine zu erreichen, wollen wir noch einige Beispiele dieser Art rechnen.

▼ **3–15** Berechnen Sie die Oberfunktion $f(t)$ von

$$F(s) = \frac{2s-3}{s^2-4s-5}.$$

Lösung

$$F(s) = \frac{2s-3}{s^2-4s+4-4-5} = \frac{2s-3}{(s-2)^2-9} = \frac{2(s-2)+4-3}{(s-2)^2-3^2}$$

$$= 2\,\frac{s-2}{(s-2)^2-3^2} + \frac{1}{3}\,\frac{3}{(s-2)^2-3^2}.$$

Mit Hilfe der Tabelle und dem Dämpfungssatz (2.5) erhalten wir:

$$f(t) = 2\,e^{2t}\cosh(3t) + \frac{1}{3}\,e^{2t}\sinh(3t).$$

∎

▼ **3–16** Transformieren Sie in den Originalraum

$$F(s) = \frac{3s+2}{4s^2+12s+9}.$$

Lösung

Wir klammern im Nenner den Faktor 4 aus:

$$4\,s^2 + 12s + 9 = 4(s^2 + 3s + 9/4).$$

Wir erhalten

$$4\,F(s) = \frac{3s+2}{s^2+3s+(3/2)^2} = \frac{3s+2}{(s+3/2)^2} = \frac{3(s+3/2)-9/2+2}{(s+3/2)^2}$$

$$= 3\,\frac{1}{s+3/2} - \frac{5}{2}\,\frac{1}{(s+3/2)^2}.$$

Mit Hilfe des Dämpfungssatzes (2.5) erhalten wir

$$f(t) = \frac{3}{4}\,e^{-(3/2)t}\,\mathcal{L}^{-1}\left\{\frac{1}{s}\right\} - \frac{5}{8}\,e^{-(3/2)t}\,\mathcal{L}^{-1}\left\{\frac{1}{s^2}\right\}$$

und daraus nach T1 und T5

$$f(t) = \frac{3}{4} e^{-(3/2)t} - \frac{5}{8} e^{-(3/2)t} t = \frac{1}{4} e^{-(3/2)t} \left(3 - \frac{5}{2} t\right).$$

▼ **3–17** Bilden Sie $f(t) = \mathcal{L}^{-1} \left\{ \frac{5s - 2}{3s^2 + 4s + 8} \right\}$.

Lösung

Der Rechengang verläuft analog dem der vorhergehenden Beispiele:

$$F(s) = \frac{1}{3} \frac{5s - 2}{s^2 + (4/3)s + 8/3} = \frac{1}{3} \frac{5s - 2}{s^2 + (4/3)s + (2/3)^2 - (2/3)^2 + 8/3}$$

$$= \frac{1}{3} \frac{5s - 2}{(s + 2/3)^2 + 20/9} = \frac{1}{3} \frac{5(s + 2/3) - 10/3 - 2}{(s + 2/3)^2 + (2\sqrt{5}/3)^2}$$

$$= \frac{5}{3} \frac{s + 2/3}{(s + 2/3)^2 + (2\sqrt{5}/3)^2} - \frac{8}{3} \frac{2/3}{(s + 2/3)^2 + (2\sqrt{5}/3)^2} \frac{\sqrt{5}}{\sqrt{5}}$$

$$= \frac{5}{3} \frac{s + 2/3}{(s + 2/3)^2 + (2\sqrt{5}/3)^2} - \frac{8\sqrt{5}}{15} \frac{2\sqrt{5}/3}{(s + 2/3)^2 + (2\sqrt{5}/3)^2}.$$

Mit Hilfe des Dämpfungssatzes (2.5) und der Tabelle erhalten wir die Originalfunktion:

$$f(t) = \left(\frac{5}{3} \cos\left(\frac{2\sqrt{5}}{3} t\right) - \frac{8\sqrt{5}}{15} \sin\left(\frac{2\sqrt{5}}{3} t\right)\right) e^{-(2/3)t}.$$

▼ **3–18** Bilden Sie $f(t) = \mathcal{L}^{-1} \left\{ \frac{1}{(s + 1)(s^2 + 1)} \right\}$.

Lösung

Wir zerlegen $F(s)$ teilweise in Partialbrüche:

$$F(s) = \frac{1}{(s + 1)(s^2 + 1)} = \frac{A}{s + 1} + \frac{B_1 s + B_2}{s^2 + 1}. \tag{a}$$

$$1 = A(s^2 + 1) + (B_1 s + B_2)(s + 1).$$

$$1 = (A + B_1) s^2 + (B_1 + B_2) s + (A + B_2).$$

$$A + B_1 \quad\quad = 0$$
$$B_1 + B_2 = 0$$
$$A \quad + \quad B_2 = 1.$$

Die Lösung des Gleichungssystems ergibt:

$$A = \frac{1}{2}, \quad\quad B_1 = -\frac{1}{2}, \quad\quad B_2 = \frac{1}{2}.$$

Die Konstanten in Gleichung (a) eingesetzt ergibt

$$F(s) = \frac{1}{2}\frac{1}{s+1} - \frac{1}{2}\frac{s}{s^2+1} + \frac{1}{2}\frac{1}{s^2+1}.$$

Mittels der Tabelle erhalten wir

$$f(t) = \frac{1}{2}\left(e^{-t} - \cos(t) + \sin(t)\right).$$

$\blacksquare$

3.2.2 Partialbruchzerlegung: Mehrfache Wurzeln

Damit die Schreibarbeit nicht zu groß wird und um unübersichtliche Indizierung zu vermeiden, betrachten wir eine rationale Funktion R_6, deren Nennerfunktion eine dreifache, eine zweifache und eine einfache Wurzel enthält.

$$N_6(s) = (s - \alpha_1)^3 (s - \alpha_2)^2 (s - \alpha_3).$$

Wir machen folgenden Ansatz:

$$R_6(s) = \frac{A_1}{(s-\alpha_1)^3} + \frac{A_2}{(s-\alpha_1)^2} + \frac{A_3}{(s-\alpha_1)} + \frac{B_1}{(s-\alpha_2)^2} + \frac{B_2}{(s-\alpha_2)} + \frac{C}{(s-\alpha_3)}.$$

Liegt eine rationale Funktion in folgender Form vor:

$$R_5(s) = \frac{Z(s)}{(s^2 + as + b)^2 (s - \alpha_1)},$$

so machen wir folgenden Ansatz:

$$R_5(s) = \frac{A_1 s + A_2}{(s^2 + as + b)^2} + \frac{A_3 s + A_4}{s^2 + as + b} + \frac{B}{s - \alpha_1}.$$

Die Methode, die unbekannten Konstanten zu bestimmen, entspricht im wesentlichen der Methode A für einfache Wurzeln. Der Leser sollte wie immer versuchen, die folgenden Beispiele selbständig zu lösen. Die Lösungen im Buch sollen nur bei scheinbar unüberwindlichen Schwierigkeiten und zur Kontrolle hinzugezogen werden. Man lasse sich auch nicht durch die umfangreichen, aber einfachen Rechnungen abschrecken, die Beispiele Schritt für Schritt zu lösen.

Beispiele

▼ **3–19** Zerlegen Sie folgende rationale Funktion sechsten Grades in Partialbrüche:

$$R_6(s) = \frac{1}{s^3 (s - 1)^2 (s + 1)}.$$

Lösung

Die dreifache Wurzel von $N_6(s)$ ist $\alpha_1 = 0$.
Die zweifache Wurzel von $N_6(s)$ ist $\alpha_2 = 1$.
Die einfache Wurzel von $N_6(s)$ ist $\alpha_3 = -1$.

1. Schritt: Wir zerlegen $R_6(s)$ in Partialbrüche.

$$R_6(s) = \frac{1}{N_6(s)} = \frac{A_1}{s^3} + \frac{A_2}{s^2} + \frac{A_3}{s} + \frac{B_1}{(s-1)^2} + \frac{B_2}{s-1} + \frac{C}{s+1}. \tag{a}$$

2. Schritt: Wir erweitern Gleichung (a) mit $N_6(s)$.

$$1 = A_1(s-1)^2(s+1) + A_2 s(s-1)^2(s+1) + A_3 s^2(s-1)^2(s+1)$$
$$+ B_1 s^3(s+1) + B_2 s^3(s-1)(s+1) + C s^3(s-1)^2.$$

3. Schritt: Wir ordnen die rechte Seite nach Potenzen von s. Nach einfacher Rechnung erhalten wir:

$$1 = (A_3 + B_2 + C)s^5 + (A_2 - A_3 + B_1 - 2C)s^4 + (A_1 - A_2 - A_3 + B_1 - B_2 + C)s^3$$
$$= (-A_1 - A_2 + A_3)s^2 + (-A_1 + A_2)s + A_1.$$

4. Schritt: Koeffizientenvergleich.

$$
\begin{aligned}
A_3 \quad\quad\ + B_2 +\ \ C &= 0 \\
A_2 - A_3 + B_1 \quad\quad - 2C &= 0 \\
A_1 - A_2 - A_3 + B_1 - B_2 +\ \ C &= 0 \\
-A_1 - A_2 + A_3 \quad\quad\quad\quad &= 0 \\
-A_1 + A_2 \quad\quad\quad\quad\quad &= 0 \\
A_1 \quad\quad\quad\quad\quad\quad &= 1.
\end{aligned}
$$

5. Schritt: Berechnung der Konstanten aus dem Gleichungssystem.
Wir können aus den letzten drei Gleichungen die Werte von A_1, A_2 und A_3 ablesen:

$$A_1 = 1, \quad A_2 = 1, \quad A_3 = 2.$$

Wir setzen diese Werte in die ersten drei Gleichungen ein und erhalten:

$$B_2 +\ \ C = -2 \tag{b}$$
$$B_1 \quad - 2C =\ \ 1 \tag{c}$$
$$B_1 - B_2 +\ \ C =\ \ 2. \tag{d}$$

Wir addieren die Gleichungen (b) und (d) und erhalten:

$$B_1 + 2C = 0.$$

Addieren wir diese Gleichung mit Gleichung (c), so erhalten wir:

$$2B_1 = 1 \quad \text{oder} \quad B_1 = \frac{1}{2}.$$

B_1 in Gleichung (c) eingesetzt ergibt $C = -\frac{1}{4}$.
Aus Gleichung (b) erhalten wir schließlich $B_2 = -\frac{7}{4}$.

Setzen wir diese sechs Werte der Konstanten in Gleichung (a) ein, so erhalten wir die Partialbruchzerlegung:

$$\frac{1}{s^3(s-1)^2(s+1)} = \frac{1}{s^3} + \frac{1}{s^2} + 2\frac{1}{s} + \frac{1}{2}\frac{1}{(s-1)^2} - \frac{7}{4}\frac{1}{s-1} - \frac{1}{4}\frac{1}{s+1}. \qquad\bullet$$

Wir wollen noch einen anderen Lösungsweg einschlagen, der die umfangreichen Rechnungen im Zusammenhang mit dem Koeffizientenvergleich vermeidet, dafür aber zu anderen umständlichen Rechnungen führt. Wir werden sehen, daß dieser Weg kaum Vorteile bringt. Trotzdem wählen wir auch den zweiten Weg, um uns von der Starrheit einer Methode zu lösen.

Wir schreiben noch einmal die mit $N_6(s)$ erweiterte Partialbruchzerlegung (Gleichung (a)) von $R_6(s)$ hin:

$$1 = A_1(s-1)^2(s+1) + A_2 s(s-1)^2(s+1) + A_3 s^2(s-1)^2(s+1)$$
$$+ B_1 s^3(s+1) + B_2 s^3(s-1)(s+1) + C s^3(s-1)^2.$$

Da diese Gleichung für alle Werte von s gelten soll, muß die Gleichung auch für $s = 0$, $s = 1$ und $s = -1$ gelten. Durch die Wahl dieser speziellen s-Werte werden jeweils Terme auf der rechten Seite der Gleichung Null und wir erhalten:

$$A_1 = 1 \quad \text{für} \quad s = 0, \qquad 2B_1 = 1 \quad \text{für} \quad s = 1, \qquad -4C = 1 \quad \text{für} \quad s = -1.$$

Damit haben wir drei der sechs unbekannten Konstanten bestimmt:

$$A_1 = 1, \qquad B_1 = \frac{1}{2}, \qquad C = -\frac{1}{4}.$$

Die so bestimmten Glieder der Partialbruchzerlegung bringen wir auf die linke Seite von Gleichung (a) und erhalten:

$$\frac{1}{s^3(s-1)^2(s+1)} - \frac{1}{s^3} - \frac{1}{2}\frac{1}{(s-1)^2} + \frac{1}{4}\frac{1}{(s+1)} = \frac{A_2}{s^2} + \frac{A_3}{s} + \frac{B_2}{s-1}.$$

Wir machen die linke Seite gleichnamig und erhalten nach leichter Rechnung:

$$\frac{s^5 - 4s^4 - 5s^3 + 4s^2 + 4s}{4s^3(s-1)^2(s+1)} = \frac{A_2}{s^2} + \frac{A_3}{s} + \frac{B_2}{s-1}. \qquad (e)$$

Wir sehen, daß der Zähler und der Nenner der linken Seite den Faktor s enthalten. Wir können s kürzen, so daß der Nenner nur noch den Faktor s^2 enthält. Das war zu erwarten, denn auf der rechten Seite fehlt das Glied mit s^3 im Nenner. Da auf der rechten Seite ebenso die Glieder mit $(s-1)^2$ und $(s+1)$ fehlen, schließen wir, daß der Zähler auf der linken Seite diese Faktoren enthält. Wir können deshalb diese beiden Faktoren kürzen.

Wir ermitteln den neuen Zähler, indem wir durch $(s-1)(s+1) = s^2 - 1$ dividieren:

$$(s^4 - 4s^3 - 5s^2 + 4s + 4) : (s^2 - 1) = s^2 - 4s - 4.$$

$$\frac{\begin{aligned}&-(s^4 \quad\quad - s^2)\\ \hline &\quad -4s^3 - 4s^2 + 4s + 4\\ &\quad -(-4s^3 \quad\quad + 4s)\\ \hline &\quad\quad\quad\quad -4s^2 \quad + 4\\ &\quad\quad\quad -(-4s^2 \quad + 4)\\ \hline &\quad\quad\quad\quad\quad\quad\quad 0\end{aligned}}{}$$

Die Gleichung (e) vereinfacht sich dadurch und wir erhalten:

$$\frac{s^2 - 4s - 4}{4s^2(s-1)} = \frac{A_2}{s^2} + \frac{A_3}{s} + \frac{B_2}{s-1}. \tag{f}$$

Auf Gleichung (f) wenden wir nun das gleiche Verfahren an wie vorher. Wir erweitern mit dem Nenner der linken Seite von Gleichung (f) und erhalten:

$$s^2 - 4s - 4 = 4A_2(s-1) + 4A_3 s(s-1) + 4B_2 s^2.$$

Setzen wir $s = 0$ und $s = 1$, so erhalten wir:

$$-4 = -4A_2 \quad\quad \text{für} \quad\quad s = 0$$
$$-7 = 4B_2 \quad\quad \text{für} \quad\quad s = 1.$$

Daraus folgt:

$$A_2 = 1 \quad\quad \text{und} \quad\quad B_2 = -\frac{7}{4}.$$

Die so gewonnenen Glieder auf der rechten Seite von Gleichung (f) bringen wir auf die linke Seite und machen gleichnamig:

$$\frac{s^2 - 4s - 4}{4s^2(s-1)} - \frac{1}{s^2} + \frac{7}{4}\frac{1}{s-1} = \frac{A_3}{s}.$$

$$\frac{s^2 - 4s - 4 - 4(s-1) + 7s^2}{4s^2(s-1)} = \frac{8s(s-1)}{4s^2(s-1)} = \frac{2}{s} = \frac{A_3}{s}.$$

Daraus folgt: $A_3 = 2$.

Mit den so gewonnenen Konstanten lautet die Partialbruchzerlegung von $R_6(s)$:

$$R_6(s) = \frac{1}{s^3} + \frac{1}{s^2} + \frac{2}{s} + \frac{1}{2}\frac{1}{(s-1)^2} - \frac{7}{4}\frac{1}{s-1} - \frac{1}{4}\frac{1}{s+1}$$

in Übereinstimmung mit dem Ergebnis, das wir durch den Koeffizientenvergleich erhalten haben. ∎

▼ **3–20** Zerlegen Sie teilweise in Partialbrüche

$$F(s) = \frac{s^2 + 1}{(s^2 + 2s + 2)^2}.$$

Lösung

Wir machen den Ansatz

$$\frac{s^2 + 1}{(s^2 + 2s + 2)^2} = \frac{A_1 s + A_2}{(s^2 + 2s + 2)^2} + \frac{B_1 s + B_2}{s^2 + 2s + 2}.$$

Wir erweitern mit der Nennerfunktion und erhalten:

$$s^2 + 1 = A_1 s + A_2 + (B_1 s + B_2)(s^2 + 2s + 2).$$

Wir ordnen nach Potenzen von s:

$$s^2 + 1 = B_1 s^3 + (2B_1 + B_2) s^2 + (A_1 + 2B_1 + 2B_2) s + (A_2 + 2B_2).$$

Durch Koeffizientenvergleich erhalten wir die Bestimmungsgleichungen für die vier unbekannten Konstanten.

$$
\begin{array}{lr}
B_1 = 0 & \text{(a)} \\
2B_1 + B_2 = 1 & \text{(b)} \\
A_1 + 2B_1 + 2B_2 = 0 & \text{(c)} \\
A_2 + 2B_2 = 1. & \text{(d)}
\end{array}
$$

Die Berechnung der Konstanten ist sehr einfach.

Aus Gleichung (a) folgt: $B_1 = 0$
Aus Gleichung (b) folgt mit $B_1 = 0$; $B_2 = 1$
Aus Gleichung (d) folgt dann: $A_2 = -1$
Aus Gleichung (c) folgt schließlich: $A_1 = -2$.

Die teilweise Partialbruchzerlegung lautet damit:

$$F(s) = -\frac{2s + 1}{(s^2 + 2s + 2)^2} + \frac{1}{s^2 + 2s + 2}. \qquad\bullet \qquad\text{(e)}$$

Bei diesem Beispiel bietet sich neben dem eben beschriebenen Weg noch ein zweiter Lösungsweg an. Wir formen den Zähler von $F(s)$ in durchsichtiger Weise um:

$$F(s) = \frac{s^2 + 1}{(s^2 + 2s + 2)^2} = \frac{(s^2 + 2s + 2) - 2s - 2 + 1}{(s^2 + 2s + 2)^2}$$

$$= \frac{s^2 + 2s + 2}{(s^2 + 2s + 2)^2} - \frac{2s + 1}{(s^2 + 2s + 2)^2} = -\frac{2s + 1}{(s^2 + 2s + 2)^2} + \frac{1}{s^2 + 2s + 2}$$

in Übereinstimmung mit Gleichung (e).   ■

▼ **3–21** Bestimmen Sie die Originalfunktion f(t) der Bildfunktion

$$F(s) = \frac{2s^3 - s^2 - 1}{(s + 1)^2 (s^2 + 1)}.$$

Lösung

Wir zerlegen $F(s)$ teilweise in Partialbrüche:

$$\frac{2s^3 - s^2 - 1}{(s+1)^2 (s^2+1)} = \frac{A_1}{(s+1)^2} + \frac{A_2}{s+1} + \frac{B_1 s + B_2}{s^2+1}.$$

Wir erweitern $F(s)$ mit $N_4(s) = (s+1)^2 (s^2+1)$.

$$2s^3 - s^2 - 1 = A_1(s^2+1) + A_2(s+1)(s^2+1) + (B_1 s + B_2)(s+1)^2.$$

Wir ordnen die rechte Seite nach Potenzen von s:

$$2s^3 - s^2 - 1 = (A_2 + B_1)s^3 + (A_1 + A_2 + 2B_1 + B_2)s^2 +$$
$$+ (A_2 + B_1 + 2B_2)s + (A_1 + A_2 + B_2).$$

Durch Koeffizientenvergleich ergibt sich das Gleichungssystem:

$$A_2 + B_1 = 2 \qquad \text{(a)}$$
$$A_1 + A_2 + 2B_1 + B_2 = -1 \qquad \text{(b)}$$
$$A_2 + B_1 + 2B_2 = 0 \qquad \text{(c)}$$
$$A_1 + A_2 + B_2 = -1. \qquad \text{(d)}$$

Wir berechnen aus dem Gleichungssystem die unbekannten Konstanten. Wir subtrahieren Gleichung (a) von Gleichung (c) und erhalten:

$$B_2 = -1.$$

Wir subtrahieren Gleichung (d) von Gleichung (b) und erhalten:

$$B_1 = 0.$$

Aus Gleichung (a) erhalten wir damit:

$$A_2 = 2$$

und schließlich aus Gleichung (d):

$$A_1 = -2.$$

Die teilweise Partialbruchzerlegung von $F(s)$ ist mit diesen Werten

$$F(s) = -2\,\frac{1}{(s+1)^2} + 2\,\frac{1}{s+1} - \frac{1}{s^2+1}.$$

Mit Hilfe des Dämpfungssatzes (2.5) und der Tabelle erhalten wir die Originalfunktion

$$f(t) = -2t\,e^{-t} + 2\,e^{-t} - \sin(t). \qquad \blacksquare$$

Nach diesem mühseligen aber wichtigen Abstecher in die Methode der Partialbruchzerlegung kehren wir zum Hauptthema dieses Kapitels, nämlich zur Lösung gewöhnlicher linearer Dgl. mit konstanten Koeffizienten zurück.

3.3 Gewöhnliche Differentialgleichungen mit konstanten Koeffizienten

3.3.1 Gewöhnliche Differentialgleichungen zweiter Ordnung

Wir wollen den Dgl. zweiter Ordnung einen eigenen Unterabschnitt widmen, weil sie in vielen Anwendungsgebieten der Elektrotechnik und der Mechanik eine große Rolle spielen. Wir rechnen zuerst einige numerische Beispiele und untersuchen dann generell diesen Typ von Dgl.

Beispiele

▼ **3–22** Lösen Sie die Dgl. $\ddot{y}(t) + y(t) = \cos(2t)$ mit $\dot{y}(0) = y(0) = 0$.

Lösung

Mit Hilfe des Differentiationssatzes (2.6) und der Tabelle transformieren wie die Dgl. in den Bildraum und erhalten:

$$s^2\, Y(s) + Y(s) = \frac{s}{s^2 + 2^2}.$$

Wir lösen diese algebraische Gleichung nach $Y(s)$ auf:

$$Y(s) = \frac{s}{(s^2 + 2^2)(s^2 + 1^2)}.$$

Um die Rücktransformation mit Hilfe der Tabelle durchführen zu können, zerlegen wir die rationale Funktion teilweise in Partialbrüche.

Wir setzen an:

$$\frac{s}{(s^2 + 4)(s^2 + 1)} = \frac{A_1 s + A_2}{s^2 + 4} + \frac{B_1 s + B_2}{s^2 + 1}.$$

Wir erweitern mit der Nennerfunktion:

$$s = (A_1 s + A_2)(s^2 + 1) + (B_1 s + B_2)(s^2 + 4).$$

Wir ordnen nach Potenzen von s:

$$s = (A_1 + B_1)\,s^3 + (A_2 + B_2)\,s^2 + (A_1 + 4B_1)\,s + (A_2 + 4B_2).$$

Koeffizientenvergleich führt auf das Gleichungssystem:

$$
\begin{array}{llll}
A_1 & + B_1 & = 0 & \qquad\text{(a)} \\
& A_2 \quad\;\; + B_2 & = 0 & \qquad\text{(b)} \\
A_1 & + 4B_1 & = 1 & \qquad\text{(c)} \\
& A_2 \quad\;\; + 4B_2 & = 0. & \qquad\text{(d)}
\end{array}
$$

Wir subtrahieren Gleichung (a) von Gleichung (c) und erhalten

$$B_1 = \frac{1}{3}.$$

Aus Gleichung (a) folgt dann:

$$A_1 = -\frac{1}{3}.$$

Wir subtrahieren Gleichung (b) von Gleichung (d) und erhalten:

$$B_2 = 0.$$

Aus Gleichung (b) folgt schließlich:

$$A_2 = 0.$$

Mit diesen Konstanten ergibt sich:

$$Y(s) = -\frac{1}{3}\frac{s}{s^2 + 2^2} + \frac{1}{3}\frac{s}{s^2 + 1}.$$

Die Rücktransformation ist sofort mit Hilfe der Tabelle möglich. Die Lösung lautet:

$$y(t) = -\frac{1}{3}\cos(2t) + \frac{1}{3}\cos(t).$$

$y(t)$ ist, wie zu erwarten, eine ungedämpfte Schwingung, die aus der Überlagerung der Eigenschwingung des Systems $(1/3)\cos(t)$ und der von außen aufgeprägten Schwingung $-(1/3)\cos(2t)$ besteht.

Die Rücktransformation hätten wir auch mittels des Faltungssatzes (2.8) bewerkstelligen können.
Gehen wir von der Bildfunktion $Y(s) = \frac{s}{s^2 + 2^2}\frac{1}{s^2 + 1}$ aus, so können wir mit Hilfe des Faltungssatzes schreiben:

$$y(t) = \int_0^t \cos(2\tau)\sin(t - \tau)\,d\tau.$$

Die Ausrechnung des Integrals überlassen wir dem Leser. ∎

▼ **3–23** Lösen Sie die Dgl. $\ddot{y}(t) + \dot{y}(t) + y(t) = 0$ mit $\dot{y}(0) = y(0) = 1$.

Lösung
Transformation in den Bildraum ergibt

$$s^2\,Y(s) - s - 1 + s\,Y(s) - 1 + Y(s) = 0$$

oder

$$Y(s) = \frac{s + 2}{s^2 + s + 1}.$$

Wir bringen $Y(s)$ in eine für die Rücktransformation mittels der Tabelle geeignete Form.

$$Y(s) = \frac{s+2}{(s^2 + s + (1/2)^2) - (1/2)^2 + 1} = \frac{s+2}{(s+1/2)^2 + 3/4}$$

$$= \frac{s+1/2}{(s+1/2)^2 + (\sqrt{3}/2)^2} + \frac{3}{2}\frac{1}{(s+1/2)^2 + (\sqrt{3}/2)^2}$$

$$= \frac{s+1/2}{(s+1/2)^2 + (\sqrt{3}/2)^2} + \sqrt{3}\,\frac{\sqrt{3}/2}{(s+1/2)^2 + (\sqrt{3}/2)^2}.$$

Mit Hilfe des Dämpfungssatzes (2.5) und der Tabelle gelingt die Rücktransformation:

$$y(t) = e^{-t/2}\,\mathcal{L}^{-1}\left\{\frac{s}{s^2 + (\sqrt{3}/2)^2}\right\} + \sqrt{3}\,e^{-t/2}\,\mathcal{L}^{-1}\left\{\frac{\sqrt{3}/2}{s^2 + (\sqrt{3}/2)^2}\right\}$$

$$= e^{-t/2}\left(\cos\left(\frac{\sqrt{3}}{2}t\right) + \sqrt{3}\,\sin\left(\frac{\sqrt{3}}{2}t\right)\right).$$

Die Bewegungsform ist eine Schwingung, deren Amplitude exponentiell gegen Null geht. Man nennt sie *freie gedämpfte Schwingung* oder *Schwingfall*. ∎

▼ **3–24** Lösen Sie die Dgl. $\ddot{y}(t) + 2\dot{y}(t) + y(t) = 0$ mit den Anfangsbedingungen $\dot{y}(0) = y(0) = 1$.

Lösung

Transformation der Dgl. in den Bildraum ergibt:

$$s^2\,Y(s) - s - 1 + 2s\,Y(s) - 2 + Y(s) = 0.$$

Umstellen nach $Y(s)$ ergibt:

$$Y(s) = \frac{s+3}{s^2 + 2s + 1} = \frac{s+3}{(s+1)^2} = \frac{(s+1)+2}{(s+1)^2} = \frac{1}{s+1} + 2\,\frac{1}{(s+1)^2}.$$

Die Rücktransformation macht keine Schwierigkeiten. Mit Hilfe des Dämpfungssatzes (2.5) erhalten wir:

$$y(t) = e^{-t}\,\mathcal{L}^{-1}\left\{\frac{1}{s}\right\} + 2\,e^{-t}\,\mathcal{L}^{-1}\left\{\frac{1}{s^2}\right\} = e^{-t}(1 + 2t).$$

Man nennt diese Bewegungsform den *aperiodischen Grenzfall*.
Das System, das durch diese Gleichung beschrieben wird, schwingt nicht, sondern geht exponentiell gegen Null, nachdem es bei $t = 1/2$ ein Maximum durchlaufen hat. ∎

▼ **3–25** Lösen Sie folgende Dgl.: $\ddot{y}(t) + 3\dot{y}(t) + y(t) = 0$ mit den Anfangsbedingungen $\dot{y}(0) = y(0) = 1$.

Lösung

Transformation in den Bildraum ergibt:

$$s^2\,Y(s) - s - 1 + 3s\,Y(s) - 3 + Y(s) = 0$$

oder

$$Y(s) = \frac{s+4}{s^2+3s+1}.$$

Wir wollen in diesem Fall die volle Partialbruchzerlegung durchführen. Der Leser möge auch die direkte Methode wie in Beispiel 3–23 verwenden.

Wir ermitteln die Wurzeln der Nennerfunktion:

$$\alpha_1 = -(3/2) + \sqrt{9/4 - 1} = -(3/2) + \sqrt{5}/2 \simeq -0,38 \quad \text{und}$$

$$\alpha_2 = -(3/2) - \sqrt{5}/2 \simeq -2,62.$$

Mit diesen Werten wird:

$$Y(s) = \frac{s+4}{(s+0,38)(s+2,62)} = \frac{A}{s+0,38} + \frac{B}{s+2,62}.$$

Wir erweitern mit der Nennerfunktion und erhalten:

$$s+4 = A(s+2,62) + B(s+0,38) = (A+B)s + 2,62A + 0,38B.$$

Die Bestimmungsgleichungen für A und B lauten:

$$A + B = 1$$
$$2,62A + 0,38B = 4.$$

Die Berechnung der Konstanten ergibt $A \simeq 1,62$ und $B \simeq -0,62$. Damit wird:

$$Y(s) = \frac{1,62}{s+0,38} - \frac{0,62}{s+2,62}.$$

Die Rücktransformation ergibt:

$$y(t) \simeq 1,62\, e^{-0,38t} - 0,62\, e^{-2,62t}.$$

Man nennt diese Bewegungsform *aperiodisch gedämpft* oder kurz und treffend *Kriechfall.* ∎

Wir kommen nun zu der angekündigten allgemeinen Untersuchung der linearen Dgl. zweiter Ordnung mit konstanten Koeffizienten. Wir behandeln zuerst die homogenen Dgl. dieses Typs.

▼ **3–26** Lösen Sie die Dgl. $\ddot{y}(t) + 2a\dot{y}(t) + by(t) = 0$ mit den Bedingungen $y(0) = y_0$ und $\dot{y}(0) = v_0$.

Lösung

Wir Transformieren die Dgl. in den Bildraum:

$$s^2 Y(s) - s\, y_0 - v_0 + 2a(s\, Y(s) - y_0) + b\, Y(s) = 0$$

oder

$$Y(s) = \frac{s\, y_0 + 2a y_0 + v_0}{s^2 + 2a s + b}.$$

Wir formen diese algebraische Gleichung schrittweise in der gewohnten Weise um, damit wir zur Rücktransformation die Tabelle benutzen können.

$$Y(s) = \frac{y_0 s + 2ay_0 + v_0}{(s+a)^2 + (b-a^2)}$$

$$= y_0 \frac{s+a}{(s+a)^2 + (b-a^2)} + (ay_0 + v_0) \frac{1}{(s+a)^2 + (b-a^2)}.$$

Setzen wir zur Abkürzung $\omega^2 = |b-a^2|$, so erhalten wir:

$$Y(s) = y_0 \frac{s+a}{(s+a)^2 \pm \omega^2} + \frac{(ay_0 + v_0)}{\omega} \frac{\omega}{(s+a)^2 \pm \omega^2}.$$

Das positive Vorzeichen im Nenner steht für den Fall, daß $b-a^2 > 0$; das negative Vorzeichen für den Fall, daß $b-a^2 < 0$ ist.
Es können drei Fälle eintreten.

1. Fall: $b-a^2 > 0$ (positives Vorzeichen im Nenner).
Die Originalfunktion lautet dann

$$y(t) = y_0 e^{-at} \cos(\omega t) + \frac{ay_0 + v_0}{\omega} e^{-at} \sin(\omega t).$$

Das ist der *Schwingfall* oder die *freie gedämpfte Schwingung*. Vergleichen Sie Beispiel 3–23.

2. Fall: $b-a^2 = \omega^2 = 0$.
Die Originalfunktion lautet in diesem Fall:

$$y(t) = y_0 e^{-at} \mathcal{L}^{-1}\left\{\frac{1}{s}\right\} + (ay_0 + v_0) e^{-at} \mathcal{L}^{-1}\left\{\frac{1}{s^2}\right\}$$

$$= y_0 e^{-at} + (ay_0 + v_0) t e^{-at}.$$

Das ist der *aperiodische Grenzfall.* Vergleichen Sie Beispiel 3–24.

3. Fall: $b-a^2 < 0$ (negatives Vorzeichen im Nenner).
Die Originalfunktion hat dann folgende Form:

$$y(t) = y_0 e^{-at} \cosh(\omega t) + \frac{ay_0 + v_0}{\omega} e^{-at} \sinh(\omega t).$$

Das ist der *Kriechfall.* Vergleichen Sie Beispiel 3–25. ∎

Wir kommen nun zu den inhomogenen Dgl. zweiter Ordnung. Ehe wir den Fall einer beliebigen Störfunktion $f(t)$ behandeln, wollen wir ein numerisches Beispiel durchrechnen.

▼ **3–27** Lösen Sie die Dgl. $\ddot{y}(t) + \dot{y}(t) + y(t) = \cos(2t)$ mit $\dot{y}(0) = y(0) = 1$.
Hinweis: Verwenden Sie das Ergebnis des Beispiels 3–23.

Lösung

Wir transformieren die Dgl. in den Bildraum:

$$s^2 Y(s) - s - 1 + s Y(s) - 1 + Y(s) = \frac{s}{s^2 + 4}$$

oder

$$Y(s) = \frac{s}{(s^2 + 4)(s^2 + s + 1)} + \frac{s + 2}{s^2 + s + 1} = Y_s(s) + Y_h(s).$$

Der zweite Summand $Y_h(s)$ ist identisch mit der Bildfunktion des Beispiels 3–23. Er stellt den homogenen Anteil der Dgl. dar.

Wir wenden uns $Y_s(s)$ zu und zerlegen diese rationale Funktion teilweise in Partialbrüche:

$$\frac{s}{(s^2 + 4)(s^2 + s + 1)} = \frac{A_1 s + A_2}{s^2 + 4} + \frac{B_1 s + B_2}{s^2 + s + 1}.$$

$$s = (A_1 s + A_2)(s^2 + s + 1) + (B_1 s + B_2)(s^2 + 4)$$

$$= (A_1 + B_1)s^3 + (A_1 + A_2 + B_2)s^2 + (A_1 + A_2 + 4B_1)s + (A_2 + 4B_2).$$

Durch Koeffizientenvergleich erhalten wir folgendes Gleichungssystem:

$$
\begin{array}{lll}
A_1 \quad\; + B_1 \quad\;\; = 0 & \qquad\qquad\text{(a)}\\
A_1 + A_2 \quad\; + B_2 = 0 & \qquad\qquad\text{(b)}\\
A_1 + A_2 + 4B_1 \quad\;\; = 1 & \qquad\qquad\text{(c)}\\
\quad\;\; A_2 \qquad + 4B_2 = 0. & \qquad\qquad\text{(d)}
\end{array}
$$

Wir subtrahieren Gleichung (b) von Gleichung (c) und erhalten:

$$4B_1 - B_2 = 1.$$

Wir erhalten damit ein etwas vereinfachtes Gleichungssystem:

$$
\begin{array}{lll}
A_1 \quad\; + B_1 \quad\;\; = 0 & \qquad\qquad\text{(a)}\\
A_1 + A_2 \quad\; + B_2 = 0 & \qquad\qquad\text{(b)}\\
\quad\;\; A_2 \quad\; + 4B_2 = 0 & \qquad\qquad\text{(d)}\\
\quad\;\; 4B_1 - \; B_2 = 1. & \qquad\qquad\text{(e)}
\end{array}
$$

Wir bestimmen die Konstanten mit der Determinantenmethode:

$$\text{Hauptdeterminante } D = \begin{vmatrix} 1 & 0 & 1 & 0 \\ 1 & 1 & 0 & 1 \\ 0 & 1 & 0 & 4 \\ 0 & 0 & 4 & -1 \end{vmatrix}$$

Subtraktion der ersten von der dritten Spalte ergibt:

$$D = \begin{vmatrix} 1 & 0 & 0 & 0 \\ 1 & 1 & -1 & 1 \\ 0 & 1 & 0 & 4 \\ 0 & 0 & 4 & -1 \end{vmatrix} = \begin{vmatrix} 1 & -1 & 1 \\ 1 & 0 & 4 \\ 0 & 4 & -1 \end{vmatrix} = -13$$

$$D_{A_1} = \begin{vmatrix} 0 & 0 & 1 & 0 \\ 0 & 1 & 0 & 1 \\ 0 & 1 & 0 & 4 \\ 1 & 0 & 4 & -1 \end{vmatrix} = - \begin{vmatrix} 0 & 1 & 0 \\ 1 & 0 & 1 \\ 1 & 0 & 4 \end{vmatrix} = 3.$$

Wir erhalten: $A_1 = \dfrac{D_{A_1}}{D} = \dfrac{3}{-13} = -\dfrac{3}{13}$.

Aus Gleichung (a) erhalten wir: $B_1 = \dfrac{3}{13}$.

Aus Gleichung (e) erhalten wir: $B_2 = -\dfrac{1}{13}$.

Aus Gleichung (d) erhalten wir schließlich: $A_2 = \dfrac{4}{13}$.

Mit diesen Werten erhalten wir die teilweise Partialbruchzerlegung:

$$Y_s(s) = \frac{1}{13}\frac{-3s+4}{s^2+4} + \frac{1}{13}\frac{3s-1}{s^2+s+1}.$$

Die Originalfunktion des ersten Terms können wir leicht bestimmen:

$$\frac{1}{13}\mathcal{L}^{-1}\left\{\frac{-3s+4}{s^2+4}\right\} = -\frac{3}{13}\mathcal{L}^{-1}\left\{\frac{s}{s^2+2^2}\right\} + \frac{2}{13}\mathcal{L}^{-1}\left\{\frac{2}{s^2+2^2}\right\}$$

$$= -\frac{3}{13}\cos(2t) + \frac{2}{13}\sin(2t).$$

Den zweiten Term formen wir noch etwas um.

$$\frac{1}{13}\frac{3s-1}{s^2+s+1} = \frac{1}{13}\frac{3s-1}{(s^2+s+(1/2)^2)-(1/2)^2+1} = \frac{1}{13}\frac{3s-1}{(s+1/2)^2+3/4}$$

$$= \frac{1}{13}\frac{3(s+1/2)-3/2-1}{(s+1/2)^2+(\sqrt{3}/2)^2} = \frac{3}{13}\frac{s+1/2}{(s+1/2)^2+(\sqrt{3}/2)^2} - \frac{5}{13\sqrt{3}}\frac{\sqrt{3}/2}{(s+1/2)^2+(\sqrt{3}/2)^2}.$$

Die Rücktransformation auch dieses Terms bietet nun keine Schwierigkeit mehr. Mit Hilfe des Dämpfungssatzes (2.5) und der Tabelle erhalten wir:

$$\frac{1}{13}\mathcal{L}^{-1}\left\{\frac{3s-1}{s^2+s+1}\right\} = \frac{3}{13}e^{-t/2}\cos\left(\frac{\sqrt{3}}{2}t\right) - \frac{5}{13\sqrt{3}}e^{-t/2}\sin\left(\frac{\sqrt{3}}{2}t\right).$$

Damit erhalten wir die Lösung der Dgl. (ohne den homogenen Anteil):

$$y_s(t) = \frac{1}{13}\left(-3\cos(2t) + 2\sin(2t)\right) + \frac{1}{13} e^{-t/2}\left(3\cos\left(\frac{\sqrt{3}}{2}t\right) - \frac{5\sqrt{3}}{3}\sin\left(\frac{\sqrt{3}}{2}t\right)\right).$$

Die Lösung besteht aus zwei wesentlich verschiedenen Teilen. Der zweite Teil beschreibt eine Schwingung mit der Eigenfrequenz des Systems, die aber wegen des Faktors $e^{-t/2}$ mit der Zeit abklingt. Man nennt diesen Teil den *Einschwingvorgang*. Er entspricht im wesentlichen der Lösung der zugehörigen homogenen Dgl.. Vergleichen Sie Beispiel 3–23.
Der erste Teil dagegen beschreibt die bleibende Schwingung mit der Frequenz der Störung. Man nennt diesen Anteil den *eingeschwungenen Zustand*. Der ganze Vorgang heißt: *Gedämpfte erzwungene Schwingung*.
Die Gesamtlösung der Dgl. ist:

$$y(t) = y_s(t) + y_h(t) =$$

$$= \frac{1}{13}\left(-3\cos(2t) + 2\sin(2t)\right) + \frac{1}{13} e^{-t/2}\left(3\cos\left(\frac{\sqrt{3}}{2}t\right) - \frac{5\sqrt{3}}{3}\sin\left(\frac{\sqrt{3}}{2}t\right)\right)$$

$$+ e^{-t/2}\left(\cos\left(\frac{\sqrt{3}}{2}t\right) + \sqrt{3}\sin\left(\frac{\sqrt{3}}{2}t\right)\right)$$

$$= \frac{1}{13}\left(-3\cos(2t) + 2\sin(2t)\right) + \frac{2}{13} e^{-t/2}\left(8\cos\left(\frac{\sqrt{3}}{2}t\right) + \frac{17\sqrt{3}}{3}\sin\left(\frac{\sqrt{3}}{2}t\right)\right). \quad \bullet$$

Wir fassen zusammen: Die Lösung der inhomogenen Dgl. besteht aus zwei Teilen:
1. Aus der Lösung der zugehörigen homogenen Dgl. mit gegebenen Anfangsbedingungen.
2. Aus der Lösung der inhomogenen Dgl., bei der die Anfangsbedingungen Null sind.

Wir können uns also bei der Untersuchung von inhomogenen Dgl. auf solche beschränken, bei denen die Anfangsbedingungen Null sind.   ■

▼ **3–28** Lösen Sie folgende inhomogene Dgl. zweiter Ordnung mit Hilfe des Faltungssatzes (2.8):

$$\ddot{y}(t) + 2a\dot{y}(t) + by(t) = f(t) \quad \text{mit} \quad \dot{y}(0) = y(0) = 0.$$

Außerdem soll $a^2 - b \neq 0$ sein.

Lösung
Wir übertragen die Dgl. in den Bildraum und erhalten:

$$Y(s) = \mathcal{L}\{f(t)\}\,\frac{1}{s^2 + 2as + b} = \mathcal{L}\{f(t)\}\,R_2(s) \quad \text{mit} \quad R_2(s) = \frac{1}{s^2 + 2as + b}. \qquad (a)$$

Für die Anwendung des Faltungssatzes bei der Rücktransformation der Bildfunktion $Y(s)$ in den Originalraum erweist es sich als zweckmäßig, den Anteil $R_2(s) = \frac{1}{s^2 + 2as + b}$ in Partialbrüche zu zerlegen, weil die Lösung dann eine Form erhält, die sich leicht auf Dgl. beliebig hoher Ordnung erweitern läßt.

Die Wurzeln der Nennerfunktion sind:

$$\alpha_1 = -a + \sqrt{a^2 - b} \qquad \text{und} \qquad \alpha_2 = -a - \sqrt{a^2 - b}.$$

Sie können reell oder komplex sein, je nachdem $a^2 - b > 0$ oder $a^2 - b < 0$ ist. Wegen der Voraussetzung $a^2 - b \neq 0$ ist immer $\alpha_1 \neq \alpha_2$. Aus diesem Grund können wir für die Partialbruchzerlegung die Formel (3.1) Abschnitt 3.2.1 anwenden.

Wegen $N'(s) = 2s + 2a = 2(s + a)$ ist:

$$N'(\alpha_1) = 2(-a + \sqrt{a^2 - b} + a) = 2\sqrt{a^2 - b} \qquad \text{und}$$

$$N'(\alpha_2) = 2(-a - \sqrt{a^2 - b} + a) = -2\sqrt{a^2 - b}.$$

Die Partialbruchzerlegung von $R_2(s)$ ist damit:

$$R_2(s) = \frac{1}{2\sqrt{a^2 - b}} \, \frac{1}{s - \alpha_1} - \frac{1}{2\sqrt{a^2 - b}} \, \frac{1}{s - \alpha_2} = \frac{1}{2\sqrt{a^2 - b}} \left(\frac{1}{s - \alpha_1} - \frac{1}{s - \alpha_2} \right).$$

Die Rücktransformation von $R_2(s)$ in den Originalraum ergibt:

$$r_2(t) = \frac{1}{2\sqrt{a^2 - b}} \, (e^{\alpha_1 t} - e^{\alpha_2 t}).$$

Wenden wir nun den Faltungssatz (2.8) auf Gleichung (a) an, so erhalten wir wegen $\mathcal{L}\{y(t)\} = \mathcal{L}\{f(t)\}\,\mathcal{L}\{r_2(t)\}$:

$$y(t) = f(t) \star r_2(t) = \int\limits_0^t f(\tau)\, r_2(t - \tau)\, d\tau$$

$$= \frac{1}{2\sqrt{a^2 - b}} \int\limits_0^t f(\tau)\, e^{\alpha_1 (t - \tau)}\, d\tau - \frac{1}{2\sqrt{a^2 - b}} \int\limits_0^t f(\tau)\, e^{\alpha_2 (t - \tau)}\, d\tau.$$

Schließlich wird:

$$y(t) = \frac{e^{\alpha_1 t}}{2\sqrt{a^2 - b}} \int\limits_0^t f(\tau)\, e^{-\alpha_1 \tau}\, d\tau - \frac{e^{\alpha_2 t}}{2\sqrt{a^2 - b}} \int\limits_0^t f(\tau)\, e^{-\alpha_2 \tau}\, d\tau \qquad (3.2a)$$

oder, weil die Faltung kommutativ ist:

$$y(t) = \frac{1}{2\sqrt{a^2 - b}} \int\limits_0^t e^{\alpha_1 \tau}\, f(t - \tau)\, d\tau - \frac{1}{2\sqrt{a^2 - b}} \int\limits_0^t e^{\alpha_2 \tau}\, f(t - \tau)\, d\tau. \qquad (3.2b)$$

$\blacksquare$

3.3.2 Gewöhnliche Differentialgleichungen höherer Ordnung – Allgemeine Sätze

Das Ergebnis des Beispiels 3–28 ist ein Spezialfall für einen allgemeinen Satz, den wir in Beispiel 3–30 formulieren und beweisen wollen.
Zur Vorbereitung dieses Satzes wollen wir folgendes Beispiel betrachten:

Beispiele

▼ **3–29** Es sei $y^{(n)}(t) + a_1 y^{(n-1)}(t) + \ldots + a_{n-1}\dot{y}(t) + a_n y(t) = f(t)$ (a)
eine inhomogene Dgl. n^{ter} Ordnung und es sei:

$$y^{(n-1)}(0) = y^{(n-2)}(0) = \ldots = \dot{y}(0) = y(0) = 0.$$

Berechnen Sie die Bildfunktion $Y(s)$.

Lösung

Wir wenden den Differentiationssatz (2.6) an und erhalten:

$$s^n Y(s) + a_1 s^{n-1} Y(s) + \ldots + a_{n-1} s Y(s) + a_n Y(s) = \mathcal{L}\{f(t)\} = F(s).$$

Die Lösung ist somit:

$$Y(s) = F(s) \frac{1}{s^n + a_1 s^{n-1} + \ldots + a_{n-1}s + a_n} = F(s) \frac{1}{N(s)}. \qquad (b)$$

Der nun folgende Satz gibt uns eine allgemeine Formel an die Hand, Bildfunktionen, wie sie in Gleichung (b) auftreten, in den Originalraum zu transformieren. Wir lassen noch die Einschränkung fallen, daß – wie in Gleichung (b) – die Zählerfunktion $Z(s) = 1$ ist und betrachten die allgemeinere Bildfunktion:

$$Y(s) = F(s) R(s) = F(s) \frac{Z(s)}{N(s)}.$$

Dabei soll $R(s) = \dfrac{Z(s)}{N(s)}$ eine echt gebrochene rationale Funktion sein.

▼ **3–30** Beweisen Sie den folgenden Satz:

> Es sei $Y(s) = F(s) R_n(s)$ und die Nennerfunktion $N_n(s)$ habe die einfachen Wurzeln $\alpha_1, \alpha_2, \ldots, \alpha_n$.
> Dann hat $y(t) = \mathcal{L}^{-1}\{Y(s)\}$ folgende Form:
>
> $$y(t) = f(t) * r_n(t) = r_n(t) * f(t) \quad \text{mit} \quad r_n(t) = \sum_{\nu=1}^{n} \frac{Z(\alpha_\nu)}{N'(\alpha_\nu)} e^{\alpha_\nu t}. \qquad (3.3)$$

Lösung

Wir zerlegen $R_n(s) = \dfrac{Z(s)}{N(s)}$ nach Formel (3.1) Abschnitt 3.2.1 in Partialbrüche.
Wir erhalten:

$$R_n(s) = \frac{Z(s)}{N(s)} = \sum_{\nu=1}^{n} \frac{Z(\alpha_\nu)}{N'(\alpha_\nu)} \frac{1}{(s-\alpha_\nu)}.$$

Die Bildfunktion erhält dadurch folgende Form:

$$Y(s) = F(s) \sum_{\nu=1}^{n} \frac{Z(\alpha_\nu)}{N'(\alpha_\nu)} \frac{1}{(s-\alpha_\nu)}.$$

Wegen $\mathcal{L}^{-1}\left\{\frac{1}{s-\alpha_\nu}\right\} = e^{\alpha_\nu t}$ ist dann:

$$r_n(t) = \mathcal{L}^{-1}\{R_n(s)\} = \sum_{\nu=1}^{n} \frac{Z(\alpha_\nu)}{N'(\alpha_\nu)} e^{\alpha_\nu t}.$$

Nach dem Faltungssatz (2.8) ergibt sich:

$$y(t) = f(t) \star r_n(t)^1).$$

■

▼ **3–31** Lösen Sie mit Hilfe von Satz (3.3) die Dgl.:

$$\dddot{y}(t) - 2\ddot{y}(t) - 5\dot{y}(t) + 6y(t) = e^t$$

mit den Anfangsbedingungen $\ddot{y}(0) = \dot{y}(0) = y(0) = 0$.

Lösung

Wir transformieren die Dgl. dritter Ordnung in den Bildraum.

$$s^3 Y(s) - 2s^2 Y(s) - 5s Y(s) + 6 Y(s) = \mathcal{L}\{e^t\}$$

oder

$$Y(s) = \mathcal{L}\{e^t\} \frac{1}{s^3 - 2s^2 - 5s + 6}.$$

Die einzige Schwierigkeit ist das Auffinden der Wurzeln der Nennerfunktion. Hier ist man im allgemeinen auf graphische Methoden angewiesen, wenn der Grad der Funktion größer als vier ist.

Hier raten wir eine Wurzel: $\alpha_1 = 1$. Die beiden anderen Wurzeln erhalten wir folgendermaßen.

Wir dividieren:

$$
\begin{array}{l}
(s^3 - 2s^2 - 5s + 6) : (s - 1) = s^2 - s - 6. \\
\underline{-(s^3 - s^2)} \\
-s^2 - 5s \\
\underline{-(-s^2 + s)} \\
-6s + 6 \\
\underline{-(-6s + 6)} \\
0
\end{array}
$$

---

^{1}) Die Lösung der Dgl. (a) von Beispiel 3–29 ist wegen $Z(s) = 1$:

$$y(t) = f(t) \star r_n(t) \qquad \text{mit} \qquad r_n(t) = \sum_{\nu=1}^{n} \frac{1}{N'(\alpha_\nu)} e^{\alpha_\nu t}.$$

Die Nullstellen der so erhaltenen quadratischen Gleichung $s^2 - s - 6 = 0$ sind die beiden übrigen Wurzeln: $\alpha_2 = 3$ und $\alpha_3 = -2$.

Um die Formel (3.3) anwenden zu können, benötigen wir noch die Konstanten $N'(\alpha_\nu)$.

Nun ist $N'(s) = 3s^2 - 4s - 5$.

Damit wird $N'(1) = -6$, $N'(3) = 10$, $N'(-2) = 15$.

Mit diesen Werten erhalten wir:

$$r_3(t) = -\frac{1}{6}e^t + \frac{1}{10}e^{3t} + \frac{1}{15}e^{-2t}.$$

Wegen $y(t) = e^t \star r_3(t)$ erhalten wir:

$$y(t) = -\frac{1}{6}\int_0^t e^\tau e^{(t-\tau)}\,d\tau + \frac{1}{10}\int_0^t e^\tau e^{3(t-\tau)}\,d\tau + \frac{1}{15}\int_0^t e^\tau e^{-2(t-\tau)}\,d\tau$$

$$= -\frac{1}{6}e^t\int_0^t d\tau + \frac{1}{10}e^{3t}\int_0^t e^{-2\tau}\,d\tau + \frac{1}{15}e^{-2t}\int_0^t e^{3\tau}\,d\tau$$

$$= -\frac{1}{6}e^t\,\tau\,\Big|_0^t + \frac{1}{10}e^{3t}\left(-\frac{1}{2}\right)e^{-2\tau}\Big|_0^t + \frac{1}{15}e^{-2t}\frac{1}{3}e^{3\tau}\Big|_0^t$$

$$= -\frac{1}{6}t\,e^t - \frac{1}{20}e^{3t}(e^{-2t}-1) + \frac{1}{45}e^{-2t}(e^{3t}-1)$$

$$= -\frac{1}{6}t\,e^t - \frac{1}{20}e^t + \frac{1}{20}e^{3t} + \frac{1}{45}e^t - \frac{1}{45}e^{-2t}$$

$$= -\frac{1}{6}t\,e^t - \frac{1}{36}e^t + \frac{1}{20}e^{3t} - \frac{1}{45}e^{-2t}. \qquad\blacksquare$$

Wir wollen aus Satz (3.3) noch einen für den Elektroingenieur wichtigen Satz herleiten, der unter dem Namen *Entwicklungssatz von Heaviside* bekannt ist.

▼ 3–32 Wählen Sie in Satz (3.3) speziell $f(t) = u(t)$. Zeigen Sie, daß dann gilt:

$$\boxed{y(t) = R_n(0) + \sum_{\nu=1}^n \frac{1}{\alpha_\nu}\frac{Z(\alpha_\nu)}{N'(\alpha_\nu)}e^{\alpha_\nu t}.} \qquad (3.4)$$

Lösung

Setzen wir in Satz (3.3) $f(t) = u(t)$, dann erhalten wir:

$$y(t) = r_n(t) \star u(t) = \int_0^t r_n(\tau)\,1\,d\tau. \qquad (a)$$

$$r_n(\tau) = \sum_{\nu=1}^{n} \frac{Z(\alpha_\nu)}{N'(\alpha_\nu)} e^{\alpha_\nu \tau} \quad \text{in Gleichung (a) eingesetzt, ergibt:}$$

$$y(t) = \sum_{\nu=1}^{n} \frac{Z(\alpha_\nu)}{N'(\alpha_\nu)} \int_0^t e^{\alpha_\nu \tau} \, d\tau.$$

Integration ergibt:

$$y(t) = \sum_{\nu=1}^{n} \frac{Z(\alpha_\nu)}{N'(\alpha_\nu)} \frac{1}{\alpha_\nu} e^{\alpha_\nu \tau} \bigg|_0^t = \sum_{\nu=1}^{n} \frac{Z(\alpha_\nu)}{N'(\alpha_\nu)} \frac{1}{\alpha_\nu} (e^{\alpha_\nu t} - 1)$$

$$= - \sum_{\nu=1}^{n} \frac{1}{\alpha_\nu} \frac{Z(\alpha_\nu)}{N'(\alpha_\nu)} + \sum_{\nu=1}^{n} \frac{1}{\alpha_\nu} \frac{Z(\alpha_\nu)}{N'(\alpha_\nu)} e^{\alpha_\nu t}.$$

Das ist schon die Behauptung, wenn wir zeigen können, daß

$$R_n(0) = - \sum_{\nu=1}^{n} \frac{1}{\alpha_\nu} \frac{Z(\alpha_\nu)}{N'(\alpha_\nu)} \qquad \text{ist.}$$

Wir zeigen das folgendermaßen.
Nach Formel 3.1 Abschnitt 3.2.1 ist die Partialbruchzerlegung von $R_n(s)$:

$$R_n(s) = \sum_{\nu=1}^{n} \frac{Z(\alpha_\nu)}{N'(\alpha_\nu)} \frac{1}{(s - \alpha_\nu)}.$$

Setzen wir $s = 0$, so erhalten wir:

$$R_n(0) = - \sum_{\nu=1}^{n} \frac{1}{\alpha_\nu} \frac{Z(\alpha_\nu)}{N'(\alpha_\nu)}.$$

Damit ist der Beweis vollendet. ∎

Wir haben am Ende des ersten Kapitels die δ-Funktion eingeführt und darauf hingewiesen, daß man bei Benutzung dieser Funktion vorsichtig sein sollte. Wir wollen das am folgenden Beispiel demonstrieren.

▼ **3–33** Lösen Sie die Dgl. $\ddot{y}(t) + y(t) = \delta(t)$ mit $\dot{y}(0) = y(0) = 0$

    a) direkt mit Hilfe des Differentiationssatzes (2.6),

    b) indem Sie Satz (3.3) anwenden.

Lösung

a) Wir transformieren die Dgl. in den Bildraum:

$$s^2 Y(s) + Y(s) = \mathcal{L}\{\delta(t)\} = 1$$

$$Y(s) = \frac{1}{s^2 + 1}.$$

Rücktransformation ergibt:

$$y(t) = \sin(t).$$

b) Die Wurzeln von $N(s) = s^2 + 1$ sind $\alpha_1 = j$ und $\alpha_2 = -j$.
Wegen $N'(s) = 2s$ erhalten wir $N'(j) = 2j$ und $N'(-j) = -2j$. Diese Werte in Satz (3.3)
eingesetzt ergeben:

$$y(t) = \frac{1}{2j}(e^{jt} - e^{-jt}) \star \delta(t) = \sin(t) \star \delta(t)$$

$$= \int_0^t \sin(\tau)\,\delta(t - \tau)\,d\tau = \sin(t).$$

Prüfen wir nun, ob die Anfangsbedingungen erfüllt sind, so sehen wir, daß $\dot{y}(0) = \cos(0) = 1$
ist. Die vorgegebene Bedingung $\dot{y}(0) = 0$ ist also nicht erfüllt. ●

Wie löst sich dieser Widerspruch? Wir betrachten die Anfangsbedingungen etwas genauer.
Die Bedingung $\dot{y}(0) = 0$ bedeutet, daß sich das System von der Vergangenheit her ($t < 0$)
in Ruhe befindet, daß also der linksseitige Grenzwert $\lim_{t \to -0} \dot{y}(t) = 0$ ist. Ist nun die Funktion $\dot{y}(t)$ an der Stelle $t = 0$ stetig, so stimmen der linksseitige und der rechtsseitige Grenzwert überein: $\lim_{t \to -0} \dot{y}(t) = \lim_{t \to +0} \dot{y}(t) = \dot{y}(0).$
Ist aber die Funktion $\dot{y}(t)$ an der Stelle $t = 0$ unstetig, so können beide Grenzwerte verschieden sein. Und gerade das ist hier der Fall. Die Funktion $\dot{y}(t)$ *springt* an der Stelle
$t = 0$ von 0 auf 1.
Es ist also $\lim_{t \to -0} \dot{y}(t) = 0$, aber $\lim_{t \to +0} \dot{y}(t) = 1.$
Deuten wir die vorliegende Dgl. physikalisch als Bewegungsgleichung eines Pendels, so
ändert sich die Geschwindigkeit $\dot{y}(t)$ der Pendelmasse zur Zeit $t = 0$ durch die Einwir-
kung einer unendlich großen Kraft $\delta(t)$ sprungartig von 0 auf 1.
Die Lösung des Widerspruchs liegt darin, daß die Anfangsbedingung $\dot{y}(0) = 0$ in Wahrheit
der linksseitige Grenzwert $\lim_{t \to -0} \dot{y}(t) = 0$ ist, während die in der Lösung der Dgl. auftreten-
de Anfangsbedingung $\dot{y}(0) = 1$ in Wahrheit der rechtsseitige Grenzwert $\lim_{t \to +0} \dot{y}(t) = 1$ ist.
(s. dazu Bild 3.24a und b)

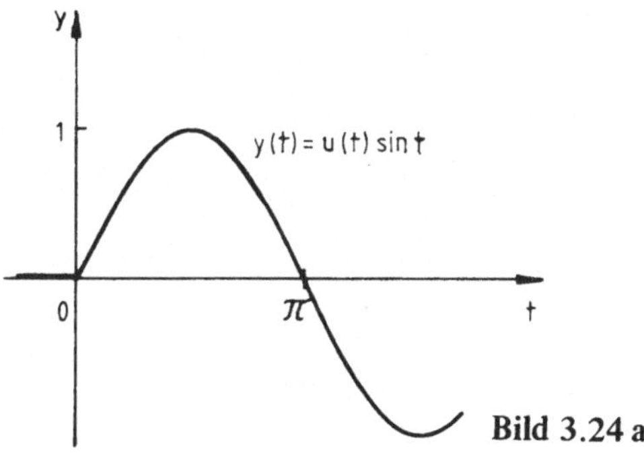

Bild 3.24 a

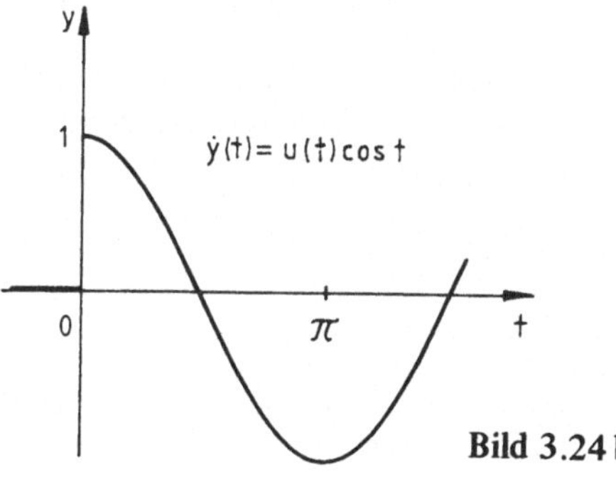

Bild 3.24 b

Aufgrund der vorstehenden Betrachtungen müssen wir noch einmal zum Differentiationssatz (2.6) zurückkehren und die dort auftretenden Anfangsbedingungen präziser fassen.

Sind die Funktion $f(t)$ und ihre Ableitungen stetig, so können wir einfach $f(0)$, $\dot{f}(0)$, usw. schreiben; sind die Funktionen jedoch unstetig, so ist stets der rechtsseitige Grenzwert $\lim_{t \to +0} f(t)$, $\lim_{t \to +0} \dot{f}(t)$ usw. gemeint. Mit der sinnfälligen Abkürzung $f(+0)$, $\dot{f}(+0)$ usw. für die rechtsseitigen Grenzwerte lautet der Differentiationssatz (2.6) genauer:

$$\mathcal{L}\{f^{(n)}(t)\} = s^n F(s) - s^{n-1} f(+0) - s^{n-2} \dot{f}(+0) - \ldots - f^{(n-1)}(+0).$$

Das gleiche gilt auch für Satz (2.9a). Es muß dort heißen:
Wenn $\lim_{t \to +0} f(t) \equiv f(+0)$ existiert, so ist

$$f(+0) = \lim_{s \to \infty} s\,F(s). \qquad\blacksquare$$

3.4 Integro-Differentialgleichungen

In der Technik tritt häufig ein Typ von Gleichungen auf, in denen neben der gesuchten Funktion und ihren Ableitungen auch deren Integral $\int_{-\infty}^{t} y(\tau)\,d\tau$ vorkommt.

Solche Gleichungen nennt man *Integro-Differentialgleichungen*[1]).
Die Behandlung dieser Art von Gleichungen mit der Methode der Laplace-Transformation ist ganz analog der der Dgl. und bringt keine zusätzlichen Schwierigkeiten.
Ihre Transformation in den Bildraum gelingt mit Hilfe des Differentiationssatzes (2.6) und des Integrationssatzes (2.7) und führt im Bildraum auf rationale Funktionen, die denen der reinen Dgl. entsprechen.

Beispiele

▼ 3–34 Lösen Sie folgende Integro-Differentialgleichung:

$$\dot{y}(t) + 2y(t) + \int_{0}^{t} y(\tau)\,d\tau = 0 \qquad \text{mit} \qquad y(0) = 1$$

a) durch Anwenden von Satz (2.6) und Satz (2.7),
b) durch Einführung einer neuen Funktion $\phi(t) = \int_{0}^{t} y(\tau)\,d\tau$.

---

[1]) Im vorliegenden Fall handelt es sich um einen einfachen Spezialfall einer Integralgleichung. Die Behandlung von Integralgleichungen schlechthin würde den Rahmen dieses Buches überschreiten.
(s. auch Beispiel 3–36)

Lösung

a) Transformation der Gleichung in den Bildraum ergibt:

$$s\,Y(s) - 1 + 2\,Y(s) + \frac{1}{s}\,Y(s) = 0$$

$$Y(s)\left(s + 2 + \frac{1}{s}\right) = 1$$

$$Y(s) = \frac{s}{s^2 + 2s + 1} = \frac{s}{(s+1)^2}$$

$$Y(s) = \frac{s+1-1}{(s+1)^2} = \frac{s+1}{(s+1)^2} - \frac{1}{(s+1)^2} = \frac{1}{s+1} - \frac{1}{(s+1)^2}.$$

Die Rücktransformation gelingt mit Hilfe von Satz (2.5) und der Tabelle:

$$y(t) = e^{-t}\,\mathcal{L}\left\{\frac{1}{s}\right\} - e^{-t}\,\mathcal{L}\left\{\frac{1}{s^2}\right\} = e^{-t} - t\,e^{-t}.$$

b) Wegen $\phi(t) = \displaystyle\int_0^t y(\tau)\,d\tau$ ist $\dot{\phi}(t) = y(t)$ und $\ddot{\phi}(t) = \dot{y}(t)$.

Setzen wir diese Ausdrücke in die Integro-Differentialgleichung ein, so erhalten wir eine Dgl. zweiter Ordnung:

$$\ddot{\phi}(t) + 2\dot{\phi}(t) + \phi(t) = 0. \tag{a}$$

Die Anfangsbedingungen lauten $\phi(0) = \displaystyle\int_0^0 y(\tau)\,d\tau = 0$ und $\dot{\phi}(0) = y(0) = 1$.

Wir transformieren Gleichung (a) in den Bildraum:

$$s^2\,\Phi(s) - 1 + 2s\,\Phi(s) + \Phi(s) = 0$$

$$\Phi(s) = \frac{1}{s^2 + 2s + 1} = \frac{1}{(s+1)^2}.$$

Die Lösung von Gleichung (a) lautet dann: $\phi(t) = t\,e^{-t}$.
Durch Differentiation von $\phi(t)$ erhalten wir die Lösung der Integro-Differentialgleichung:

$$y(t) = \dot{\phi}(t) = e^{-t} - t\,e^{-t}. \qquad\blacksquare$$

▼ **3–35** Lösen Sie folgende Integro-Differentialgleichung mit Hilfe des Faltungssatzes (2.8):

$$\dot{y}(t) + 4\int_0^t y(\tau)\,d\tau = \sin(t) \qquad \text{mit} \qquad y(0) = 0.$$

Lösung

Transformation der Gleichung in den Bildraum mit Hilfe von Satz (2.6) und Satz (2.7) ergibt:

$$s\,Y(s) + 4\,\frac{1}{s}\,Y(s) = \mathcal{L}\{\sin(t)\}$$

$$Y(s)\left(s + \frac{4}{s}\right) = \mathcal{L}\{\sin(t)\}$$

$$Y(s) = \mathcal{L}\{\sin(t)\}\,\frac{s}{s^2+4} = \mathcal{L}\{\sin(t)\}\,\mathcal{L}\{\cos(2t)\}.$$

Mit Hilfe des Faltungssatzes (2.8) erhalten wir:

$$y(t) = \sin(t) \star \cos(2t) = \int\limits_0^t \sin(\tau)\,\cos(2t - 2\tau)\,d\tau.$$

Wegen $\sin(\alpha)\cos(\beta) = \frac{1}{2}(\sin(\alpha + \beta) + \sin(\alpha - \beta))$ (s. Beispiel 2–44, Formel I) erhalten wir mit $\alpha = \tau$ und $\beta = 2t - 2\tau$:

$$\alpha + \beta = 2t - \tau, \qquad \alpha - \beta = 3\tau - 2t.$$

Damit wird:

$$y(t) = \frac{1}{2}\int\limits_0^t \sin(2t - \tau)\,d\tau + \frac{1}{2}\int\limits_0^t \sin(3\tau - 2t)\,d\tau$$

$$= \frac{1}{2}\cos(2t - \tau)\,\bigg|_0^t - \frac{1}{6}\cos(3\tau - 2t)\,\bigg|_0^t$$

$$= \frac{1}{2}\cos(t) - \frac{1}{2}\cos(2t) - \frac{1}{6}\cos(t) + \frac{1}{6}\cos(-2t)$$

$$= \frac{1}{3}(\cos(t) - \cos(2t)). \qquad\blacksquare$$

▼ **3–36** Lösen Sie folgende Integro-Differentialgleichung vom Faltungstyp:

$$\dot{y}(t) - \int\limits_0^t y(\tau)\cos(t - \tau)\,d\tau = t^2 \qquad \text{mit} \qquad y(0) = 1.$$

Hinweis: Beachten Sie, daß das Integral eine Faltung ist.

Lösung

Wir schreiben die Integro-Differentialgleichung mittels des Faltungssymbols noch einmal hin:

$$\dot{y}(t) - y(t) \star \cos(t) = t^2.$$

Wir transformieren diese Gleichung in den Bildraum und nutzen dabei die Eigenschaft aus, daß die Faltung im Bildraum ein echtes Produkt von $\mathcal{L}\{y(t)\} = Y(s)$ und $\mathcal{L}\{\cos(t)\} = \dfrac{s}{s^2+1}$ ist.

Wir erhalten:

$$s\,Y(s) - 1 - Y(s)\,\frac{s}{s^2+1} = \frac{2}{s^3}.$$

Aus dieser Bestimmungsgleichung berechnen wir $Y(s)$:

$$s\,Y(s)\left(1 - \frac{1}{s^2+1}\right) = \frac{2}{s^3} + 1$$

$$Y(s) = 2\,\frac{1}{s^6} + 2\,\frac{1}{s^4} + \frac{1}{s^3} + \frac{1}{s}.$$

Die Rücktransformation in den Originalraum ergibt nach T5:

$$y(t) = \frac{1}{60}\,t^5 + \frac{1}{3}\,t^3 + \frac{1}{2}\,t^2 + 1. \qquad\qquad \blacksquare$$

3.5 Aufgaben zu Kapitel 3

1 Bestimmen Sie $\mathcal{L}^{-1}\left\{\dfrac{3s+7}{s^2-2s-3}\right\}$

   a) durch Partialbruchzerlegung nach der Methode A,

   b) durch Partialbruchzerlegung nach der Methode B,

   c) durch Umformung der Nennerfunktion und Anwendung des Dämpfungssatzes (2.5).

2 Transformieren Sie folgende Bildfunktionen in den Originalraum:

a) $\dfrac{2s-11}{(s+2)(s-3)}$ b) $\dfrac{19s+37}{(s-2)(s+1)(s+3)}$

c) $\dfrac{2s^2-6s+5}{(s-2)(s^2-4s+3)}$ d) $\dfrac{3s^2+2s-1}{(s-1)(s-2)(s+2)(s+3)}.$

3 Transformieren Sie folgende Bildfunktionen in den Originalraum:

a) $F(s) = \dfrac{s^2 - 2s + 3}{(s-1)^2\,(s+1)}$
b) $F(s) = \dfrac{3s^3 - 3s^2 - 40s + 36}{(s^2 - 4)^2}$

c) $F(s) = \dfrac{s}{(s^2 - 2s + 2)\,(s^2 + 2s + 2)}$
d) $F(s) = \dfrac{2s^3 - s^2 - 1}{(s+1)^2\,(s^2 + 1)^2}$.

4 Lösen Sie folgende Dgl.:

a) $\ddot{x}(t) + 2x(t) = e^t + 2$ mit den Anfangsbedingungen $x(0) = \dot{x}(0) = 0$

b) $\ddot{x}(t) - x(t) = e^t \sin(2t)$ mit den Anfangsbedingungen $x(0) = \dot{x}(0) = 0$

c) $\ddot{x}(t) + x(t) = 8\cos(t)$ mit den Anfangsbedingungen $x(0) = 1$ und $\dot{x}(0) = -1$

d) $\ddot{x}(t) + 9x(t) = \cos(2t)$ mit den Bedingungen $x(0) = 1$ und $x(\pi/2) = -1$

e) $\ddot{x}(t) + 4x(t) = u(t) - u(t-1)$ mit den Anfangsbedingungen $x(0) = \dot{x}(0) = 0$

f) $\ddot{x}(t) + 4x(t) = \delta(t)$ mit den Anfangsbedingungen $x(0) = 0$ und $\dot{x}(0) = 1$

g) $\ddot{x}(t) + 4x(t) = \delta(t-2)$ mit den Anfangsbedingungen $x(0) = 0$ und $\dot{x}(0) = 1$

h) $\ddot{x}(t) + 5\dot{x}(t) + 4x(t) = 3 - 2t$ mit den Anfangsbedingungen $x(0) = 1$ und $\dot{x}(0) = -2$.

5 Lösen Sie folgende Dgl. mit Hilfe des Heavisideschen Entwicklungssatzes (3.4), Abschnitt 3.3.2:

a) $\ddot{x}(t) - 4\dot{x}(t) + 3x(t) = 1$ mit $x(0) = \dot{x}(0) = 0$

b) $\ddot{x}(t) + x(t) = 1$ mit $x(0) = \dot{x}(0) = 0$.

6 Lösen Sie die Dgl. $\dfrac{d^2 u(\phi)}{d\phi^2} + u(\phi) = A(\cos(\phi) - 1)$ mit den Bedingungen:

$$u(0) = \frac{du(0)}{d\phi} = 0.$$

Hinweis: Benutzen Sie zur Rücktransformation den Faltungssatz 2.8.

7 Lösen Sie folgende Integro-Dgl.:

$$\dot{y}(t) + 7y(t) + 12 \int y(t)\,dt = e^{-2t}$$

mit den Anfangsbedingungen: $y(0) = 2$ und $\phi(0) = 1$ mit $\phi(t) = \int y(t)\,dt$

und prüfen Sie, ob die Lösung die vorgegebenen Anfangsbedingungen erfüllt.

8 a) Lösen Sie folgende Integralgleichung:

$$y(t) = t^2 + \int_0^t y(\tau) \sin(t - \tau)\,d\tau.$$

b) Zeigen Sie, daß die gefundene Funktion die Integralgleichung erfüllt.

4 Anwendungen der Laplace-Transformation

Übersicht

In diesem Kapitel steht die Anwendung der Theorie der Laplace-Transformation im Vordergrund.
Wir beginnen mit der Behandlung elektrischer Kreise, in denen Kondensatoren, Ohmsche Widerstände und Spulen in Reihe geschaltet sind. Dies führt auf gewöhnliche Differentialgleichungen, wie sie ähnlich auch in der Mechanik bei der mathematischen Beschreibung des Federpendels auftreten.
Der größte Teil dieses Kapitels ist der Behandlung von elektrischen Netzwerken gewidmet. Dies führt auf Systeme gekoppelter Differentialgleichungen, wie sie ähnlich auch in der Mechanik bei der mathematischen Beschreibung von gekoppelten Federpendeln auftreten.

4.1 Elektrische Kreise und Beispiele aus der Mechanik

4.1.1 Aufstellen der Differentialgleichungen

Wir stellen uns die Aufgabe, das Verhalten des elektrischen Stroms $i(t)$ in einem Stromkreis zu untersuchen, in dem ein Ohmscher Widerstand R, eine Spule L und ein Kondensator C in Reihe geschaltet sind (s. Bild 4.25). Wie aus der Physik bekannt ist, ist der Spannungsabfall an einem Ohmschen Widerstand R: $u_R(t) = R\,i(t)$, an einer Spule mit der Induktivität L: $u_L(t) = L\frac{d}{dt}i(t)$ und an einem Kondensator mit der Kapazität C: $u_C(t) =$

$$= \frac{1}{C}\,q(t) = \frac{1}{C}\int_{-\infty}^{t} i(\tau)\,d\tau,\ \text{wobei}\ q(t) = \int_{-\infty}^{t} i(\tau)\,d\tau\ \text{die Ladung des Kondensators zur Zeit t}$$

bedeutet. Außerdem ist wegen der Energieerhaltung die Summe aller Spannungen in einem geschlossenen Stromkreis Null. (Zweites Kirchhoffsches Gesetz).

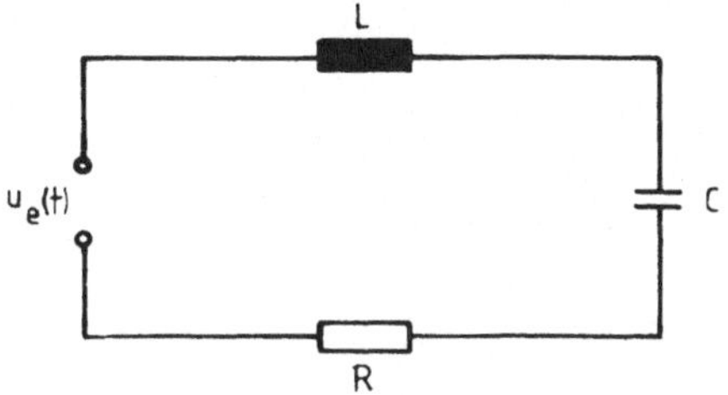

Bild 4.25

Wir können nun die Spannungsbilanz aufstellen und erhalten:

$$u_e(t) = R\,i(t) + L\,\frac{d}{dt}\,i(t) + \frac{1}{C}\int_{-\infty}^{t} i(\tau)\,d\tau.$$

(4.1)

Das ist eine Integro-Differentialgleichung, in der auf der rechten Seite die gesuchte Funktion $i(t)$, ihre Ableitung $\frac{d}{dt}\,i(t)$ und ihr Integral $\int_{-\infty}^{t} i(\tau)\,d\tau$ steht. Auf der linken Seite steht die von außen angelegte Spannung $u_e(t)$, die z.B. von einem Spannungsgenerator erzeugt wird und deren zeitlicher Verlauf bekannt sein soll.

4.1.2 Einige typische Beispiele

Beispiele

▼ **4–1** Lösen Sie die Integro-Differentialgleichung (4.1) unter der Voraussetzung, daß der Kreis zur Zeit $t = 0$ energielos ist und daß

$$\frac{1}{LC} - \frac{R^2}{4L^2} > 0 \quad \text{ist.}$$

Lösung

Weil der Kreis zur Zeit $t = 0$ energielos sein soll, lauten die Anfangsbedingungen:

$$q(0) = \int_{-\infty}^{0} i(\tau)\,d\tau = 0 \qquad \text{und} \qquad i(0) = 0.$$

Wir transformieren Gleichung (4.1) in den Bildraum und erhalten:

$$\mathcal{L}\{u_e(t)\} = U_e(s) = R\,I(s) + Ls\,I(s) + \frac{1}{Cs}\,I(s) \qquad \text{oder}$$

$$I(s) = \frac{Cs}{LCs^2 + RCs + 1}\,U_e(s) = \frac{1}{L}\,\frac{s}{s^2 + (R/L)s + 1/LC}\,U_e(s).$$

Um die Rücktransformation in den Originalraum durchführen zu können, formen wir die rationale Funktion $R_2(s) = \dfrac{s}{s^2 + (R/L)s + 1/LC}$ um:

$$R_2(s) = \frac{s}{s^2 + (R/L)s + 1/LC} = \frac{s}{(s + R/2L)^2 + (1/LC - R^2/4L^2)}.$$

Mit den Abkürzungen $\delta = R/2L$ und $\omega_0^2 = 1/LC - R^2/4L^2$ erhalten wir:

$$R_2(s) = \frac{s}{(s + \delta)^2 + \omega_0^2} = \frac{s + \delta}{(s + \delta)^2 + \omega_0^2} - \frac{\delta}{\omega_0}\,\frac{\omega_0}{(s + \delta)^2 + \omega_0^2}.$$

130

Dann ist

$$r_2(t) = \mathcal{L}^{-1}\{R_2(s)\} = e^{-\delta t}\left(\cos(\omega_0 t) - \frac{\delta}{\omega_0}\sin(\omega_0 t)\right).$$

Wir wenden nun den Faltungssatz (2.8) an und erhalten aus

$$I(s) = \frac{1}{L}\,\mathcal{L}\{r_2(t)\}\,\mathcal{L}\{u_e(t)\}:$$

$$i(t) = \frac{1}{L}\,r_2(t) * u_e(t) = \frac{1}{L}\int_0^t e^{-\delta\tau}\left(\cos(\omega_0\tau) - \frac{\delta}{\omega_0}\sin(\omega_0\tau)\right)u_e(t-\tau)\,d\tau$$

oder wegen der Kommutativität der Faltung:

$$i(t) = \frac{1}{L}\,e^{-\delta t}\int_0^t u_e(\tau)\,e^{\delta\tau}\left\{\cos(\omega_0(t-\tau)) - \frac{\delta}{\omega_0}\sin(\omega_0(t-\tau))\right\}\,d\tau. \qquad \blacksquare$$

▼ **4–2** Es sei folgendes mechanisches System gegeben (s. Bild 4.26):

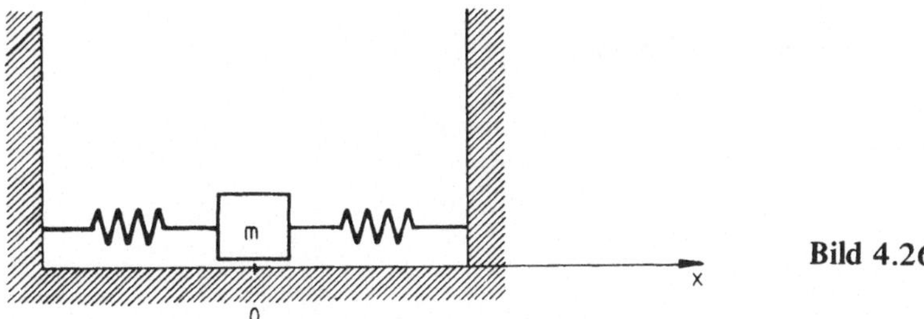

Bild 4.26

Auf die Masse m wirkt eine äußere (nicht gezeichnete) Kraft $f(t)$. Die beiden Federn haben die Gesamtfederkonstante c. Außerdem wirke eine Reibungskraft $f_R(t) = -\rho\,\dot{x}(t)$.

    a) Stellen Sie die Dgl. des Systems auf.

    b) Lösen Sie die Dgl. für die Anfangsbedingungen $\dot{x}(0) = x(0) = 0$. Außerdem sei

$$c - \frac{\rho^2}{4m} > 0.$$

Lösung

a) Die Federn üben eine Kraft $f_F(t)$ auf die Masse m aus, die proportional der Auslenkung $x(t)$ ist: $f_F(t) = -c\,x(t)$.

Die Dgl. lautet:

$$m\,\ddot{x}(t) = -\rho\,\dot{x}(t) - c\,x(t) + f(t) \qquad \text{oder}$$

$$\ddot{x}(t) + \frac{\rho}{m}\,\dot{x}(t) + \frac{c}{m}\,x(t) = \frac{f(t)}{m}.$$

b) Wir transformieren die Dgl. in den Bildraum:

$$s^2\,X(s) + \frac{\rho}{m}\,s\,X(s) + \frac{c}{m}\,X(s) = \frac{1}{m}\,\mathcal{L}\,\{f(t)\}$$

$$X(s)\left(s^2 + \frac{\rho}{m}\,s + \frac{c}{m}\right) = \frac{1}{m}\,\mathcal{L}\,\{f(t)\}$$

$$X(s) = \frac{1}{m}\,\mathcal{L}\,\{f(t)\}\,\frac{1}{s^2 + (\rho/m)\,s + c/m}\,.$$

Wir formen die Funktion $\dfrac{1}{s^2 + (\rho/m)\,s + (c/m)}$ in der gewohnten Weise um:

$$\frac{1}{s^2 + (\rho/m)s + c/m} = \frac{1}{(s + (\rho/2m))^2 + (c/m - (\rho/2m)^2)}\,.$$

Unter der Voraussetzung, daß $c - \dfrac{\rho^2}{4m} > 0$ ist und mit der Abkürzung $\dfrac{\rho}{2m} = \delta$ und
$\dfrac{c}{m} - \dfrac{\rho^2}{4m^2} = \omega_0^2$ erhalten wir:

$$X(s) = \frac{1}{m}\,\mathcal{L}\,\{f(t)\}\,\frac{1}{\omega_0}\,\frac{\omega_0}{(s + \delta)^2 + \omega_0^2} = \frac{1}{m\omega_0}\,\mathcal{L}\,\{f(t)\}\,\mathcal{L}\,\{e^{-\delta t}\sin(\omega_0 t)\}\,.$$

Der Faltungssatz (2.8) liefert die Lösung:

$$x(t) = \frac{1}{m\omega_0}\,(e^{-\delta t}\sin(\omega_0 t)) \star f(t) = \frac{1}{m\omega_0}\int_0^t e^{-\delta\tau}\sin(\omega_0\tau)\,f(t-\tau)\,d\tau$$

oder:

$$x(t) = \frac{e^{-\delta t}}{m\omega_0}\int_0^t f(\tau)\,e^{\delta\tau}\sin(\omega_0(t-\tau))\,d\tau\,. \qquad\blacksquare$$

▼ **4–3** Behandeln Sie mit Hilfe des Heavisideschen Entwicklungssatzes (3.4) Abschnitt 3.3.2, das gleiche Problem

    a) wie in Beispiel 4–1, wenn speziell $u_e(t) = U_0\,u(t)$ ist,
    b) wie in Beispiel 4–2, wenn speziell $f(t) = F_0\,u(t)$ ist.

Lösung

a) Physikalisch bedeutet $u_e(t) = U_0\,u(t)$ das plötzliche Anlegen einer Gleichspannung U_0 zur Zeit $t = 0$.
Um Satz (3.4) anwenden zu können, benötigen wir die Wurzeln der Nennerfunktion $N(s)$ der Funktion

$$R_2(s) = \frac{Z(s)}{N(s)} = \frac{s}{(s + \delta)^2 + \omega_0^2}\,.$$

Diese sind: $\alpha_1 = -\delta + j\omega_0$ und $\alpha_2 = -\delta - j\omega_0$.

Weiterhin benötigen wir:

$$Z(\alpha_1) = \alpha_1 = -\delta + j\omega_0$$
$$Z(\alpha_2) = \alpha_2 = -\delta - j\omega_0$$
$$N'(\alpha_1) = 2(\alpha_1 + \delta) = 2j\omega_0$$
$$N'(\alpha_2) = 2(\alpha_2 + \delta) = -2j\omega_0.$$

Setzen wir die Konstanten in Satz (3.4) ein, so erhalten wir:

$$i(t) = \frac{U_0}{2j\omega_0 L} e^{(-\delta + j\omega_0)t} - \frac{U_0}{2j\omega_0 L} e^{(-\delta - j\omega_0)t}$$

$$= \frac{U_0 e^{-\delta t}}{\omega_0 L} \frac{e^{j\omega_0 t} - e^{-j\omega_0 t}}{2j} = \frac{U_0}{\omega_0 L} e^{-\delta t} \sin(\omega_0 t).$$

b) In diesem Falle ist

$$R_2(s) = \frac{1}{(s + \delta)^2 + \omega_0^2} = \frac{1}{N(s)}.$$

Die Wurzeln von $N(s)$ sind wie in der Lösung von Beispiel 4–3a:

$$\alpha_1 = -\delta + j\omega_0 \qquad \text{und} \qquad \alpha_2 = -\delta - j\omega_0.$$
$$Z(\alpha_1) = Z(\alpha_2) = 1.$$
$$N'(\alpha_1) = 2j\omega_0 \qquad \text{und} \qquad N'(\alpha_2) = -2j\omega_0.$$
$$R_2(0) = (\delta^2 + \omega_0^2)^{-1} = (c/m)^{-1} = m/c.$$

Setzen wir die Konstanten in Satz (3.4) ein, so erhalten wir:

$$x(t) = \frac{F_0}{m}\frac{m}{c} + \frac{F_0}{m} \frac{1}{(-\delta + j\omega_0)} \frac{1}{2j\omega_0} e^{(-\delta + j\omega_0)t}$$

$$+ \frac{F_0}{m} \frac{1}{(-\delta - j\omega_0)} \frac{1}{(-)2j\omega_0} e^{(-\delta - j\omega_0)t}$$

$$= \frac{F_0}{c} + \frac{F_0 e^{-\delta t}}{m2j\omega_0} \left(\frac{1}{-\delta + j\omega_0} e^{j\omega_0 t} + \frac{1}{\delta + j\omega_0} e^{-j\omega_0 t} \right)$$

$$= \frac{F_0}{c} + \frac{F_0 e^{-\delta t}}{m2j\omega_0} \left(\frac{(\delta + j\omega_0) e^{j\omega_0 t} + (-\delta + j\omega_0) e^{-j\omega_0 t}}{-\delta^2 - \omega_0^2} \right)$$

$$= \frac{F_0}{c} - \frac{F_0 m e^{-\delta t}}{m\omega_0 c} \left(\delta \frac{(e^{j\omega_0 t} - e^{-j\omega_0 t})}{2j} + \omega_0 \frac{(e^{j\omega_0 t} + e^{-j\omega_0 t})}{2} \right)$$

$$= \frac{F_0}{c} \left\{ 1 - e^{-\delta t} \left(\frac{\delta}{\omega_0} \sin(\omega_0 t) + \cos(\omega_0 t) \right) \right\}. \qquad \blacksquare$$

▼ **4—4** In einem R-C-Stromkreis (s. Bild 4.27) hat der Kondensator zur Zeit $t = 0$ eine Ladung $Q_0 = 5 \cdot 10^{-3}$ C. Zur Zeit $t = 0$ wird der Schalter geschlossen, so daß am Kreis eine Gleichspannungsquelle von $U_0 = 100$ V angeschlossen ist. Berechnen Sie den Strom $i(t)$.

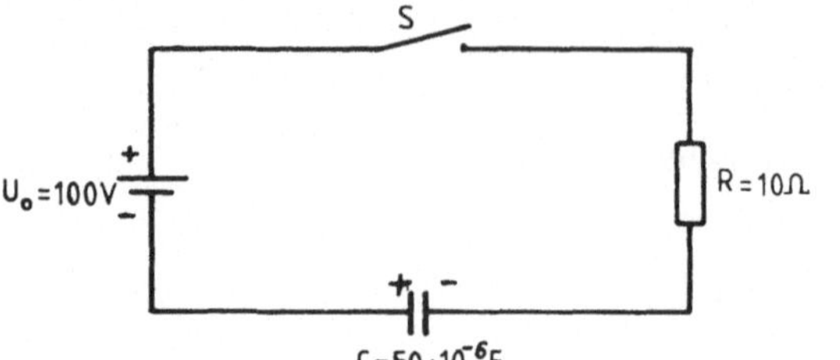

Bild 4.27

Hinweis: Beachten Sie die im Bild 4.27 angedeuteten Ladungsvorzeichen am Kondensator zur Zeit $t = 0$.

Lösung

Nach dem zweiten Kirchhoffschen Gesetz ist

$$R\, i(t) + \frac{1}{C}\left(\int_0^t i(\tau)\,d\tau + Q_0 \right) = U_0\, u(t).$$

Transformation der Gleichung in den Bildraum ergibt:

$$R\, I(s) + \frac{1}{Cs}(I(s) + Q_0) = \frac{U_0}{s}$$

$$I(s) = \frac{CU_0 - Q_0}{RC}\; \frac{1}{s + 1/(RC)}.$$

Setzen wir nun die angegebenen Werte in die letzte Gleichung ein und beachten *nicht* die Polarität von Q_0, so erhalten wir:

$$I(s) = \frac{50 \cdot 10^{-6} \cdot 100 - 5 \cdot 10^{-3}}{10 \cdot 50 \cdot 10^{-6}}\; \frac{1}{s + 1/(10 \cdot 50 \cdot 10^{-6})} = 0.$$

Somit ist auch $i(t) = 0$.

Das Ergebnis wäre richtig, wenn der Kondensator zur Zeit $t = 0$ mit umgekehrter Polarität aufgeladen wäre; denn dann lägen am Kondensator die 100 V so, daß beim Schließen des Schalters keine Spannungsdifferenz zwischen Kondensatorplatten und Batterie bestände.

Die in Bild 4.27 angegebene Polarität von Q_0 ist der Polarität der Ladung, die die Batterie an die Kondensatorplatten abgeben will, entgegengesetzt. Deshalb muß für Q_0 das negative Vorzeichen gewählt werden.

Wir erhalten jetzt:

$$I(s) = \frac{5 \cdot 10^{-3} + 5 \cdot 10^{-3}}{5 \cdot 10^{-4}}\; \frac{1}{s + 2 \cdot 10^3} = 20\, \frac{1}{s + 2 \cdot 10^3}.$$

Die Rücktransformation ergibt:

$$i(t) = 20\, e^{-2000\,t}\, A.$$

▼ **4–5** Berechnen Sie den Strom $i(t)$ des in Bild 4.28 skizzierten Stromkreises unter der Bedingung, daß er zur Zeit $t = 0$ energielos ist;

   a) $u_e(t)$ beliebig,
   b) $u_e(t) = 100\, u(t)$,
   c) $u_e(t) = 10^{-2}\, \delta(t)$.

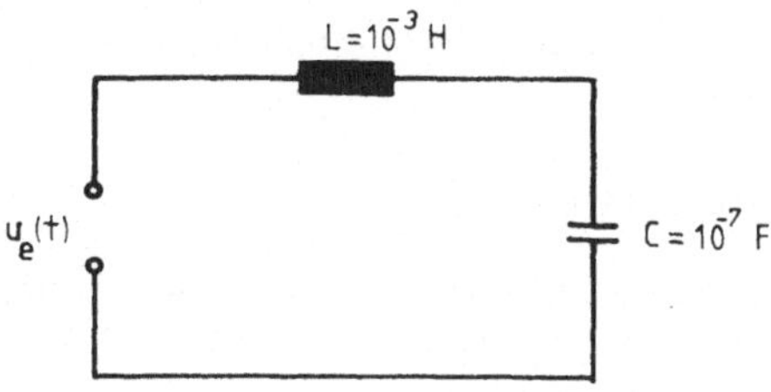

Bild 4.28

Lösung

a) Nach dem zweiten Kirchhoffschen Gesetz gilt:

$$u_e(t) = L\,\frac{d}{dt}\,i(t) + \frac{1}{C}\int_0^t i(\tau)\,d\tau.$$

Transformation der Gleichung in den Bildraum ergibt:

$$Ls\,I(s) + \frac{1}{Cs}\,I(s) = \mathcal{L}\{u_e(t)\} = U_e(s).$$

Daraus folgt:

$$I(s) = \frac{1}{L}\,\frac{s}{s^2 + 1/(LC)}\,U_e(s).$$

Setzen wir die angegebenen Werte für L und C ein, so erhalten wir:

$$I(s) = \frac{1}{10^{-3}}\,\frac{s}{s^2 + 1/(10^{-3}\cdot 10^{-7})}\,U_e(s) = 10^3\,\frac{s}{s^2 + (10^5)^2}\,U_e(s).$$

Wegen $\mathcal{L}^{-1}\left\{\dfrac{s}{s^2 + (10^5)^2}\right\} = \cos(10^5 t)$, erhalten wir:

$$i(t) = 10^3 \int_0^t \cos(10^5\tau)\,u_e(t-\tau)\,d\tau. \tag{a}$$

b) Setzen wir in Gleichung (a) speziell $u_e(t-\tau) = 100\,u(t-\tau) = 100$, so erhalten wir:

$$i(t) = 10^5 \int_0^t \cos(10^5\tau)\,d\tau = \frac{10^5}{10^5}\,\sin(10^5\tau)\,\Big|_0^t = \sin(10^5 t).$$

c) Wir setzen in Gleichung (a) $u_e(t - \tau) = 10^{-2}\,\delta\,(t - \tau)$.
Dann erhalten wir:

$$i(t) = 10 \int_0^t \cos(10^5\tau)\,\delta\,(t - \tau)\,d\tau.$$

Wegen $\displaystyle\int_{-\infty}^{\infty} f(\tau)\,\delta\,(t - \tau)\,d\tau = f(t)$ erhalten wir:

$$i(t) = 10 \cos(10^5 t). \qquad \bullet$$

Beachten Sie, daß hier das gleiche Problem wie in Beispiel 3—33 auftritt:
Wegen der Anfangsbedingung $i(t) = 0$ für $t < 0$ folgt: $\lim\limits_{t \to -0} i(t) = 0$.
Dagegen ist $\lim\limits_{t \to +0} i(t) = 10 \lim\limits_{t \to +0} \cos(10^5 t) = 10.$ $\qquad\blacksquare$

Wir wollen in dem folgenden Beispiel den gleichen Kreis wie in Beispiel 4—5 behandeln,
doch sollen die Größen L und C beliebig sein. Als Spannungsquelle wollen wir einen
Sinusgenerator mit veränderlicher Frequenz ω einsetzen, um das Resonanzverhalten des
Kreises zu untersuchen.

▼ 4—6 Berechnen Sie den Strom $i(t)$ für folgenden Stromkreis:

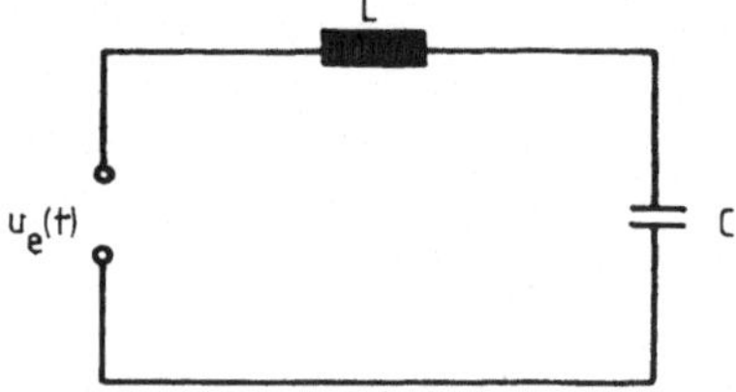

Bild 4.29

a) $u_e(t) = U_0 \sin(\omega t)$.
Untersuchen Sie speziell den Grenzfall $\omega = \omega_0 = \dfrac{1}{\sqrt{LC}}$.
b) $u_e(t) = U_0 \sin(\omega_0 t)$ mit $\omega_0 = \dfrac{1}{\sqrt{LC}}$.

In beiden Fällen soll der Kreis zur Zeit $t = 0$ energielos sein.

Lösung

a) Wir schreiben sofort die Bildfunktion hin, wie es der Praktiker nach einiger Übung
immer machen wird:

$$Ls\,I(s) + \frac{1}{Cs}\,I(s) = U_0\,\frac{\omega}{s^2 + \omega^2}.$$

Daraus erhalten wir mit $\omega_0^2 = \dfrac{1}{LC}$:

$$I(s) = \frac{U_0}{L}\,\frac{\omega}{s^2 + \omega^2}\,\frac{s}{s^2 + \omega_0^2}. \qquad\qquad\text{(a)}$$

Wir zerlegen die rationale Funktion $R_4(s) = \dfrac{s}{(s^2 + \omega^2)(s^2 + \omega_0^2)}$ teilweise in Partialbrüche:

$$\frac{s}{(s^2 + \omega^2)(s^2 + \omega_0^2)} = \frac{A_1 s + A_2}{s^2 + \omega^2} + \frac{B_1 s + B_2}{s^2 + \omega_0^2}.$$

Erweitern wir mit der Nennerfunktion und ordnen nach Potenzen von s, so erhalten wir:

$$s = (A_1 + B_1)\, s^3 + (A_2 + B_2)\, s^2 + (\omega_0^2 A_1 + \omega^2 B_1)\, s + (\omega_0^2 A_2 + \omega^2 B_2).$$

Durch Koeffizientenvergleich erhalten wir:

$$A_1 \quad + \quad B_1 \qquad\qquad = 0 \qquad\qquad\qquad\qquad\qquad\text{(b)}$$
$$A_2 \qquad + \quad B_2 = 0 \qquad\qquad\qquad\qquad\qquad\text{(c)}$$
$$\omega_0^2 A_1 \quad + \omega^2 B_1 \qquad\quad = 1 \qquad\qquad\qquad\qquad\qquad\text{(d)}$$
$$\omega_0^2 A_2 \qquad + \omega^2 B_2 = 0. \qquad\qquad\qquad\qquad\qquad\text{(e)}$$

Wegen $\omega_0 \neq \omega$ sind Gleichung (c) und Gleichung (e) nur verträglich, wenn $A_2 = B_2 = 0$ ist.

Aus Gleichung (b) und Gleichung (d) erhalten wir:

$$A_1 = -\frac{1}{\omega^2 - \omega_0^2} \qquad \text{und} \qquad B_1 = \frac{1}{\omega^2 - \omega_0^2}.$$

Mit diesen Konstanten erhalten wir:

$$I(s) = \frac{U_0 \omega}{L(\omega^2 - \omega_0^2)}\left(\frac{s}{s^2 + \omega_0^2} - \frac{s}{s^2 + \omega^2} \right).$$

Die Rücktransformation ergibt:

$$i(t) = \frac{U_0 \omega}{L(\omega^2 - \omega_0^2)}\left(\cos(\omega_0 t) - \cos(\omega t) \right).$$

Um die Funktion besser diskutieren zu können, verwandeln wir die Differenz der beiden trigonometrischen Funktionen in ein Produkt, indem wir die bekannte Beziehung anwenden (s. Beispiel 2–44):

$$\cos(\alpha) - \cos(\beta) = -2 \sin\left(\frac{\alpha + \beta}{2} \right) \sin\left(\frac{\alpha - \beta}{2} \right).$$

Mit $\alpha = \omega_0 t$ und $\beta = \omega t$ erhalten wir:

$$i(t) = -\frac{2U_0}{L}\, \frac{\omega}{(\omega^2 - \omega_0^2)}\, \sin\left(\frac{\omega_0 + \omega}{2} t \right) \sin\left(\frac{\omega_0 - \omega}{2} t \right).$$

Wegen $-\sin\left(\dfrac{\omega_0 - \omega}{2} t \right) = \sin\left(\dfrac{\omega - \omega_0}{2} t \right)$ erhalten wir:

$$i(t) = \frac{2U_0}{L}\, \frac{\omega}{(\omega^2 - \omega_0^2)}\, \sin\left(\frac{\omega - \omega_0}{2} t \right) \sin\left(\frac{\omega + \omega_0}{2} t \right) \qquad\qquad\qquad \text{(f)}$$

Für $\omega \simeq \omega_0$ läßt sich das Ergebnis folgendermaßen deuten:

Setzen wir $a(t) = \dfrac{2U_0}{L} \dfrac{\omega}{(\omega^2 - \omega_0^2)} \sin\left(\dfrac{\omega - \omega_0}{2} t\right)$, so erhalten wir:

$$i(t) = a(t) \sin\left(\frac{\omega + \omega_0}{2} t\right).$$

Das ist eine Schwingung mit der Frequenz, die ungefähr gleich ω_0 ist; deren „Amplitude" wegen $|\omega - \omega_0| \ll \omega_0$ eine langsam veränderliche Funktion von t ist. Man nennt diese Erscheinung *Schwebung*.

Zur Untersuchung des Grenzfalls $\omega \to \omega_0$ schreiben wir Gleichung (f) in einer etwas anderen Form:

$$i(t) = \frac{2U_0}{L} \frac{\omega}{(\omega + \omega_0)} \sin\left(\frac{\omega + \omega_0}{2} t\right) \frac{\sin\left(\frac{\omega - \omega_0}{2} t\right)}{\omega - \omega_0}.$$

Für $\omega = \omega_0$ ist der Quotient $\dfrac{\sin\left(\frac{\omega - \omega_0}{2} t\right)}{\omega - \omega_0}$ unbestimmt.

Wir berechnen deshalb mit Hilfe der l'Hospitalschen Regel den Grenzwert:

$$\underset{\omega \to \omega_0}{i(t)} = \frac{2U_0}{L} \frac{\omega_0}{(\omega_0 + \omega_0)} \sin\left(\frac{2\omega_0}{2} t\right) \lim_{\omega \to \omega_0} \frac{\frac{t}{2} \cos\left(\frac{\omega - \omega_0}{2} t\right)}{1} = \frac{U_0}{2L} t \sin(\omega_0 t).$$

Die Amplitude der Schwingung wächst proportional mit der Zeit an und führt zur sogenannten *Resonanzkatastrophe* (s. Bild 4.30).

b) Die Bildgleichung I(s) erhalten wir aus Gleichung (a), wenn wir dort ω durch ω_0 ersetzen:

$$I(s) = \frac{U_0}{L} \frac{s}{s^2 + \omega_0^2} \frac{\omega_0}{s^2 + \omega_0^2} = \frac{U_0}{L} \mathcal{L}\{\cos(\omega_0 t)\} \mathcal{L}\{\sin(\omega_0 t)\}.$$

Mit Hilfe des Faltungssatzes (2.8) berechnen wir die Originalfunktion:

$$i(t) = \frac{U_0}{L} \cos(\omega_0 t) \star \sin(\omega_0 t) = \frac{U_0}{L} \int_0^t \cos(\omega_0 \tau) \sin(\omega_0 t - \omega_0 \tau) \, d\tau.$$

Zur Berechnung des Integrals benutzen wir die Beziehung

$$\cos(\alpha) \sin(\beta) = \frac{1}{2}(\sin(\alpha + \beta) - \sin(\alpha - \beta)) \qquad \text{(s. Beispiel 2--44, Formel II)}.$$

Mit $\alpha = \omega_0 \tau$ und $\beta = \omega_0 t - \omega_0 \tau$ wird $\alpha + \beta = \omega_0 t$ und $\alpha - \beta = 2\omega_0 \tau - \omega_0 t$. Mit diesen Werten erhalten wir:

$$i(t) = \frac{U_0}{2L}\left(\int_0^t \sin(\omega_0 t) \, d\tau - \int_0^t \sin(2\omega_0 \tau - \omega_0 t) \, d\tau \right) =$$

$$= \frac{U_0}{2L} \left((\sin(\omega_0 t)\,\tau) \Big|_0^t + \frac{1}{2\omega_0} \cos(2\omega_0\tau - \omega_0 t) \Big|_0^t \right)$$

$$= \frac{U_0}{2L} \left(t \sin(\omega_0 t) + \frac{1}{2\omega_0} (\cos(\omega_0 t) - \cos(-\omega_0 t)) \right) .$$

Wegen $\cos(-\omega_0 t) = \cos(\omega_0 t)$ fällt der zweite Term weg und wir erhalten:

$$i(t) = \frac{U_0}{2L} t \sin(\omega_0 t).$$

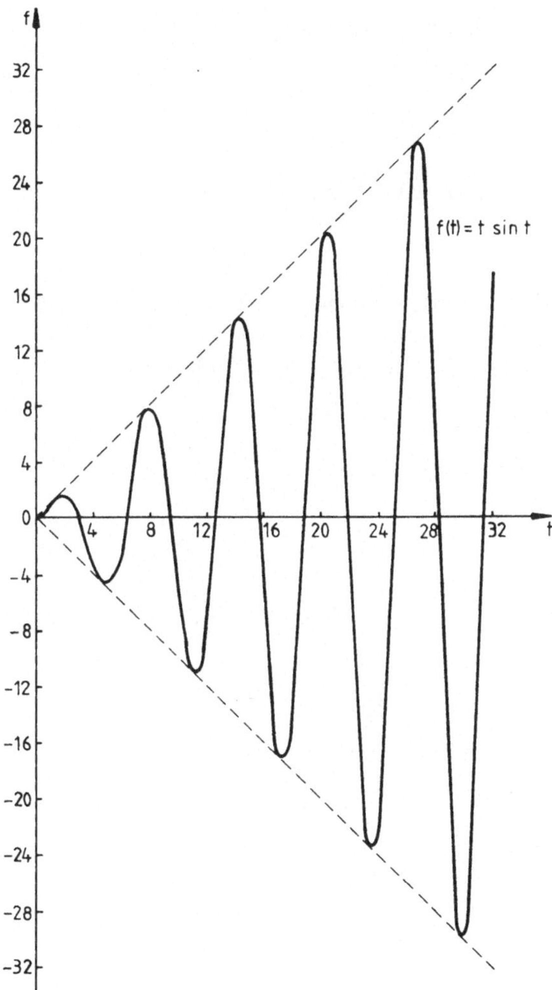

Bild 4.30

■

4.1.3 Beispiele aus der Mechanik: Durchbiegung von Balken

In der Statik[1]) wird gezeigt, daß die Durchbiegelinie $y(x)$ eines Balkens mit konstantem Querschnitt der Dgl.

$$y''(x) = \frac{M(x)}{E\,I} \qquad \text{für} \qquad 0 \leq x \leq \ell \tag{a}$$

gehorcht.

$M(x)$ ist das Biegemoment an der Stelle x,

E ist der Elastizitätsmodul des Materials,

I ist das quadratische Flächenmoment.

Aus dieser Dgl. zweiter Ordnung läßt sich durch zweimaliges Differenzieren eine Dgl. vierter Ordnung ableiten:

$$y^{(4)}(x) = \frac{q(x)}{E\,I} \tag{b}$$

$q(x)$ ist die Querkraft pro Längeneinheit (Kraftdichte).

Beispiele

▼ 4–7 Ein Balken mit konstantem Querschnitt sei an einer Seite eingespannt, während die andere Seite frei durchhängt (s. Bild 4.31).

Berechnen Sie die Durchbiegelinie $y(x)$, die unter der Eigenlast des Balkens entsteht,

a) aus der Gleichung (a),

b) aus der Gleichung (b).

Hinweis: $y(0) = y'(0) = y''(\ell) = y'''(\ell) = 0$.

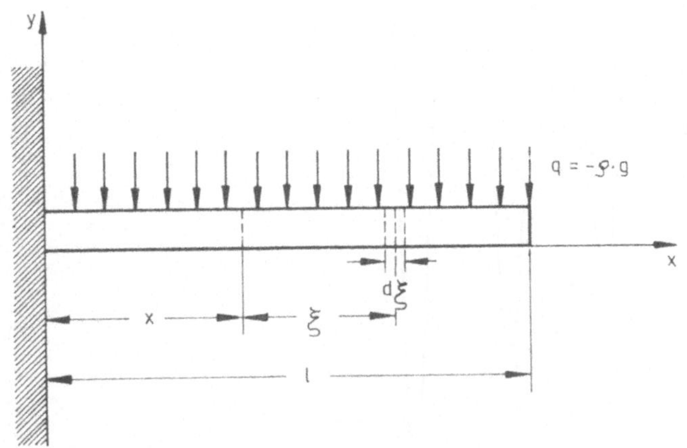

Bild 4.31

---

[1]) siehe z.B. I. Szabó: Einführung in die Technische Mechanik, Springer-Verlag

Lösung

a) Wir berechnen das Biegemoment $M(x)$[1].

Nach Definition des Biegemoments ist $M(x) = \int\limits_0^{\ell-x} \xi \, dQ$. dQ ist die Querkraft an der Stelle ξ.

Wegen $dQ = q(\xi)\,d\xi = -\rho\,g\,d\xi$ erhalten wir:

$$M(x) = -\rho\,g \int\limits_0^{\ell-x} \xi\,d\xi = -\rho\,g \left.\frac{\xi^2}{2}\right|_0^{\ell-x} = -\frac{\rho\,g}{2}(\ell-x)^2.$$

Setzen wir den Ausdruck in Gleichung (a) ein, so erhalten wir:

$$y''(x) = -\frac{\rho\,g}{2EI}(\ell-x)^2 \quad \text{mit den Randbedingungen:} \quad y(0) = y'(0) = 0.$$

Wir transformieren die Dgl. in den Bildraum und erhalten:

$$s^2\,Y(s) = -\frac{\rho\,g}{2EI}\left(\ell^2\,\frac{1}{s} - 2\ell\,\frac{1}{s^2} + \frac{2}{s^3}\right)$$

oder

$$Y(s) = \frac{\rho\,g}{2EI}\left(2\ell\,\frac{1}{s^4} - \ell^2\,\frac{1}{s^3} - \frac{2}{s^5}\right).$$

Rücktransformation in den Originalraum ergibt:

$$y(x) = \frac{\rho\,g}{2EI}\left(2\ell\,\frac{x^3}{3!} - \ell^2\,\frac{x^2}{2!} - 2\,\frac{x^4}{4!}\right) = \frac{\rho\,g}{24\,EI}\,x^2(4\ell x - 6\ell^2 - x^2).$$

b) Wegen $q(x) = -\rho\,g$ erhalten wir aus Gleichung (b):

$$y^{(4)}(x) = -\frac{\rho\,g}{EI} \quad \text{mit den Randbedingungen:} \quad y(0) = y'(0) = y''(\ell) = y'''(\ell) = 0.$$

Transformation in den Bildraum ergibt:

$$s^4\,Y(s) - s^3\,y(0) - s^2\,y'(0) - s\,y''(0) - y'''(0) = -\frac{\rho\,g}{EI}\,\frac{1}{s}.$$

Wegen der Randbedingung folgt:

$$s^4\,Y(s) - s\,y''(0) - y'''(0) = -\frac{\rho\,g}{EI}\,\frac{1}{s}$$

oder:

$$Y(s) = -\frac{\rho\,g}{EI}\,\frac{1}{s^5} + y''(0)\,\frac{1}{s^3} + y'''(0)\,\frac{1}{s^4}.$$

---

[1] Das Vorzeichen von $M(x)$ läßt sich aus Gleichung (a) ablesen: Da $y''(x)$ das gleiche Vorzeichen wie die Krümmung der Durchbiegelinie hat und der Elastizitätsmodul E und das quadratische Flächenmoment positiv sind, muß $M(x)$ das gleiche Vorzeichen wie die Krümmung der Durchbiegelinie haben. Diese läßt sich leicht aus dem jeweiligen Problem ablesen.

Die Rücktransformation ergibt:

$$y(x) = -\frac{\rho g}{EI} \frac{x^4}{4!} + y''(0) \frac{x^2}{2!} + y'''(0) \frac{x^3}{3!}.$$

Zur Bestimmung der Konstanten $y''(0)$ und $y'''(0)$ differenzieren wir $y(x)$ zweimal bzw. dreimal und nützen die Randbedingungen $y''(\ell) = y'''(\ell) = 0$ aus:

$$y''(x) = -\frac{\rho g}{2EI} x^2 + y''(0) + y'''(0)\, x$$

$$y'''(x) = -\frac{\rho g}{EI} x + y'''(0).$$

Setzen wir $x = \ell$ und beachten die Randbedingungen, so erhalten wir:

$$y'''(0) = \frac{\rho g}{EI}\,\ell \qquad \text{und} \qquad y''(0) = -\frac{\rho g}{2EI}\,\ell^2.$$

Damit erhalten wir die Lösung:

$$y(x) = -\frac{\rho g}{EI} \frac{x^4}{24} - \frac{\rho g\ell^2}{2EI} \frac{x^2}{2} + \frac{\rho g\ell}{EI} \frac{x^3}{6} = \frac{\rho g}{24EI} x^2 (4\ell x - 6\ell^2 - x^2). \qquad\blacksquare$$

▼ **4–8** Ein Balken mit konstantem Querschnitt sei an seinen Enden frei gelagert (s. Bild 4.32). Berechnen Sie die Durchbiegelinie $y(x)$, wenn der Balken gleichmäßig belastet ist,

a) aus Gleichung (a),
b) aus Gleichung (b).

Hinweis: $y(0) = y''(0) = y(\ell) = y''(\ell) = 0$.

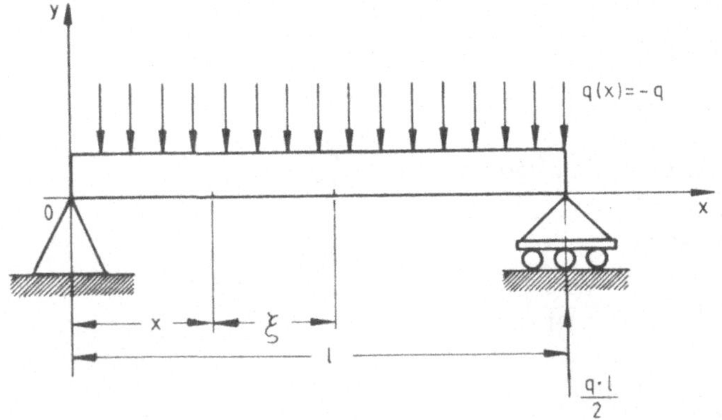

Bild 4.32

Lösung

a) Wir berechnen das Biegemoment:

$$M(x) = \frac{q\ell}{2}(\ell - x) - q \int_{0}^{\ell-x} \xi\, d\xi = \frac{q\ell}{2}(\ell - x) - \frac{q}{2}(\ell - x)^2 = \frac{q}{2} x(\ell - x).$$

142

Wir setzen $M(x)$ in die Gleichung (a) ein und erhalten:

$$y''(x) = \frac{q}{2\,EI}\, x\,(\ell - x) \qquad \text{mit den Randbedingungen} \qquad y(0) = y(\ell) = 0.$$

Transformation in den Bildraum ergibt:

$$s^2\, Y(s) - y'(0) = \frac{q\ell}{2\,EI}\, \frac{1}{s^2} - \frac{q}{2\,EI}\, \frac{2}{s^3}$$

oder

$$Y(s) = \frac{q\ell}{2\,EI}\, \frac{1}{s^4} - \frac{q}{EI}\, \frac{1}{s^5} + y'(0)\, \frac{1}{s^2}.$$

Die Rücktransformation ergibt:

$$y(x) = \frac{q\ell}{2\,EI}\, \frac{x^3}{3!} - \frac{q}{EI}\, \frac{x^4}{4!} + y'(0)x.$$

Zur Bestimmung der Konstanten $y'(0)$ nützen wir die Randbedingung $y(\ell) = 0$ aus:

$$y(\ell) = 0 = \frac{q\ell^4}{12\,EI} - \frac{q\ell^4}{24\,EI} + y'(0)\,\ell$$

oder:

$$y'(0) = -\frac{q\ell^3}{24\,EI}.$$

Es ist dann:

$$y(x) = \frac{q}{24\,EI}\,(2\ell x^3 - x^4 - \ell^3 x) = \frac{q}{24\,EI}\, x\,(2\ell x^2 - x^3 - \ell^3).$$

b) Wegen $q(x) = -q$ erhalten wir aus Gleichung (b):

$$y^{(4)}(x) = -\frac{q}{EI}.$$

Transformation in den Bildraum ergibt unter Ausnutzung der ersten beiden Randbedingungen:

$$s^4\, Y(s) - s^2\, y'(0) - y'''(0) = -\frac{q}{EI}\, \frac{1}{s}$$

oder:

$$Y(s) = -\frac{q}{EI}\, \frac{1}{s^5} + y'(0)\, \frac{1}{s^2} + y'''(0)\, \frac{1}{s^4}.$$

Rücktransformation in den Originalraum ergibt:

$$y(x) = -\frac{q}{EI}\, \frac{x^4}{4!} + y'(0)\, x + y'''(0)\, \frac{x^3}{3!}.$$

Mit den Randbedingungen $y(\ell) = y''(\ell) = 0$ erhalten wir zwei Bestimmungsgleichungen
für $y'(0)$ und $y'''(0)$:

$$-\frac{q}{24\,EI}\ell^3 + y'(0) + \frac{y'''(0)}{6}\ell^2 = 0$$

$$-\frac{q}{2\,EI}\ell + y'''(0) = 0.$$

Dies ergibt: $y'''(0) = \frac{q\ell}{2\,EI}$ und $y'(0) = -\frac{q\,\ell^3}{24\,EI}$.

Mit diesen Konstanten erhalten wir:

$$y(x) = \frac{-q}{24\,EI}x^4 - \frac{q\,\ell^3}{24\,EI}x + \frac{q\,\ell}{12\,EI}x^3 = \frac{q}{24\,EI}x(2\ell x^2 - x^3 - \ell^3). \qquad \blacksquare$$

▼ **4–9** Ein Balken mit konstantem Querschnitt sei an beiden Seiten fest eingespannt. Eine
Kraft Q_0 wirke im Punkt $x = a$ (s. Bild 4.33).
Berechnen Sie die Durchbiegelinie $y(x)$.

Hinweis: Benutzen Sie Gleichung (b) und beachten Sie Beispiel 1–37.

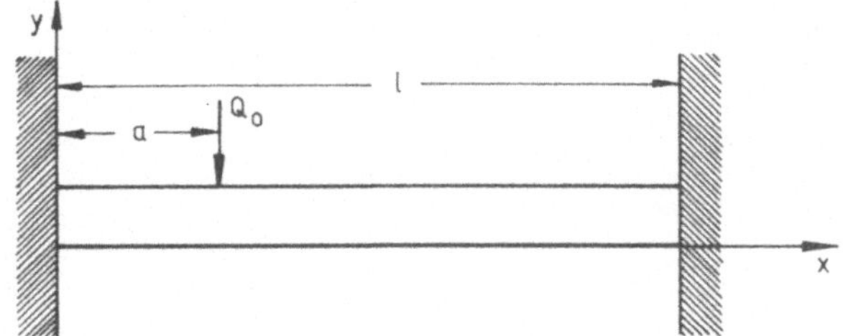

Bild 4.33

Lösung

Nach Beispiel 1–37 ist die Kraftdichte $q(x) = -Q_0\,\delta(x - a)$. Damit erhalten wir für die
Durchbiegelinie die Dgl.:

$$y^{(4)}(x) = -\frac{Q_0}{EI}\delta(x - a) \quad \text{mit den Nebenbedingungen} \quad y(0) = y'(0) = y(\ell) = y'(\ell) = 0.$$

Transformation in den Bildraum ergibt:

$$s^4\,Y(s) - s\,y''(0) - y'''(0) = -\frac{Q_0}{EI}e^{-as}$$

oder

$$Y(s) = -\frac{Q_0}{EI}\frac{e^{-as}}{s^4} + y''(0)\frac{1}{s^3} + y'''(0)\frac{1}{s^4}.$$

Rücktransformation in den Originalraum ergibt:

$$y(x) = -\frac{Q_0}{EI}\frac{(x-a)^3}{3!}u(x-a) + y''(0)\frac{x^2}{2!} + y'''(0)\frac{x^3}{3!}$$

144

oder

$$
y(x) = \begin{cases} \dfrac{1}{2}\,y''(0)\,x^2 + \dfrac{1}{6}\,y'''(0)\,x^3 & \text{für} \quad 0 \leqq x \leqq a \\[2ex] \dfrac{1}{2}\,y''(0)\,x^2 + \dfrac{1}{6}\,y'''(0)\,x^3 - \dfrac{Q_0}{6\,EI}\,(x-a)^3 & \text{für} \quad a \leqq x \leqq \ell. \end{cases}
$$

Zur Berechnung der Konstanten $y''(0)$ und $y'''(0)$ benutzen wir die Randbedingungen $y(\ell) = y'(\ell) = 0$:

$$
y(\ell) = \frac{1}{2}\,y''(0)\,\ell^2 + \frac{1}{6}\,y'''(0)\,\ell^3 - \frac{Q_0}{6\,EI}\,(\ell-a)^3 = 0
$$

$$
y'(\ell) = y''(0)\,\ell + \frac{1}{2}\,y'''(0)\,\ell^2 - \frac{Q_0}{2\,EI}\,(\ell-a)^2 = 0.
$$

Aus diesem Gleichungssystem ergibt sich:

$$
y''(0) = -\frac{Q_0}{EI}\,\frac{(\ell-a)^2\,a}{\ell^2} \quad \text{und} \quad y'''(0) = \frac{Q_0}{EI}\,\frac{(\ell-a)^2\,(\ell+2a)}{\ell^3}.
$$

Die Durchbiegungslinie gehorcht damit folgender Funktion:

$$
y(x) = \begin{cases} \dfrac{Q_0}{6\,EI}\left(\dfrac{(\ell-a)^2\,(\ell+2a)}{\ell^3}\,x^3 - \dfrac{3\,(\ell-a)^2\,a}{\ell^2}\,x^2 \right) & \text{für} \quad 0 \leqq x \leqq a \\[3ex] \dfrac{Q_0}{6\,EI}\left(\dfrac{(\ell-a)^2\,(\ell+2a)}{\ell^3}\,x^3 - \dfrac{3\,(\ell-a)^2\,a}{\ell^2}\,x^2 - (x-a)^3 \right) & \text{für} \quad a \leqq x \leqq \ell. \;\blacksquare \end{cases}
$$

4.2 Systeme von gekoppelten Differentialgleichungen

4.2.1 Aufstellen von Differentialgleichungssystemen

Ein System von gekoppelten Dgl. oder kurz ein Dgl.-System besteht aus n Dgl., aus denen n unbekannte Funktionen $y_1(t)$, $y_2(t)$, ..., $y_n(t)$ ermittelt werden können.
Als Beispiel für ein Dgl.-System betrachten wir die Bewegungsgleichung einer bewegten elektrischen Ladung e in einem homogenen Magnetfeld mit der magnetischen Induktion $\vec{B}$. Die Kraft $\vec{F}$ auf eine mit der Geschwindigkeit $\vec{v}$ bewegte Ladung in einem homogenen Feld $\vec{B}$ ist:

$$
\vec{F} = e\,(\vec{v} \times \vec{B}).
$$

Wir wählen das Koordinatensystem so, daß $\vec{B}$ die Richtung der z-Achse hat:

$$
\vec{B} = \{0, 0, B_0\}.
$$

Das Teilchen mit der Ladung e befinde sich zur Zeit $t = 0$ im Koordinatenursprung und habe die Geschwindigkeit $\vec{v}(0) = \{v_0, 0, 0\}$.

Die Anfangsbedingungen sind also:

$$x(0) = y(0) = z(0) = v_y(0) = v_z(0) = 0 \qquad \text{und} \qquad v_x(0) = v_0.$$

Dann lautet die Bewegungsgleichung des Teilchens mit der Masse m:

$$m\,\{\ddot{x}(t), \ddot{y}(t), \ddot{z}(t)\} = e \begin{vmatrix} \vec{i} & \vec{j} & \vec{k} \\ v_x(t) & v_y(t) & v_z(t) \\ 0 & 0 & B_0 \end{vmatrix},$$

oder in Komponenten:

$$\left. \begin{array}{l} m\,\ddot{x}(t) = eB_0\,\dot{y}(t) \\[4pt] m\,\ddot{y}(t) = -eB_0\,\dot{x}(t) \\[4pt] m\,\ddot{z}(t) = 0 \end{array} \right\} \tag{a}$$

mit $v_x(t) = \dot{x}(t)$ und $v_y(t) = \dot{y}(t)$.

Beispiele

▼ **4–10** a) Lösen Sie das Dgl.-System (a).

  b) Skizzieren Sie die Teilchenbahn.

Lösung

a) Die dritte Gleichung des Dgl.-Systems (a) ist von den beiden anderen unabhängig und kann für sich gelöst werden.

Transformation von $z(t) = 0$ in den Bildraum ergibt:

$$s^2\,Z(s) = 0.$$

Daraus folgt: $z(t) = 0$.

Die Bahn des Teilchens liegt also in der x-y-Ebene.

Wir schreiben die erste und zweite Dgl. in etwas anderer Form:

$$\ddot{x}(t) - \omega_0\,\dot{y}(t) = 0$$

$$\ddot{y}(t) + \omega_0\,\dot{x}(t) = 0.$$

Wir haben $\dfrac{eB_0}{m} = \omega_0$ gesetzt.

Wir transformieren das Dgl.-System in den Bildraum und erhalten:

$$\begin{array}{l} s^2\,X(s) - v_0 - s\omega_0\,Y(s) = 0 \\[4pt] s^2\,Y(s) \qquad\; + s\omega_0\,X(s) = 0. \end{array} \tag{b}$$

Wir haben im Bildraum ein algebraisches Gleichungssystem mit den unbekannten Funktionen $X(s)$ und $Y(s)$ erhalten, statt des Dgl.-Systems im Originalraum.

Hier tritt der Vorteil der Methode der Laplace-Transformation in aller Deutlichkeit zutage: Das ursprüngliche Dgl.-System enthält vier unbekannte Funktionen $\dot{x}(t)$, $\dot{y}(t)$, $\ddot{x}(t)$, $\ddot{y}(t)$. Um diese Funktionen berechnen zu können, müssen wir z.B. die erste Gleichung

146

noch einmal differenzieren, um $\ddot{y}(t)$ zu erhalten, das wir dann in die zweite Gleichung einsetzen. Dadurch entsteht eine gewöhnliche Dgl. dritter Ordnung in $x(t)$, während im ursprünglichen System nur die zweite Ableitung vorkam. Dieser Umstand kann zu Schwierigkeiten bei der Festlegung der Integrationskonstanten führen, weil $\dddot{x}(0)$ nicht von vornherein vorgegeben zu sein braucht.

Dieses Problem tritt im Bildraum nicht auf. Wir haben nur die beiden Funktionen $X(s)$ und $Y(s)$ aus den beiden algebraischen Gleichungen zu berechnen. Das kann z.B. mit der Determinantenmethode geschehen. Der letzte Schritt ist dann die Rücktransformation der Bildfunktionen in den Originalraum.

Wir ordnen das Dgl.-System um:

$$s^2\,X(s) - \omega_0 s\,Y(s) = v_0$$

$$\omega_0 s\,X(s) + \quad s^2\,Y(s) = 0.$$

Zur Berechnung von $X(s)$ und $Y(s)$ wählen wir die Determinantenmethode. Die Hauptdeterminante ist:

$$D = \begin{vmatrix} s^2 & -\omega_0 s \\ \omega_0 s & s^2 \end{vmatrix} = s^2\,(s^2 + \omega_0^2).$$

Wir berechnen die Unterdeterminanten $D_{X(s)}$ und $D_{Y(s)}$.

$$D_{X(s)} = \begin{vmatrix} v_0 & -\omega_0 s \\ 0 & s^2 \end{vmatrix} = v_0 s^2$$

$$D_{Y(s)} = \begin{vmatrix} s^2 & v_0 \\ \omega_0 s & 0 \end{vmatrix} = -v_0 \omega_0 s.$$

Daraus ergibt sich

$$X(s) = \frac{D_{X(s)}}{D} = \frac{v_0}{s^2 + \omega_0^2} = \frac{v_0}{\omega_0}\,\frac{\omega_0}{s^2 + \omega_0^2} = \frac{v_0}{\omega_0}\,\mathcal{L}\,\{\sin(\omega_0 t)\}$$

$$Y(s) = \frac{D_{Y(s)}}{D} = -v_0\,\frac{1}{s}\,\frac{\omega_0}{s^2 + \omega_0^2} = -v_0\,\mathcal{L}\,\{1\}\,\mathcal{L}\,\{\sin(\omega_0 t)\}.$$

Rücktransformation in den Originalraum ergibt:

$$x(t) = \frac{v_0}{\omega_0}\,\sin(\omega_0 t).$$

$$y(t) = -v_0\,\sin(\omega_0 t) \ast 1 = -v_0\int\limits_0^t \sin(\omega_0 \tau)\cdot 1\,d\tau = \frac{v_0}{\omega_0}\,\cos(\omega_0 \tau)\,\Big|_0^t$$

$$= \frac{v_0}{\omega_0}\,\cos(\omega_0 t) - \frac{v_0}{\omega_0}.$$

Wir wollen $y(t)$ nicht weiter umformen, weil diese Form für die Lösung des Beispiels 4–10b am zweckmäßigsten ist.

Der Leser zeige, daß sich $y(t)$ folgendermaßen schreiben läßt:

$$y(t) = -2\,\frac{v_0}{\omega_0}\,\sin^2\left(\frac{\omega_0}{2}\,t\right).$$

b) Um die Gestalt der Kurve, die das Teilchen durchläuft, besser erkennen zu können, schreiben wir die beiden Lösungsfunktionen des Beispiels 4–10a folgendermaßen untereinander:

$$x(t) \qquad = \frac{v_0}{\omega_0}\,\sin(\omega_0 t)$$

$$y(t) + \frac{v_0}{\omega_0} = \frac{v_0}{\omega_0}\,\cos(\omega_0 t).$$

Die Abkürzung $\omega_0 = \dfrac{eB_0}{m}$ entpuppt sich als Kreisfrequenz des auf einer Kreisbahn umlaufenden Teilchens. Um letzteres noch deutlicher sehen zu können, quadrieren wir die Gleichungen und addieren sie.
Wir erhalten:

$$x^2 + (y + v_0/\omega_0)^2 = (v_0/\omega_0)^2.$$

Das ist die Gleichung eines Kreises mit dem Radius $R = v_0/\omega_0$ und dem Mittelpunkt $M\{0, -v_0/\omega_0\}$ (s. Bild 4.34)

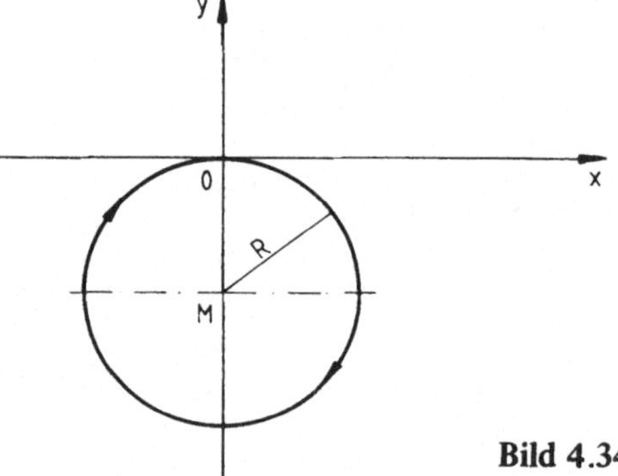

Bild 4.34 ■

Ein weiteres Beispiel, das auf ein Dgl.-System führt, soll aus dem Bereich der Mechanik genommen werden. Zwei gleiche Körper mit der Masse m gleiten reibungslos auf einer horizontalen Ebene. Sie sind durch Federn miteinander und mit zwei starren Wänden verbunden. (s. Bild 4.35)

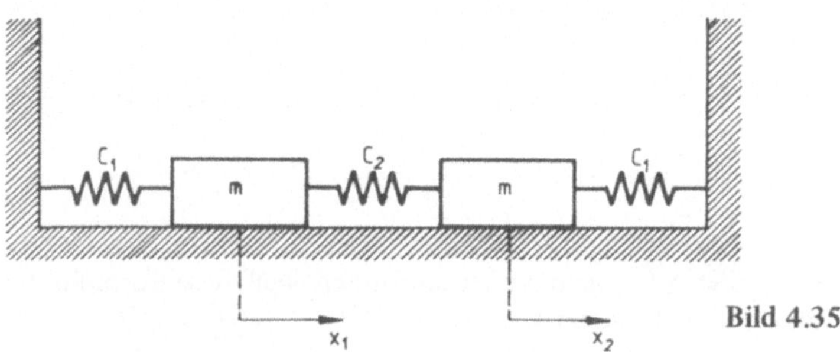

Bild 4.35

148

Die Bewegungsgleichungen für die Massen sind:

$$m\,\ddot{x}_1(t) = -c_1\,x_1(t) + c_2\,(x_2(t) - x_1(t)) \left.\vphantom{\begin{matrix}1\\1\end{matrix}}\right\}$$
$$m\,\ddot{x}_2(t) = -c_1\,x_2(t) + c_2\,(x_1(t) - x_2(t)) \left.\vphantom{\begin{matrix}1\\1\end{matrix}}\right.$$

$$(a)$$

▼ **4–11** a) Lösen Sie das Dgl.-System (a). Zur Festlegung der Anfangsbedingungen soll folgender Zustand herbeigeführt werden: Die Masse (2) wird in der Ruhelage festgehalten: $x_2(0) = \dot{x}_2(0) = 0$. Die Masse (1) wird aus der Ruhelage um die Strecke $x_1(0) = x_0$ nach rechts verschoben. Zur Zeit $t = 0$ wird das System sich selbst überlassen.

b) Diskutieren Sie die Lösung, wenn $c_1 \gg c_2$ ist.

Lösung

a) Der besseren Übersicht halber schreiben wir das Dgl.-System mit den Abkürzungen $\omega_1^2 = c_1/m$ und $\omega_2^2 = c_2/m$ in umgestellter Form noch einmal hin.

$$\ddot{x}_1(t) + (\omega_1^2 + \omega_2^2)\,x_1(t) \qquad\qquad -\omega_2^2\,x_2(t) = 0$$
$$-\omega_2^2\,x_1(t) + \ddot{x}_2(t) + (\omega_1^2 + \omega_2^2)\,x_2(t) = 0.$$

Wir transformieren das System in den Bildraum und erhalten in geordneter Form:

$$(s^2 + \omega_1^2 + \omega_2^2)\,X_1(s) \qquad\qquad -\omega_2^2\,X_2(s) = s\,x_0$$
$$-\omega_2^2\,X_1(s) + (s^2 + \omega_1^2 + \omega_2^2)\,X_2(s) = 0 \qquad.$$

Zur Berechnung von $X_1(s)$ und $X_2(s)$ benutzen wir die Determinantenmethode.

$$D = \begin{vmatrix} s^2 + \omega_1^2 + \omega_2^2 & -\omega_2^2 \\ -\omega_2^2 & s^2 + \omega_1^2 + \omega_2^2 \end{vmatrix} = (s^2 + \omega_1^2 + \omega_2^2)^2 - \omega_2^4$$

$$= ((s^2 + \omega_1^2 + \omega_2^2) - \omega_2^2)\,((s^2 + \omega_1^2 + \omega_2^2) + \omega_2^2)$$

$$= (s^2 + \omega_1^2)\,(s^2 + \omega_1^2 + 2\omega_2^2).$$

Wir haben bei der Umformung die binomische Formel $a^2 - b^2 = (a - b)(a + b)$ mit $a = s^2 + \omega_1^2 + \omega_2^2$ und $b = \omega_2^2$ benutzt.

$$D_{X_1(s)} = \begin{vmatrix} x_0 s & -\omega_2^2 \\ 0 & s^2 + \omega_1^2 + \omega_2^2 \end{vmatrix} = x_0\,(s^3 + (\omega_1^2 + \omega_2^2)\,s)$$

$$D_{X_2(s)} = \begin{vmatrix} s^2 + \omega_1^2 + \omega_2^2 & x_0 s \\ -\omega_2^2 & 0 \end{vmatrix} = x_0\,\omega_2^2 s.$$

Wir erhalten:

$$X_1(s) = x_0\,\frac{s^3 + (\omega_1^2 + \omega_2^2)\,s}{(s^2 + \omega_1^2)\,(s^2 + (\omega_1^2 + 2\omega_2^2))}$$

$$X_2(s) = x_0\,\frac{\omega_2^2\,s}{(s^2 + \omega_1^2)\,(s^2 + (\omega_1^2 + 2\omega_2^2))}.$$

Um die Originalfunktion aus unserer Tabelle ermitteln zu können, machen wir die teilweise Partialbruchzerlegung.

Wir beginnen mit $X_1(s)$:

$$\frac{1}{x_0} X_1(s) = \frac{s^3 + (\omega_1^2 + \omega_2^2)\, s}{(s^2 + \omega_1^2)\,(s^2 + (\omega_1^2 + 2\omega_2^2))} = \frac{A_1 s + A_2}{s^2 + \omega_1^2} + \frac{B_1 s + B_2}{s^2 + (\omega_1^2 + 2\omega_2^2)}.$$

Erweitern mit der Nennerfunktion und ordnen nach Potenzen von s ergibt:

$$s^3 + (\omega_1^2 + \omega_2^2)\, s = (A_1 + B_1)\, s^3 + (A_2 + B_2)\, s^2$$

$$+ ((\omega_1^2 + 2\omega_2^2)\, A_1 + B_1 \omega_1^2)\, s + ((\omega_1^2 + 2\omega_2^2)\, A_2 + \omega_1^2 B_2).$$

Durch Koeffizientenvergleich erhalten wir:

$$
\begin{aligned}
A_1 \quad &+ \quad B_1 \quad &&= 1 \\
A_2 \quad &+ \quad B_2 &&= 0 \\
(\omega_1^2 + 2\omega_2^2)\, A_1 \quad &+ \quad \omega_1^2 B_1 \quad &&= \omega_1^2 + \omega_2^2 \\
(\omega_1^2 + 2\omega_2^2)\, A_2 \quad &+ \quad \omega_1^2 B_2 &&= 0.
\end{aligned}
$$

Aus den vier Bestimmungsgleichungen für die Konstanten erhalten wir:

$$A_1 = \frac{1}{2}, \qquad B_1 = \frac{1}{2}, \qquad A_2 = B_2 = 0.$$

Die Partialbruchzerlegung von $X_1(s)$ lautet:

$$X_1(s) = \frac{1}{2}\, x_0 \left(\frac{s}{s^2 + \omega_1^2} + \frac{s}{s^2 + (\omega_1^2 + 2\omega_2^2)} \right).$$

In der gleichen Weise erhalten wir die teilweise Partialbruchzerlegung von $X_2(s)$:

$$X_2(s) = \frac{1}{2}\, x_0 \left(\frac{s}{s^2 + \omega_1^2} - \frac{s}{s^2 + (\omega_1^2 + 2\omega_2^2)} \right).$$

Mit Hilfe der Tabelle erhalten wir die Lösungen:

$$x_1(t) = \frac{x_0}{2} \left(\cos(\omega_1 t) + \cos(\sqrt{\omega_1^2 + 2\omega_2^2}\, t) \right) \tag{b}$$

$$x_2(t) = \frac{x_0}{2} \left(\cos(\omega_1 t) - \cos(\sqrt{\omega_1^2 + 2\omega_2^2}\, t) \right). \tag{c}$$

b) Physikalisch bedeutet $c_1 \gg c_2$, daß die Kopplung der Massen mit der Wand viel stärker ist als ihre Kopplung untereinander, so daß wir die Wirkung der einen Masse auf die andere als kleine Störung auffassen können.

Wegen $c_1 \gg c_2$ it auch $\omega_1^2 \gg \omega_2^2$. Wir können deshalb die Wurzel $\sqrt{\omega_1^2 + 2\omega_2^2}$ in eine Reihe entwickeln und nach dem ersten Glied abbrechen.

$$\sqrt{\omega_1^2 + 2\omega_2^2} = \omega_1 \sqrt{1 + 2(\omega_2^2/\omega_1^2)} \simeq \omega_1 (1 + \omega_2^2/\omega_1^2)$$

$$= \omega_1 + \omega_2^2/\omega_1 = \omega_1 + \delta.$$

(Wir haben die Näherung $\sqrt{1 + \epsilon} \simeq 1 + \epsilon/2$ für $\epsilon \ll 1$ benutzt und $\delta = \omega_2^2/\omega_1$ gesetzt).
Verwandeln wir jetzt noch die Summen der trigonometrischen Funktionen in Gleichung
(b) und Gleichung (c) in Produkte nach den Formeln:

$$\cos(\alpha) + \cos(\beta) = 2 \cos\left(\frac{\alpha + \beta}{2}\right) \cos\left(\frac{\alpha - \beta}{2}\right) \quad \text{und}$$

$$\cos(\alpha) - \cos(\beta) = -2 \sin\left(\frac{\alpha + \beta}{2}\right) \sin\left(\frac{\alpha - \beta}{2}\right),$$

so erhalten wir:

$$x_1(t) = x_0 \cos\left(\frac{\delta}{2}t\right) \cos\left(\left(\omega_1 + \frac{\delta}{2}\right)t\right)$$

$$x_2(t) = x_0 \sin\left(\frac{\delta}{2}t\right) \sin\left(\left(\omega_1 + \frac{\delta}{2}\right)t\right).$$

Zur Interpretation der Lösungsfunktionen deuten wir die langsam veränderlichen Funktionen $x_0 \left|\cos\left(\frac{\delta}{2}t\right)\right|$ bzw. $x_0 \left|\sin\left(\frac{\delta}{2}t\right)\right|$ als langsam veränderliche Amplitude der Schwingung $\cos\left(\left(\omega_1 + \frac{\delta}{2}\right)t\right)$ bzw. $\sin\left(\left(\omega_1 + \frac{\delta}{2}\right)t\right)$. Die Amplitude der Schwingung der Masse (1) nimmt von x_0 zur Zeit $t = 0$ ab bis sie zur Zeit $t = \frac{\pi}{\delta}$ gleich Null ist. In dieser Zeit ist die Amplitude der Schwingung der Masse (2) von 0 auf x_0 angewachsen. Dann verläuft der Vorgang in umgekehrter Richtung bis zur Zeit $\frac{2\pi}{\delta}$ der Anfangszustand wiederhergestellt ist.

Energiemäßig bedeutet dieses Wechselspiel folgendes: Die Gesamtenergie $E = \frac{c_1 + c_2}{2} x_0$, die zur Zeit $t = 0$ von der Masse (1) als potentielle Energie gespeichert war, wandert mit der Kreisfrequenz δ von einer Masse zur andern. ∎

Ein drittes Beispiel sei aus dem Bereich der Kernphysik genommen.
Eine Substanz E sei radioaktiv. Dann ist die Anzahl der Atome dm, die pro Zeiteinheit zerfallen, proportional der Anzahl $m(t)$ der zur Zeit t vorhandenen Atome:

$$\frac{d}{dt} m(t) = -\lambda\, m(t).$$

Man nennt die für die Geschwindigkeit des Zerfalls charakteristische Größe λ die Zerfallskonstante der Substanz.
Eine radioaktive Zerfallsreihe bestehe aus vier Elementen E_1, E_2, E_3, E_4, deren Zerfallskonstanten λ_1, λ_2, λ_3 seien. Das Element E_4 sei stabil, also $\lambda_4 = 0$.
Zur Zeit $t = 0$ sei nur das Element E_1 vorhanden. Die Anzahl der Atome sei $m_1(0) = m_0$.
Unsere Aufgabe soll darin bestehen, die Anzahl $m_4(t)$ der Atome des Elements E_4 in Abhängigkeit von der Zeit zu berechnen.
Die Problemstellung führt auf folgendes Dgl.-System:

$$\dot{m}_1(t) = -\lambda_1 m_1(t) \qquad\qquad \dot{m}_3(t) = -\lambda_3 m_3(t) + \lambda_2 m_2(t)$$
$$\dot{m}_2(t) = -\lambda_2 m_2(t) + \lambda_1 m_1(t) \qquad\qquad \dot{m}_4(t) = \lambda_3 m_3(t). \tag{a}$$

Die Anfangsbedingungen lauten:

$$m_1(0) = m_0, \qquad m_2(0) = m_3(0) = m_4(0) = 0.$$

▼ **4–12** Berechnen Sie aus dem Dgl.-System (a) die Funktion $m_4(t)$.

Lösung

Wir transformieren das Dgl.-System (a) in den Bildraum:

$$s\,M_1(s) - m_0 = -\lambda_1 M_1(s)$$
$$s\,M_2(s) = -\lambda_2 M_2(s) + \lambda_1 M_1(s)$$
$$s\,M_3(s) = -\lambda_3 M_3(s) + \lambda_2 M_2(s)$$
$$s\,M_4(s) = \lambda_3 M_3(s).$$

Wir ordnen das Gleichungssystem:

$$(s + \lambda_1)\,M_1(s) = m_0$$
$$-\lambda_1\,M_1(s) + (s + \lambda_2)\,M_2(s) = 0$$
$$-\lambda_2\,M_2(s) + (s + \lambda_3)\,M_3(s) = 0$$
$$-\lambda_3\,M_3(s) + s\,M_4(s) = 0.$$

Aus diesem System von algebraischen Gleichungen berechnen wir $M_4(s)$ mit Hilfe der Determinantenmethode.

Hauptdeterminante D:

$$D = \begin{vmatrix} s + \lambda_1 & 0 & 0 & 0 \\ -\lambda_1 & s + \lambda_2 & 0 & 0 \\ 0 & -\lambda_2 & s + \lambda_3 & 0 \\ 0 & 0 & -\lambda_3 & s \end{vmatrix} = (s + \lambda_1)(s + \lambda_2)(s + \lambda_3)\,s.$$

Wir berechnen $D_{M_4(s)}$:

$$D_{M_4(s)} = \begin{vmatrix} s + \lambda_1 & 0 & 0 & m_0 \\ -\lambda_1 & s + \lambda_2 & 0 & 0 \\ 0 & -\lambda_2 & s + \lambda_3 & 0 \\ 0 & 0 & -\lambda_3 & 0 \end{vmatrix} = m_0\,\lambda_1\,\lambda_2\,\lambda_3.$$

Die Bildfunktion $M_4(s)$ ist damit:

$$M_4(s) = \frac{m_0\,\lambda_1\,\lambda_2\,\lambda_3}{s(s + \lambda_1)(s + \lambda_2)(s + \lambda_3)}.$$

Wir zerlegen die rationale Funktion $M_4(s)$ mittels Formel (3.1) Abschnitt 3.2.1 in Partialbrüche.

Die Wurzeln der Nennerfunktion $N(s) = s(s + \lambda_1)(s + \lambda_2)(s + \lambda_3)$ sind:

$$\alpha_1 = 0, \qquad \alpha_2 = -\lambda_1, \qquad \alpha_3 = -\lambda_2, \qquad \alpha_4 = -\lambda_3.$$

Es ist weiterhin:

$$N'(0) = \lambda_1 \lambda_2 \lambda_3, \qquad N'(-\lambda_1) = -\lambda_1(\lambda_2 - \lambda_1)(\lambda_3 - \lambda_1),$$

$$N'(-\lambda_2) = -\lambda_2(\lambda_1 - \lambda_2)(\lambda_3 - \lambda_2), \qquad N'(-\lambda_3) = -\lambda_3(\lambda_1 - \lambda_3)(\lambda_2 - \lambda_3).$$

Mit diesen Konstanten erhalten wir:

$$M_4(s) = m_0 \frac{1}{s} - m_0 \frac{\lambda_2 \lambda_3}{(\lambda_2 - \lambda_1)(\lambda_3 - \lambda_1)} \frac{1}{s + \lambda_1}$$

$$- m_0 \frac{\lambda_1 \lambda_3}{(\lambda_1 - \lambda_2)(\lambda_3 - \lambda_2)} \frac{1}{s + \lambda_2} - m_0 \frac{\lambda_1 \lambda_2}{(\lambda_1 - \lambda_3)(\lambda_2 - \lambda_3)} \frac{1}{s + \lambda_3}.$$

Wir transformieren $M_4(s)$ in den Originalraum:

$$m_4(t) = m_0 \left(1 - \frac{\lambda_2 \lambda_3}{(\lambda_2 - \lambda_1)(\lambda_3 - \lambda_1)} e^{-\lambda_1 t} - \frac{\lambda_1 \lambda_3}{(\lambda_1 - \lambda_2)(\lambda_3 - \lambda_2)} e^{-\lambda_2 t} \right.$$

$$\left. - \frac{\lambda_1 \lambda_2}{(\lambda_1 - \lambda_3)(\lambda_2 - \lambda_3)} e^{-\lambda_3 t} \right).$$

Der Leser schätze den Vorteil ab, der schon darin liegt, daß man $m_4(t)$ direkt berechnen kann, ohne die anderen Funktionen ausrechnen zu müssen, was bei der herkömmlichen Methode unumgänglich ist.

4.2.2 Numerische Beispiele

Beispiele

▼ **4—13** Lösen Sie das Dgl.-System

$$\dot{x}_1(t) - 2x_1(t) + 3x_2(t) = 0$$

$$\dot{x}_2(t) - x_2(t) + 2x_1(t) = 0$$

mit den Anfangsbedingungen: $x_1(0) = 8$ und $x_2(0) = 3$.

Lösung

Wir transformieren das Dgl.-System in den Bildraum:

$$sX_1(s) - 8 - 2X_1(s) + 3X_2(s) = 0$$

$$sX_2(s) - 3 - X_2(s) + 2X_1(s) = 0.$$

Wir ordnen das algebraische System:

$$(s - 2) X_1(s) + \qquad 3 X_2(s) = 8 \qquad \text{(a)}$$

$$2 X_1(s) + (s - 1) X_2(s) = 3. \qquad \text{(b)}$$

Aus diesem Gleichungssystem berechnen wir die Bildfunktionen X_1 (s) und X_2 (s):

$$X_1\,(s) = \frac{\begin{vmatrix} 8 & 3 \\ 3 & s-1 \end{vmatrix}}{\begin{vmatrix} s-2 & 3 \\ 2 & s-1 \end{vmatrix}} = \frac{8s-17}{s^2-3s-4}$$

$$X_2\,(s) = \frac{\begin{vmatrix} s-2 & 8 \\ 2 & 3 \end{vmatrix}}{s^2-3s-4} = \frac{3s-22}{s^2-3s-4}\,.$$

Die Wurzeln der Nennerfunktion sind $\alpha_1 = 4$ und $\alpha_2 = -1$.
Die Partialbruchzerlegung nach Formel 3.1 ergibt:

$$X_1\,(s) = 3\,\frac{1}{s-4} + 5\,\frac{1}{s+1}$$

$$X_2\,(s) = -2\,\frac{1}{s-4} + 5\,\frac{1}{s+1}\,.$$

Die Rücktransformation ergibt die Lösung des Dgl.-Systems

$$x_1\,(t) = 3\,e^{4t} + 5\,e^{-t}$$

$$x_2\,(t) = -2\,e^{4t} + 5\,e^{-t}\,.$$

▼ **4–14** Lösen Sie folgendes Dgl.-System

$$\dot{x}_1\,(t) - x_1\,(t) + \dot{x}_2\,(t) + 2x_2\,(t) = 1 + e^t$$

$$\dot{x}_2\,(t) + 2x_2\,(t) + \dot{x}_3\,(t) + x_3\,(t) = 2 + e^t$$

$$\dot{x}_1\,(t) - x_1\,(t) + \dot{x}_3\,(t) + x_3\,(t) = 3 + e^t$$

mit den Bedingungen $x_1\,(0) = -1$; $x_2\,(0) = \frac{1}{6}$; $x_3\,(0) = \frac{9}{4}$.

Lösung

Wir transformieren das Dgl.-System in den Bildraum und erhalten, nachdem wir das Gleichungssystem umgeordnet haben:

$$(s-1)\,X_1\,(s) + (s+2)\,X_2\,(s) = \frac{1}{s} + \frac{1}{s-1} - \frac{5}{6} \tag{a}$$

$$(s+2)\,X_2\,(s) + (s+1)\,X_3\,(s) = \frac{2}{s} + \frac{1}{s-1} + \frac{29}{12} \tag{b}$$

$$(s-1)\,X_1\,(s) + (s+1)\,X_3\,(s) = \frac{3}{s} + \frac{1}{s-1} + \frac{5}{4}\,. \tag{c}$$

Zur Berechnung der Bildfunktionen X_1 (s), X_2 (s) und X_3 (s) gehen wir jetzt zweckmäßigerweise folgendermaßen vor:

154

Wir subtrahieren zuerst die Gleichung (a) von der Gleichung (b) und erhalten:

$$- (s - 1)\, X_1\,(s) + (s + 1)\, X_3\,(s) = \frac{1}{s} + \frac{13}{4}\,. \tag{d}$$

Nun subtrahieren wir Gleichung (d) von Gleichung (c) und erhalten:

$$2\,(s - 1)\, X_1\,(s) = \frac{2}{s} + \frac{1}{s - 1} - 2 \tag{e}$$

oder

$$X_1\,(s) = \frac{1}{s\,(s - 1)} + \frac{1}{2}\,\frac{1}{(s - 1)^2} - \frac{1}{s - 1} = -\frac{1}{s} + \frac{1}{2}\,\frac{1}{(s - 1)^2}\,.$$

Addition von Gleichung (c) und Gleichung (d) ergibt:

$$2\,(s + 1)\, X_3\,(s) = \frac{4}{s} + \frac{1}{s - 1} + \frac{9}{2}\,.$$

Daraus erhalten wir:

$$X_3\,(s) = 2\,\frac{1}{s\,(s + 1)} + \frac{1}{2}\,\frac{1}{s^2 - 1} + \frac{9}{4}\,\frac{1}{s + 1}\,.$$

Um schließlich $X_2\,(s)$ zu erhalten, setzen wir die durch zwei geteilte Gleichung (e) in Gleichung (a) ein:

$$(s + 2)\, X_2\,(s) = \frac{1}{s} + \frac{1}{s - 1} - \frac{5}{6}\,\frac{1}{s} - \frac{1}{2}\,\frac{1}{s - 1} + 1 = \frac{1}{2}\,\frac{1}{s - 1} + \frac{1}{6}$$

$$X_2\,(s) = \frac{1}{2}\,\frac{1}{(s - 1)\,(s + 2)} + \frac{1}{6}\,\frac{1}{s + 2} = \frac{1}{6}\,\frac{1}{s - 1}\,.$$

Mit Hilfe der Formel (3.1) Abschnitt 3.2.1 erhalten wir die für die Rücktransformationen bequemen Partialbruchzerlegungen der Bildfunktionen:

$$X_1\,(s) = -\frac{1}{s} + \frac{1}{2}\,\frac{1}{(s - 1)^2}$$

$$X_2\,(s) = \frac{1}{6}\,\frac{1}{s - 1}$$

$$X_3\,(s) = 2\,\frac{1}{s} + \frac{1}{4}\,\frac{1}{s + 1} + \frac{1}{2}\,\frac{1}{s^2 - 1}\,.$$

Die Rücktransformation ergibt:

$$x_1\,(t) = -1 + \frac{1}{2}\,t\,e^t$$

$$x_2\,(t) = \frac{1}{6}\,e^t$$

$$x_3\,(t) = 2 + \frac{1}{4}\,e^{-t} + \frac{1}{2}\,\sinh(t) = 2 + \frac{1}{4}\,e^{-t} + \frac{1}{2}\,\frac{e^t - e^{-t}}{2} = 2 + \frac{1}{4}\,e^t\,. \qquad \blacksquare$$

▼ **4–15** Lösen Sie folgendes Dgl.-System:

$$\ddot{x}_1(t) + \dot{x}_2(t) + 3x_1(t) = u(t)$$

$$\ddot{x}_2(t) - 4\dot{x}_1(t) + 3x_2(t) = 0$$

mit den Anfangsbedingungen $\dot{x}_1(0) = x_1(0) = \dot{x}_2(0) = x_2(0) = 0$.

Lösung

Transformation des Dgl.-Systems in den Bildraum ergibt:

$$(s^2 + 3)\,X_1(s) + \qquad s\,X_2(s) = \frac{1}{s}$$

$$-4s\,X_1(s) + (s^2 + 3)\,X_2(s) = 0.$$

Wir berechnen $X_1(s)$ und $X_2(s)$ mit Hilfe der Determinantenmethode.
Hauptdeterminante:

$$D = \begin{vmatrix} s^2 + 3 & s \\ -4s & s^2 + 3 \end{vmatrix} = (s^2 + 3)^2 + 4s^2 = s^4 + 10s^2 + 9 = (s^2 + 9)(s^2 + 1).$$

$$D_{X_1(s)} = \begin{vmatrix} \dfrac{1}{s} & s \\ 0 & s^2 + 3 \end{vmatrix} = \frac{s^2 + 3}{s}$$

$$D_{X_2(s)} = \begin{vmatrix} s^2 + 3 & \dfrac{1}{s} \\ -4s & 0 \end{vmatrix} = 4.$$

Damit wird:

$$X_1(s) = \frac{s^2 + 3}{s(s^2 + 9)(s^2 + 1)}$$

$$X_2(s) = \frac{4}{(s^2 + 9)(s^2 + 1)}.$$

Wir zerlegen teilweise die Bildfunktionen in Partialbrüche und erhalten mit etwas Rechnung:

$$X_1(s) = \frac{1}{3}\frac{1}{s} - \frac{1}{12}\frac{s}{s^2 + 9} - \frac{1}{4}\frac{s}{s^2 + 1}$$

$$X_2(s) = -\frac{1}{6}\frac{3}{s^2 + 9} + \frac{1}{2}\frac{1}{s^2 + 1}.$$

Rücktransformation ergibt die gesuchte Lösung:

$$x_1(t) = \frac{1}{3} - \frac{1}{12}\cos(3t) - \frac{1}{4}\cos(t)$$

$$x_2(t) = -\frac{1}{6}\sin(3t) + \frac{1}{2}\sin(t). \qquad \blacksquare$$

▼ **4–16** Lösen Sie folgendes Dgl.-System:

$$\ddot{x}_1(t) + 2\dot{x}_1(t) + x_1(t) + 2\dot{x}_2(t) + 3\dot{x}_3(t) = u(t)$$

$$\dot{x}_1(t) + x_3(t) = 0$$

$$x_1(t) - \dot{x}_2(t) - \dot{x}_3(t) = 0$$

mit den Anfangsbedingungen

$$x_1(0) = 1, \qquad \dot{x}_1(0) = -1, \qquad x_2(0) = 0, \qquad x_3(0) = 1.$$

Lösung

Transformation in den Bildraum ergibt:

$$(s+1)^2 X_1(s) + 2s\, X_2(s) + 3s\, X_3(s) = \frac{1}{s} + s + 4$$

$$s\, X_1(s) \qquad\qquad + X_3(s) = 1$$

$$X_1(s) - s\, X_2(s) - s\, X_3(s) = -1.$$

Aus den drei algebraischen Gleichungen berechnen wir die Bildfunktionen:

$$X_1(s) = \frac{2s + 1}{2s(s + 3/2)}$$

$$X_2(s) = \frac{5 + 1/s}{2s(s + 3/2)}$$

$$X_3(s) = \frac{2s}{2s(s + 3/2)}.$$

Wir zerlegen die Bildfunktionen in Partialbrüche und erhalten:

$$X_1(s) = \frac{1}{3}\frac{1}{s} + \frac{2}{3}\frac{1}{s + 3/2}$$

$$X_2(s) = \frac{1}{3}\frac{1}{s^2} + \frac{13}{9}\frac{1}{s} - \frac{13}{9}\frac{1}{s + 3/2}$$

$$X_3(s) = \frac{1}{s + 3/2}.$$

Wir transformieren in den Originalbereich zurück und erhalten:

$$x_1(t) = \frac{1}{3} + \frac{2}{3}\, e^{-(3/2)t}$$

$$x_2(t) = \frac{1}{3}\, t + \frac{13}{9} - \frac{13}{9}\, e^{-(3/2)t}$$

$$x_3(t) = e^{-(3/2)t}. \qquad\qquad\blacksquare$$

▼ **4–17** Lösen Sie das Dgl.-System

$$\dot{x}_1(t) + x_1(t) + \dot{x}_2(t) = u(t)$$

$$\dot{x}_1(t) + \dot{x}_2(t) + x_2(t) = 0$$

mit den Anfangsbedingungen $x_1(0) = A$ und $x_2(0) = B$.

Lösung

Wir transformieren die Gleichungen in den Bildraum:

$$(s+1)\,X_1(s) + \qquad s\,X_2(s) = \frac{1}{s} + A + B$$

$$s\,X_1(s) + (s+1)\,X_2(s) = A + B\,.$$

Wir berechnen die Bildfunktionen mit Hilfe der Determinantenmethode.

Hauptdeterminante:

$$D = \begin{vmatrix} s+1 & s \\ s & s+1 \end{vmatrix} = (s+1)^2 - s^2 = 2s + 1 = 2\left(s + \frac{1}{2}\right)$$

$$D_{X_1(s)} = \begin{vmatrix} \frac{1}{s} + (A+B) & s \\ A+B & s+1 \end{vmatrix} = 1 + (A+B) + \frac{1}{s}$$

$$D_{X_2(s)} = \begin{vmatrix} s+1 & \frac{1}{s} + (A+B) \\ s & A+B \end{vmatrix} = -1 + (A+B)\,.$$

Daraus ergeben sich die Bildfunktionen:

$$X_1(s) = \frac{1}{2}\,\frac{1}{s+1/2} + \frac{1}{2}\,\frac{A+B}{s+1/2} + \frac{1}{s} - \frac{1}{s+1/2}$$

$$X_2(s) = -\frac{1}{2}\,\frac{1}{s+1/2} + \frac{1}{2}\,\frac{A+B}{s+1/2}\,.$$

Durch Rücktransformation erhalten wir die Lösungsfunktionen:

$$x_1(t) = \frac{1}{2}\,e^{-t/2} + \frac{1}{2}\,(A+B)\,e^{-t/2} + 1 - e^{-t/2}$$

$$x_2(t) = -\frac{1}{2}\,e^{-t/2} + \frac{1}{2}\,(A+B)\,e^{-t/2}\,.$$

Dieses Ergebnis ist insofern bemerkenswert, als die Anfangsbedingungen nicht mehr beide frei wählbar sind: Weil wir $x_1(0) = A$ gesetzt haben, muß gelten

$$A = \frac{1}{2} + \frac{1}{2}\,(A+B) + 1 - 1\,.$$

Daraus folgt $A - B = 1$.

Andererseits folgt aus $x_2(0) = B$ ebenso:

$$B = -\frac{1}{2} + \frac{1}{2}(A + B) \qquad \text{oder} \qquad A - B = 1.$$

Es ist also in diesem Fall nur eine Anfangsbedingung frei wählbar.

Für den Praktiker scheint diese Beschränkung zu einem unüberwindlichen Widerspruch zu führen; liegen doch meist aus technischen Gründen die Anfangsbedingungen fest.

Der Widerspruch löst sich ähnlich wie in Beispiel 3–33. Die Anfangsbedingungen sind in der Technik dadurch bestimmt, daß für $t < 0$ das System einen ganz bestimmten Zustand angenommen hat. Wir kennzeichnen diesen Tatbestand am besten, daß wir diese Anfangsbedingungen mit $x_1(-0)$, $x_2(-0)$, $\dot{x}_1(-0)$, $\dot{x}_2(-0)$ usw. bezeichnen.

Die sich aus den Lösungen des Dgl.-Systems ergebenden Werte für die Anfangszustände dagegen ergeben sich aus dem Verhalten der Funktionen und ihrer Ableitungen für $t > 0$. Wir wollen diese Anfangszustände mit $x_1(+0)$, $x_2(+0)$, $\dot{x}_1(+0)$, $\dot{x}_2(+0)$ usw. bezeichnen.

Ist der Grad der Hauptdeterminante gleich der Zahl der Anfangsbedingungen, so ist in jedem Fall $x_k^{(\nu)}(+0) = x_k^{(\nu)}(-0)$. Dagegen kann im anderen Fall die eine oder andere Funktion oder ihre Ableitungen sich bei $t = 0$ sprunghaft ändern, so daß $x_k^{(\nu)}(-0) \neq x_k^{(\nu)}(+0)$ ist.

Man kann also unbedenklich in jedem Fall mit den vorgegebenen Anfangsbedingungen rechnen. Die daraus entspringenden Lösungen des Dgl.-Systems beschreiben exakt den Zustand des Systems für alle Zeiten.

Um diesen Sachverhalt an einem weiteren Beispiel klarzumachen, gehen wir noch einmal zum Beispiel 4–16 zurück. Daß das Dgl.-System anomal ist, sehen wir an folgendem: Das Dgl.-System ist von zweiter Ordnung, da die höchste Ableitung, die vorkommt, von zweiter Ordnung ist. Das System besteht aus drei gekoppelten Dgl.. Der Grad der Hauptdeterminante könnte also maximal vom sechsten Grad in s sein. Weil die Hauptdeterminante den Grad zwei hat, ist das System anomal.

Wir nehmen nun in unserem Beispiel an, daß das System für $t < 0$ in Ruhe ist, daß also $\dot{x}_1(-0) = x_1(-0) = x_2(-0) = x_3(-0) = 0$ ist. Wir können dann nicht erwarten, daß die Lösungsfunktionen $x_1(t)$, $x_2(t)$, $x_3(t)$, die wir aus dem Dgl.-System gewinnen werden, für $t = 0$ verschwinden werden. ∎

▼ **4–18** Lösen Sie das Dgl.-System des Beispiels 4–16 mit den Anfangsbedingungen

$$\dot{x}_1(0) = x_1(0) = x_2(0) = x_3(0) = 0.$$

Lösung

Wir transformieren das Dgl.-System in den Bildraum und erhalten:

$$(s + 1)^2\, X_1(s) + 2s\, X_2(s) + 3s\, X_3(s) = \frac{1}{s}$$

$$s\, X_1(s) \qquad\qquad + \quad X_3(s) = 0$$

$$X_1(s) - \quad s\, X_2(s) - \quad s\, X_3(s) = 0.$$

Aus diesem algebraischen Gleichungssystem ergeben sich die Bildfunktionen:

$$X_1(s) = \frac{1}{2}\,\frac{1}{s(s+3/2)} = \frac{1}{3}\,\frac{1}{s} - \frac{1}{3}\,\frac{1}{s+3/2}$$

$$X_2(s) = \frac{(s^2+1)\,1/s}{2s(s+3/2)} = \frac{1}{3}\,\frac{1}{s^2} - \frac{2}{9}\,\frac{1}{s} + \frac{13}{18}\,\frac{1}{s+3/2}$$

$$X_3(s) = \frac{-s}{2s(s+3/2)} = -\frac{1}{2}\,\frac{1}{s+3/2}\,.$$

Die Rücktransformation ergibt:

$$x_1(t) = \frac{1}{3} - \frac{1}{3}\,e^{-(3/2)t}$$

$$x_2(t) = \frac{1}{3}\,t - \frac{2}{9} + \frac{13}{18}\,e^{-(3/2)t}$$

$$x_3(t) = -\frac{1}{2}\,e^{-(3/2)t}\,.$$

Der Leser überzeuge sich durch Einsetzen der Funktionen und ihrer Ableitungen, daß das
Dgl.-System erfüllt ist. Die Lösungsfunktionen sind aber außer $x_1(t)$ alle zur Zeit $t = 0$
unstetig:

$$\dot{x}_1(+0) = \frac{1}{2}, \qquad x_1(+0) = 0, \qquad x_2(+0) = \frac{1}{2}, \qquad x_3(+0) = -\frac{1}{2}\,.$$

4.2.3 Elektrische Vierpole

Man nennt ein System von elektrischen Kreisen einen *Vierpol,* wenn das System zwei
Klemmen hat, an denen man eine äußere Spannung $u_e(t)$ anlegen kann, und wenn es
zwei Klemmen hat, an denen man eine Spannung $u_a(t)$ abgreifen kann.
Gewöhnlich interessiert man sich für die Form der Ausgangsspannung $u_a(t)$, wenn eine bestimmte Spannung $u_e(t)$ am Eingang liegt.
Die Untersuchung von Vierpolen führt auf Dgl.-Systeme, die auf um so umfangreichere
Rechenarbeit führen, je mehr elektrische Kreise der Vierpol enthält. Wir wollen hier nur
relativ einfache Beispiele durchrechnen, aus denen man dennoch das Wesentliche der Vier-
poltheorie erkennen kann.
Vorher wollen wir an einem etwas komplizierterem Beispiel zeigen, wie man bei der Behandlung eines Vierpols auf ein Dgl.-System oder — was für die Methode der Laplace-
Transformation unwesentlich ist — auf ein System von Integro-Dgl. geführt wird. Wir betrachten folgenden Vierpol (s. Bild 4.36)
Die Rundpfeile sollen die Richtung der Ströme in den einzelnen Stromkreisen andeuten.
Durch die Spule L fließt z.B. der Strom $i_1(t) - i_3(t)$ vom ersten Stromkreis aus betrachtet;
der Strom $i_3(t) - i_1(t)$ vom dritten Stromkreis aus betrachtet.

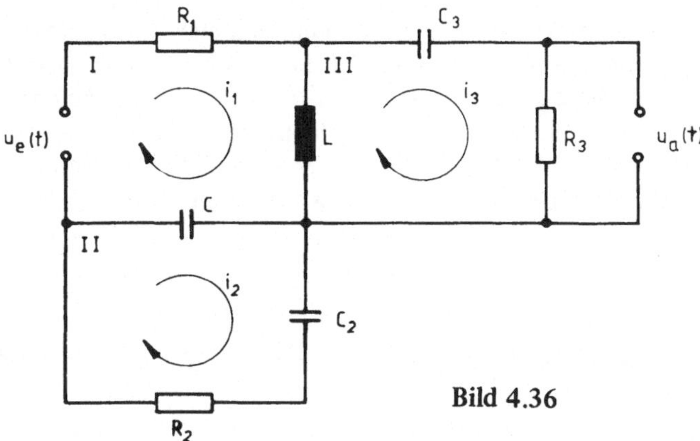

Bild 4.36

Wir können nun ohne Schwierigkeit unter Benutzung des zweiten Kirchhoffschen Gesetzes für jeden Stromkreis die Dgl. bzw. die Integro-Dgl. aufstellen. Wir erhalten so folgendes Gleichungssystem:

$$R_1 i_1(t) + L\left(\frac{d}{dt}i_1(t) - \frac{d}{dt}i_3(t)\right) + \frac{1}{C_1}\int\limits_{-\infty}^{t}(i_1(\tau) - i_2(\tau))\,d\tau = u_e(t)$$

$$R_2 i_2(t) + \frac{1}{C_2}\int\limits_{-\infty}^{t}i_2(\tau)\,d\tau + \frac{1}{C_1}\int\limits_{-\infty}^{t}(i_2(\tau) - i_1(\tau))\,d\tau = 0$$

$$R_3 i_3(t) + \frac{1}{C_3}\int\limits_{-\infty}^{t}i_3(\tau)\,d\tau + L\left(\frac{1}{dt}i_3(t) - \frac{d}{dt}i_1(t)\right) = 0$$

$$-R_3 i_3(t) = -u_a(t).$$

Nehmen wir noch an, daß der Vierpol zur Zeit $t = 0$ energielos ist, so sind alle Ströme und ihre Änderungen zur Zeit $t = -0$ Null.

Die Transformation in den Bildraum ergibt dann:

$$R_1 I_1(s) + sL(I_1(s) - I_3(s)) + \frac{1}{C_1 s}(I_1(s) - I_2(s)) = U_e(s)$$

$$R_2 I_2(s) + \frac{1}{C_2 s}I_2(s) + \frac{1}{C_1 s}(I_2(s) - I_1(s)) = 0$$

$$R_3 I_3(s) + \frac{1}{C_3 s}I_3(s) + sL(I_3(s) - I_1(s)) = 0$$

$$-R_3 I_3(s) + U_a(s) = 0.$$

Wir brechen die Rechnung an dieser Stelle ab, weil sie zu umfangreich würde. Sie bietet aber keine grundsätzlichen Schwierigkeiten. An dieser Stelle wollen wir noch einmal auf den Vorteil der Methode der Laplace-Transformation hinweisen. Da wir nur an der Ausgangsspannung $u_a(t)$ interessiert sind, benötigen wir nur die Hauptdeterminante D des algebraischen Systems und die Determinante $D_{U_a(s)}$. Im Gegensatz zu der üblichen Methode können wir uns die mühsame — für uns überflüssige — Berechnung der Ströme $i_1(t)$, $i_2(t)$, $i_3(t)$ ersparen.

Beispiele

▼ **4–19** Berechnen Sie die Ausgangsspannung $u_a(t)$ des in Bild 4.37 skizzierten Vierpols, wenn die Eingangsspannung $u_e(t)$

    a) beliebig ist,
    b) $u_e(t) = U_0\, u(t)$,
    c) $u_e(t) = A\, \delta(t)$,
    d) $u_e(t) = U_0 \sin(\omega t)$ ist.

Zur Zeit $t = 0$ sei der Vierpol energielos.

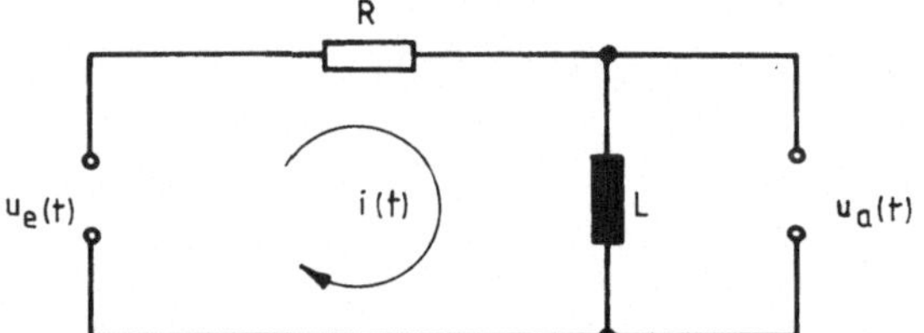

Bild 4.37

Lösung

a) Nach dem zweiten Kirchhoffschen Gesetz ist:

$$R\, i(t) + L\, \frac{d}{dt}\, i(t) = u_e(t)$$

$$-L\, \frac{d}{dt}\, i(t) = -u_a(t).$$

Wir transformieren die Dgl. in den Bildraum und erhalten:

$$R\, I(s) + Ls\, I(s) = \mathcal{L}\{u_e(t)\} = U_e(s)$$

$$-Ls\, I(s) = -U_a(s).$$

Da wir uns nur für $U_a(s)$ interessieren, könnten wir aus der zweiten Gleichung $I(s)$ ausrechnen und in die erste Gleichung einsetzen. Der Allgemeinheit wegen wollen wir aber die Determinantenmethode anwenden. Wir formen die Gleichungen zu diesem Zweck etwas um:

$$(Ls + R)\, I(s) \qquad = U_e(s)$$

$$Ls\, I(s) - U_a(s) = 0.$$

162

$$D = \begin{vmatrix} Ls + R & 0 \\ Ls & -1 \end{vmatrix} = -L\left(s + \frac{R}{L}\right)$$

$$D_{U_a(s)} = \begin{vmatrix} Ls + R & U_e(s) \\ Ls & 0 \end{vmatrix} = -U_e(s)\,Ls.$$

Damit ist die gesuchte Bildfunktion der Ausgangsspannung:

$$U_a(s) = \frac{D_{U_a(s)}}{D} = U_e(s)\,\frac{s}{s + (R/L)}. \tag{a}$$

Hier tritt eine Schwierigkeit auf. Wir können zu $\frac{s}{s + (R/L)}$ keine Originalfunktion finden, da die Bildfunktionen regulärer Originalfunktionen mit $s \to \infty$ gegen Null konvergieren, diese aber den Grenzwert 1 hat (s. Abschnitt 1.6).

Wir können also nicht, um zur Lösung zu kommen, direkt den Faltungssatz anwenden, weil uns eine Originalfunktion fehlt. Wir wissen aber, daß sich eine solche unechte gebrochene Funktion in eine ganze und eine echt gebrochene Funktion zerlegen läßt. Durch Division erhalten wir:

$$\begin{array}{l} s \\ \underline{-(s + R/L)} \\ -R/L \end{array} : (s + R/L) = 1 - \frac{R}{L}\,\frac{1}{s + R/L}.$$

Damit können wir die Bildfunktion $U_a(s)$ in folgender Form schreiben:

$$U_a(s) = U_e(s) - \frac{R}{L}\,\frac{1}{s + R/L}\,U_e(s).$$

Mit Hilfe des Faltungssatzes (2.8) ist nun die Rücktransformation in den Originalraum ohne weiteres möglich:

$$u_a(t) = u_e(t) - \frac{R}{L}\,e^{-(R/L)t} \star u_e(t) = u_e(t) - \frac{R}{L}\int_0^t e^{-(R/L)(t-\tau)}\,u_e(\tau)\,d\tau$$

$$u_a(t) = u_e(t) - \frac{R}{L}\,e^{-(R/L)t}\int_0^t e^{(R/L)\tau}\,u_e(\tau)\,d\tau \tag{b}$$

$$u_a(t) = u_e(t) - \frac{R}{L}\int_0^t u_e(t-\tau)\,e^{-(R/L)\tau}\,d\tau. \tag{c}$$

b) Wir verwenden mit Vorteil die eben abgeleitete Gleichung (c) und beachten, daß im Integrationsbereich $u(t-\tau) = 1$ ist.

Wir erhalten:

$$u_a(t) = U_0 - \frac{R}{L} U_0 \int_0^t 1 \cdot e^{-(R/L)\tau} \, d\tau = U_0 + U_0 \, e^{-(R/L)\tau} \Big|_0^t = U_0 + U_0 \, e^{-(R/L)t} - U_0$$

$$u_a(t) = U_0 \, e^{-(R/L)t}.$$

Das Ergebnis ist plausibel. Beim Einschalten der Spannung $u_e(t) = U_0$ zur Zeit $t = 0$ ändert sich der Strom, der durch die Spule fließt, sehr stark. Dadurch wird in ihr eine hohe Gegenspannung induziert. Im Laufe der Zeit wird der Strom konstant und damit fällt an der Spule, die keinen ohmschen Widerstand haben soll, keine Spannung mehr ab.

c) Wir verwenden die Gleichung (b) und erhalten:

$$u_a(t) = A \, \delta(t) - \frac{AR}{L} \, e^{-(R/L)t} \int_0^t e^{(R/L)\tau} \delta(\tau) \, d\tau.$$

Wegen $\displaystyle\int_{-\infty}^{\infty} f(\tau) \, \delta(\tau) \, d\tau = f(0)$ erhalten wir

$$u_a(t) = A \, \delta(t) - A \, \frac{R}{L} \, e^{-(R/L)t}.$$

d) In diesem Falle wird die Rechenarbeit geringer, wenn wir $\mathcal{L}\{U_0 \sin(\omega t)\} = U_0 \omega \, \frac{1}{s^2 + \omega^2}$ direkt in Gleichung (a) einsetzen.
Wir erhalten dann:

$$U_a(s) = U_0 \, \omega \, \frac{s}{(s^2 + \omega^2)(s + R/L)}. \tag{d}$$

Wir zerlegen die rationale Funktion teilweise in Partialbrüche:

$$\frac{s}{(s^2 + \omega^2)(s + R/L)} = \frac{1}{R^2 + \omega^2 L^2} \left(RL \, \frac{s}{s^2 + \omega^2} + \omega L^2 \, \frac{\omega}{s^2 + \omega^2} - RL \, \frac{1}{s + R/L} \right).$$

Setzen wir dieses Ergebnis in Gleichung (d) ein, so erhalten wir:

$$u_a(t) = U_0 \, \frac{L\omega}{R^2 + \omega^2 L^2} \, (R \cos(\omega t) + L\omega \sin(\omega t) - R \, e^{-(R/L)t}). \qquad \bullet \tag{e}$$

Um einen übersichtlichen Vergleich zwischen der Eingangsspannung $u_e(t)$ und der Ausgangsspannung $u_a(t)$ zu bekommen, verwandeln wir die ersten beiden Summanden der Gleichung (e) in eine Sinusfunktion.
Wir setzen an:

$$L\omega \sin(\omega t) + R \cos(\omega t) = A \sin(\omega t + \phi). \tag{f}$$

164

Wegen

$$A \sin(\omega t + \phi) = A \cos(\phi) \sin(\omega t) + A \sin(\phi) \cos(\omega t)$$

erhalten wir:

$$A \cos(\phi) \sin(\omega t) + A \sin(\phi) \cos(\omega t) = L\omega \sin(\omega t) + R \cos(\omega t).$$

Wir schließen ähnlich wie beim Koeffizientenvergleich ganzer rationaler Funktionen: Da die Gleichung für alle t gelten soll, müssen die Koeffizienten von $\sin(\omega t)$ bzw. $\cos(\omega t)$ auf beiden Seiten der Gleichung gleich sein.

$$A \cos(\phi) = L\omega \qquad \text{und} \qquad A \sin(\phi) = R.$$

Aus diesen beiden Gleichungen berechnen wir A und ϕ.
Dazu quadrieren wir die Gleichungen und addieren:

$$A^2 (\cos^2(\phi) + \sin^2(\phi)) = L^2 \omega^2 + R^2 \qquad \text{oder:}$$

$$A = \sqrt{R^2 + L^2 \omega^2}.$$

Wir dividieren beide Gleichungen und erhalten:

$$\tan(\phi) = \frac{R}{L\omega} \qquad \text{oder} \qquad \phi = \arctan\left(\frac{R}{L\omega}\right).$$

Wir bemerken noch, daß wegen $\sin(\phi) > 0$ und $\cos(\phi) > 0$ ϕ Werte zwischen 0 und $\pi/2$ annehmen kann.
Setzen wir $A = \sqrt{R^2 + L^2 \omega^2}$ in Gleichung (f) ein, so erhalten wir:

$$L\omega \sin(\omega t) + R \cos(\omega t) = \sqrt{R^2 + L\omega^2} \sin(\omega t + \phi).$$

Mit diesem Ausdruck ergibt sich aus Gleichung (e):

$$u_a(t) = U_0 \frac{L\omega}{\sqrt{R^2 + L^2 \omega^2}} \sin(\omega t + \phi) - U_0 \frac{RL\omega}{R^2 + L^2 \omega^2} e^{-(R/L)t}$$

mit $\phi = \arctan\left(\frac{R}{L\omega}\right).$ ∎

▼ **4–20** Berechnen Sie die Ausgangsspannung $u_a(t)$ des in Bild 4.38 skizzierten Vierpols, wenn der Vierpol zur Zeit $t = 0$ energielos ist und am Eingang folgende Spannung liegt:

a) $u_e(t)$ beliebig,
b) $u_e(t) = U_0 \sin(\omega t)$.

Berechnen Sie für den Fall b) die Phasenverschiebung.

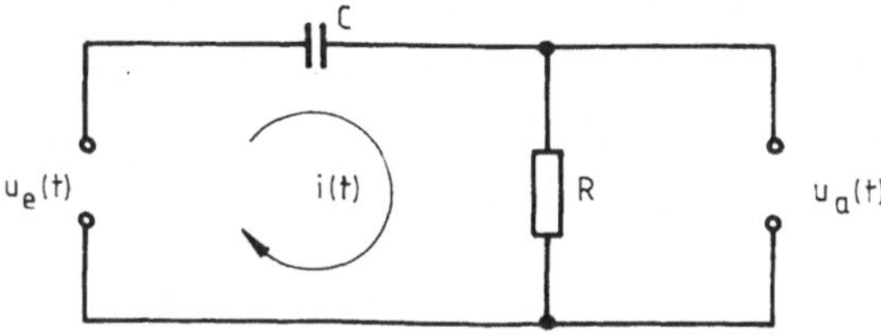

Bild 4.38

Lösung

a) Weil der Vierpol zur Zeit $t = 0$ energielos sein soll, gelten folgende Anfangsbedingungen:

$$i(0) = 0 \qquad \text{und} \qquad q(0) = \int_{-\infty}^{0} i(\tau)\, d\tau = 0.$$

Wir wenden das zweite Kirchhoffsche Gesetz an und erhalten:

$$R\, i(t) + \frac{1}{C} \int_{0}^{t} i(\tau)\, d\tau = u_e(t)$$

$$- R\, i(t) = - u_a(t).$$

Wir transformieren das Dgl.-System in den Bildraum und erhalten:

$$R\, I(s) + \frac{1}{Cs} I(s) = U_e(s) \tag{a}$$

$$R\, I(s) = U_a(s). \tag{b}$$

Wir berechnen $I(s)$ aus Gleichung (b) und setzen den gewonnenen Ausdruck in Gleichung (a) ein. Wir erhalten dann:

$$\left(R + \frac{1}{Cs} \right) \frac{U_a(s)}{R} = U_e(s).$$

Wir stellen nach $U_a(s)$ um:

$$U_a(s) = \frac{RCs\, U_e(s)}{1 + RCs} = \frac{s}{s + 1/RC}\, U_e(s). \tag{c}$$

Durch Division erhalten wir:

$$U_a(s) = \left(1 - \frac{1}{RC} \frac{1}{s + 1/RC} \right) U_e(s).$$

Die Rücktransformation mit Hilfe des Faltungssatzes (2.8) ergibt:

$$u_a(t) = u_e(t) - \frac{1}{RC}\, u_e(t) \star e^{-(1/RC)t} =$$

$$u_a(t) = u_e(t) - \frac{1}{RC}\, e^{-(1/RC)t} \int_{0}^{t} e^{(1/RC)\tau}\, u_e(\tau)\, d\tau.$$

b) Wir gehen auf Gleichung (c) zurück und ersetzen dort $U_e(s)$ durch

$$\mathcal{L}\{U_0 \sin(\omega t)\} = U_0\, \frac{\omega}{s^2 + \omega^2}.$$

Dann ist

$$U_a(s) = U_0 \, \frac{s}{s + 1/RC} \, \frac{\omega}{s^2 + \omega^2} \, .$$

Wir zerlegen $U_a(s)$ teilweise in Partialbrüche:

$$\frac{U_0 \omega s}{(s + 1/RC)(s^2 + \omega^2)} = \frac{A}{s + 1/RC} + \frac{B_1 s + B_2}{s^2 + \omega^2} \, .$$

Durch Koeffizientenvergleich erhalten wir:

$$U_a(s) = -U_0 \, \frac{RC\omega}{1 + R^2 C^2 \omega^2} \, \frac{1}{s + 1/RC} + U_0 \, \frac{RC\omega}{1 + R^2 C^2 \omega^2} \, \frac{s}{s^2 + \omega^2}$$

$$+ U_0 \, \frac{R^2 C^2 \omega^2}{1 + R^2 C^2 \omega^2} \, \frac{\omega}{s^2 + \omega^2} \, .$$

Durch Rücktransformation erhalten wir die Originalfunktion:

$$u_a(t) = -U_0 \, \frac{RC\omega}{1 + R^2 C^2 \omega^2} \, e^{-(1/RC)t} + U_0 \, \frac{RC\omega}{1 + R^2 C^2 \omega^2} \cos(\omega t)$$

$$+ U_0 \, \frac{R^2 C^2 \omega^2}{1 + R^2 C^2 \omega^2} \sin(\omega t) .$$

Drücken wir wieder, wie in Beispiel 4–19 d, die Summe der trigonometrischen Funktionen durch eine phasenverschobene Sinusfunktion aus, so erhalten wir:

$$u_a(t) = U_0 \, \frac{RC\omega}{\sqrt{1 + R^2 C^2 \omega^2}} \sin(\omega t + \phi) - U_0 \, \frac{RC\omega}{1 + R^2 C^2 \omega^2} \, e^{-(1/RC)t}$$

mit $\phi = \arctan\left(\frac{1}{RC\omega}\right)$.

Wählen wir speziell $\omega = \frac{1}{RC}$, dann erhalten wir:

$$u_a(t)_{\omega \, = \, 1/RC} = \frac{U_0}{\sqrt{2}} \sin\left((1/RC)\, t + \pi/4\right) - \frac{U_0}{2} \, e^{-(1/RC)t} .$$

Für die Frequenz $\omega = 1/RC$ ist die Ausgangsspannung $u_a(t)_{\omega \, = \, 1/RC}$ um $\pi/4$ gegen die Eingangsspannung $u_e(t)$ phasenverschoben. ∎

▼ **4–21** Berechnen Sie die Ausgangsspannung $u_a(t)$ des in Bild 4.39 skizzierten Vierpols mit den Anfangsbedingungen

$$q(0) = \int_{-\infty}^{0} i(t) \, dt = 0 \qquad \text{und} \qquad i(0) = 0.$$

a) Die Eingangsspannung $u_e(t)$ ist beliebig,
b) $u_e(t) = U_0 \, u(t)$,
c) $u_e(t) = A \, \delta(t)$.

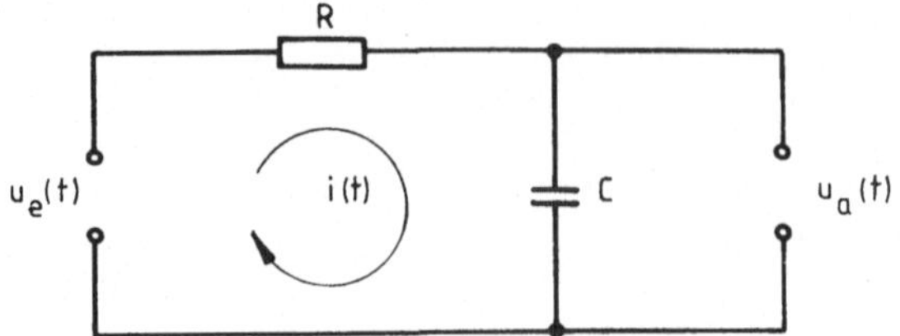

Bild 4.39

Lösung

a) Der Lösungsweg ist im wesentlichen der gleiche wie in den beiden vorhergehenden Beispielen. Der geübte Leser wird sofort das algebraische Gleichungssystem im Bildraum hinschreiben.

$$R\,I(s) + \frac{1}{Cs}\,I(s) = U_e(s)$$

$$\frac{1}{Cs}\,I(s) - U_a(s) = 0.$$

Durch Elimination von $I(s)$ erhalten wir:

$$U_a(s) = \frac{1}{RCs + 1}\,U_e(s) = \frac{1}{RC}\,\frac{1}{s + 1/RC}\,U_e(s). \tag{a}$$

Die Lösung des Gleichungssystems lautet dann:

$$u_a(t) = \frac{1}{RC}\,e^{-(1/RC)t} \star u_e(t) = \frac{1}{RC}\,e^{-(1/RC)t} \int\limits_0^t e^{(1/RC)\tau}\,u_e(\tau)\,d\tau. \tag{b}$$

b) Setzen wir $u_e(t) = U_0\,u(t)$ in Gleichung (b) ein, so erhalten wir:

$$u_a(t) = U_0\,\frac{1}{RC}\,e^{-(1/RC)t} \int\limits_0^t e^{(1/RC)\tau}\cdot 1\;d\tau = U_0\,\frac{1}{RC}\,e^{-(1/RC)t}\,RC\,e^{(1/RC)\tau}\,\Big|_0^t$$

$$= U_0\,e^{-(1/RC)t}\,(e^{(1/RC)t} - 1) = U_0\,(1 - e^{-(1/RC)t}).$$

c) Wir benutzen Gleichung (a) und erhalten wegen $U_e(s) = A\,\mathcal{L}\{\delta(t)\} = A$:

$$U_a(s) = \frac{A}{RC}\,\frac{1}{s + 1/RC}.$$

Die Originalfunktion zu dieser Bildfunktion ist:

$$u_a(t) = \frac{A}{RC}\,e^{-(1/RC)t}. \qquad\blacksquare$$

▼ **4–22** Berechnen Sie die Ausgangsspannung $u_a(t)$ des in Bild 4.40 skizzierten Vierpols. Der Vierpol soll zur Zeit $t = 0$ energielos sein. Die Eingangsspannung $u_e(t)$ sei:

a) $u_e(t)$ beliebig,
b) $u_e(t) = A\,t\,u(t)$,
c) $u_e(t) = A\,\delta(t)$.

Lösung

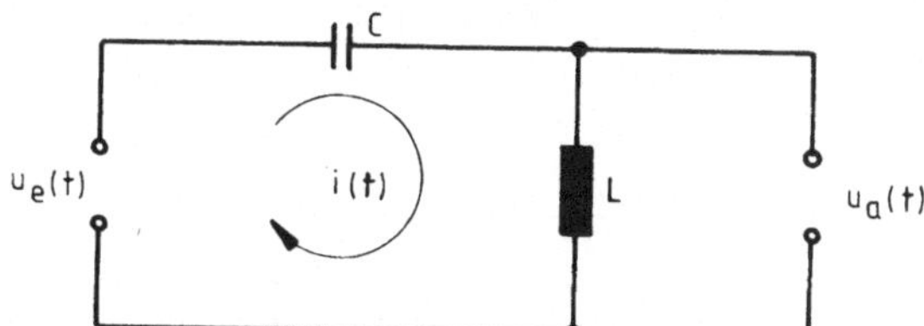

Bild 4.40

a) Das Gleichungssystem im Bildraum lautet:

$$\frac{1}{Cs}\,I(s) + Ls\,I(s) = U_e(s)$$

$$Ls\,I(s) - U_a(s) = 0.$$

Eliminierung von $I(s)$ ergibt:

$$U_a(s) = \frac{LCs^2}{LCs^2 + 1}\,U_e(s) = \frac{s^2}{s^2 + 1/LC}\,U_e(s).$$

Wir dividieren und erhalten:

$$\frac{s^2}{s^2 + 1/LC} = 1 - \frac{1}{LC}\,\frac{1}{s^2 + 1/LC}\,.$$

Die Bildfunktion lautet damit:

$$U_a(s) = U_e(s) - \frac{1}{\sqrt{LC}}\,\frac{1/\sqrt{LC}}{s^2 + 1/LC}\,U_e(s). \tag{a}$$

Die Rücktransformation in den Originalraum ergibt dann:

$$u_a(t) = u_e(t) - \frac{1}{\sqrt{LC}}\,\sin\left((1/\sqrt{LC})\,t\right) \star u_e(t)$$

$$u_a(t) = u_e(t) - \frac{1}{\sqrt{LC}}\int_0^t u_e(t-\tau)\,\sin\left((1/\sqrt{LC})\,\tau\right)\,d\tau. \tag{b}$$

b) Setzen wir $u_e(t) = A\,t\,u(t)$ in Gleichung (b) ein, so erhalten wir:

$$u_a(t) = A\,t - \frac{A}{\sqrt{LC}}\int_0^t (t-\tau)\,\sin\left((1/\sqrt{LC})\,\tau\right)\,d\tau$$

$$\stackrel{\text{p.I.}}{=} A\,t + \frac{A}{\sqrt{LC}}\,\sqrt{LC}\,(t-\tau)\,\cos\left((1/\sqrt{LC})\,\tau\right)\Big|_0^t + A\int_0^t \cos\left((1/\sqrt{LC})\,\tau\right)\,d\tau$$

$$= A\,t - A\,t + A\,\sqrt{LC}\,\sin\left((1/\sqrt{LC})\,\tau\right)\Big|_0^t = A\,\sqrt{LC}\,\sin\left((1/\sqrt{LC})\,t\right).$$

c) Wir setzen $U_e(s) = \mathcal{L}\{A\,\delta(t)\} = A$ in Gleichung (a) ein und erhalten sofort:

$$U_a(s) = A\left(1 - \frac{1}{\sqrt{LC}}\,\frac{1/\sqrt{LC}}{s^2 + 1/LC}\right).$$

Die Originalfunktion ist dann:

$$u_a(t) = A\left(\delta(t) - \frac{1}{\sqrt{LC}}\sin((1/\sqrt{LC})\,t)\right).\qquad\blacksquare$$

▼ **4–23** Berechnen Sie die Ausgangsspannung $u_a(t)$ des in Bild 4.41 skizzierten Vierpols. Die Anfangsbedingungen sind $q(0) = i(0) = 0$.

    a) $u_e(t)$ beliebig,
    b) $u_e(t) = U_0\,u(t)$,
    c) $u_e(t) = U_0\,\delta(t)$.

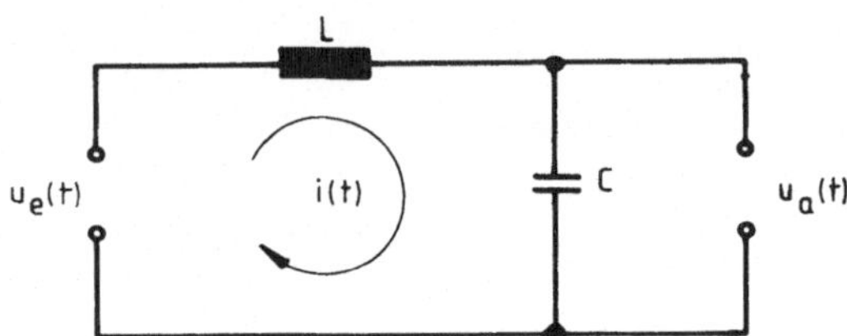

Bild 4.41

Lösung

a) Die Übertragung des Dgl.-Systems in den Bildraum ergibt

$$\frac{1}{Cs}\,I(s) + sL\,I(s) = U_e(s)$$

$$\frac{1}{Cs}\,I(s) - U_a(s) = 0.$$

Durch Eliminieren von $I(s)$ erhalten wir:

$$\left(\frac{1}{Cs} + sL\right)sC\,U_a(s) = U_e(s)\qquad\text{oder:}$$

$$U_a(s) = \frac{1}{LCs^2 + 1}\,U_e(s) = \frac{1}{\sqrt{LC}}\,\frac{1/\sqrt{LC}}{s^2 + 1/LC}\,U_e(s).$$

Die Rücktransformation ergibt:

$$u_a(t) = \frac{1}{\sqrt{LC}}\int_0^t u_e(t-\tau)\sin(1/\sqrt{LC})\,\tau\,d\tau.\qquad\text{(a)}$$

b) Wir setzen $u_e(t) = U_0$ in Gleichung (a) ein und erhalten:

$$u_a(t) = \frac{U_0}{\sqrt{LC}}\int_0^t 1\cdot\sin((1/\sqrt{LC})\,\tau)\,d\tau = -\,U_0\cos((1/\sqrt{LC})\,\tau)\,\Big|_0^t$$

$$= U_0\{1 - \cos((1/\sqrt{LC})\,t)\} = 2U_0\sin^2((1/2\sqrt{LC})\,t).$$

Das letzte Ergebnis erhält man wegen

$$1 - \cos(\alpha) = 1 - \cos(\alpha/2 + \alpha/2) = 1 - (\cos^2(\alpha/2) - \sin^2(\alpha/2)) = 2\sin^2(\alpha/2).$$

c) Wir benutzen wieder Gleichung (a) und erhalten:

$$u_a(t) = \frac{U_0}{\sqrt{LC}} \int_0^t \delta(t - \tau) \sin((1/\sqrt{LC})\,\tau)\,d\tau.$$

Daraus erhalten wir wegen $\displaystyle\int_{-\infty}^{\infty} f(\tau)\,\delta(t - \tau)\,d\tau = f(t)$:

$$u_a(t) = \frac{U_0}{\sqrt{LC}} \sin((1/\sqrt{LC})\,t).$$

∎

Wir haben in den Beispielen 4–19 bis 4–23 einige einfache aber wichtige Vierpole kennengelernt. Suchen wir das Gemeinsame an allen diesen Beispielen, so stellen wir fest, daß im Bildraum in allen Fällen zwischen der Ausgangsfunktion $U_a(s)$ und der Eingangsfunktion $U_e(s)$ ein einfacher Zusammenhang besteht:

$$U_a(s) = R(s)\,U_e(s).$$

$R(s)$ ist eine rationale Funktion in s, die nur von Elementen des Vierpols abhängt, also unabhängig von der Art der Eingangsfunktion $u_e(t)$ ist. Man nennt in der Elektrotechnik die Funktion $R(s)$ die *Übertragungsfunktion* oder den *Übertragungsfaktor*.
Wie man sich leicht überlegt, gilt dieser einfache Zusammenhang auch für Vierpole, die aus beliebig vielen elektrischen Kreisen (Maschen) der betrachteten Art bestehen. Denn immer entsteht im Bildraum ein lineares Gleichungssystem mit n Gleichungen, aus denen die $(n-1)$ unbekannten Ströme $I_\nu(s)$ $(\nu = 1, 2, \ldots, n-1)$ und die Ausgangsfunktion $U_a(s)$ berechnet werden können.
Die Möglichkeit, einen Vierpol mathematisch durch ein lineares Gleichungssystem beschreiben zu können, bildet auch den Schlüssel für die Behandlung von Vierpolen mit Hilfe der Matrizenrechnung.
Im Originalraum dagegen ist der Zusammenhang zwischen Eingangsfunktion und „Übertragungsfunktion" erheblich schwieriger und läßt sich nur durch ein Faltungsintegral ausdrücken:

$$u_a(t) = \mathcal{L}^{-1}\{R(s)\} * u_e(t).$$

▼ **4–24** a) Berechnen Sie die Bildfunktion $U_a(s)$ des in Bild 4.42 skizzierten Vierpols. Der Vierpol sei zur Zeit $t = 0$ energielos.
b) Diskutieren Sie die Bildfunktion im Hinblick darauf, daß man durch Einbau eines aktiven Gliedes in den Vierpol einen Sinusgenerator erhalten kann.

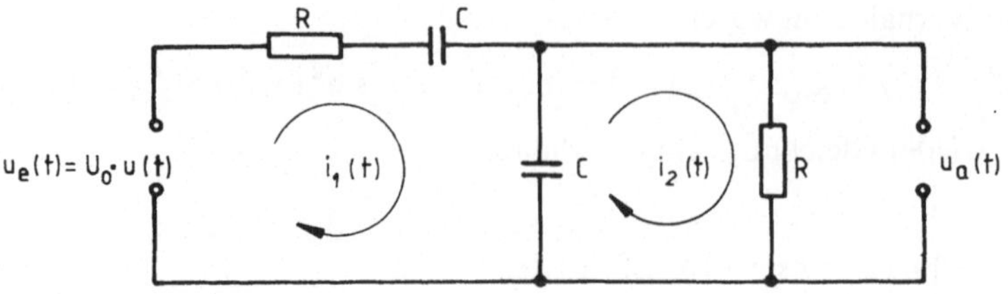

Bild 4.42

Lösung

a) Das Gleichungssystem im Bildraum lautet:

$$R\,I_1(s) + \frac{1}{Cs}\,I_1(s) + \frac{1}{Cs}\,(I_1(s) - I_2(s)) = \frac{U_0}{s}$$

$$\frac{1}{Cs}\,(I_2(s) - I_1(s)) + R\,I_2(s) = 0$$

$$-R\,I_2(s) = -U_a(s).$$

Wir ordnen das System und erhalten:

$$(R + 2/Cs)\,I_1(s) - \frac{1}{Cs}\,I_2(s) = U_0\,\frac{1}{s}$$

$$-\frac{1}{Cs}\,I_1(s) + (R + 1/Cs)\,I_2(s) = 0$$

$$R\,I_2(s) - U_a(s) = 0.$$

Zur Berechnung von $U_a(s)$ wenden wir die Determinantenmethode an:

$$D = \begin{vmatrix} R + \dfrac{2}{Cs} & -\dfrac{1}{Cs} & 0 \\[2ex] -\dfrac{1}{Cs} & R + \dfrac{1}{Cs} & 0 \\[2ex] 0 & R & -1 \end{vmatrix} = -\left(R + (2/Cs)\right)\left(R + (1/Cs)\right) + \frac{1}{C^2 s^2}$$

$$= -\frac{R^2 C^2 s^2 + 3RCs + 1}{C^2 s^2}\,.$$

$$D_{U_a(s)} = \begin{vmatrix} R + \dfrac{2}{Cs} & -\dfrac{1}{Cs} & U_0\,\dfrac{1}{s} \\[2ex] -\dfrac{1}{Cs} & R + \dfrac{1}{Cs} & 0 \\[2ex] 0 & R & 0 \end{vmatrix} = -U_0\,\frac{R}{Cs^2}\,.$$

172

Damit erhalten wir:

$$U_a(s) = U_0 \frac{RC}{R^2C^2s^2 + 3RCs + 1} = U_0 \frac{1/RC}{s^2 + (3/RC)s + (1/R^2C^2)}. \qquad \text{(a)}$$

b) Wir bestimmen die Wurzeln der Nennerfunktion von Gleichung (a):

$$\alpha_{1,2} = -\frac{3}{2RC} \pm \sqrt{\frac{9-4}{4R^2C^2}} = -\frac{3}{2RC} \pm \frac{\sqrt{5}}{2RC} \cdot \alpha_1 \simeq -0,38\,\frac{1}{RC}; \quad \alpha_2 \simeq -2,62\,\frac{1}{RC}.$$

Damit wird:

$$U_a(s) = U_0 \frac{1/RC}{(s+0,38/RC)\,(s+2,62/RC)}.$$

Aus der Form der Bildfunktion — die Wurzeln liegen auf der negativen reellen Achse —
erkennen wir mit Hilfe des Dämpfungssatzes (2.5), daß die Originalfunktion $u_a(t)$ exponentiell mit wachsendem t gegen Null geht.
Könnten wir dagegen durch ein Zusatzelement erreichen, daß das Glied $(3/RC)\,s$ im Nenner
von Gleichung (a) verschwindet, so hätten wir einen Sinusgenerator; denn dann lautete
die Bildfunktion

$$U_a(s) = U_0 \frac{1/RC}{s^2 + 1/R^2C^2}; \qquad \text{(b)}$$

und die zugehörige Originalfunktion wäre

$$u_a(t) = U_0 \sin(\omega t) \qquad \text{mit} \qquad \omega = \frac{1}{RC}. \qquad \blacksquare$$

Folgendes Beispiel soll zeigen, daß es in der Tat möglich ist, einen solchen Vierpol zu bauen.
Man nennt ihn einen R-C-Generator.

▼ 4–25 In den ersten Kreis des Vierpols des Beispiels 4–24 sei eine zusätzliche Spannungsquelle $\hat{u}_e(t)$ eingebaut, die der Ausgangsspannung $u_a(t)$ proportional ist:

$$\hat{u}_e(t) = K\,u_a(t)^1).$$

Wie groß muß der Verstärkungsfaktor K gewählt werden, damit die Bildfunktion
$U_a(s)$ die Form der Gleichung (b) in Beispiel 4–24 b annimmt?

Lösung
Wir skizzieren den
veränderten Vierpol:

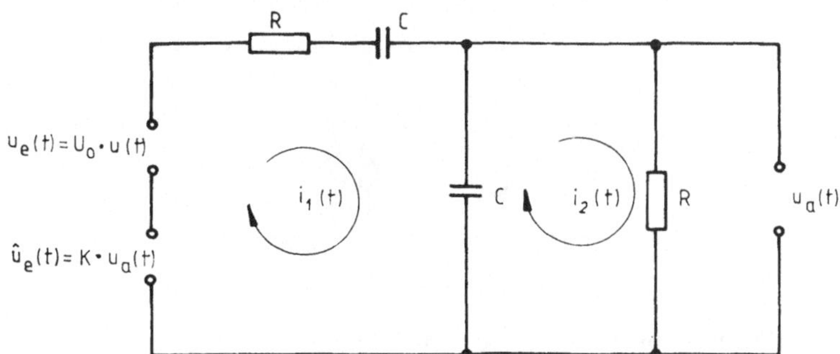

Bild 4.43

---

^{1}) Man kann sich diese Spannungsquelle als Verstärker vorstellen, der die Ausgangsspannung um den
Faktor K verstärkt.

Das Gleichungssystem im Bildraum lautet jetzt:

$$\left(R + \frac{2}{Cs}\right) I_1(s) - \frac{1}{Cs} I_2(s) - K U_a(s) = U_0 \frac{1}{s}$$

$$-\frac{1}{Cs} I_1(s) + \left(R + \frac{1}{Cs}\right) I_2(s) = 0$$

$$R I_2(s) - U_a(s) = 0.$$

Wir sehen, daß $D_{U_a(s)}$ unverändert von Beispiel 4–24 übernommen werden kann:

$$D_{U_a(s)} = - U_0 \frac{R}{Cs^2}.$$

Die Hauptdeterminante nimmt eine andere Form an:

$$D = \begin{vmatrix} R + \dfrac{2}{Cs} & -\dfrac{1}{Cs} & -K \\[2mm] -\dfrac{1}{Cs} & R + \dfrac{1}{Cs} & 0 \\[2mm] 0 & R & -1 \end{vmatrix} =$$

$$= -\left(R + \frac{2}{Cs}\right)\left(R + \frac{1}{Cs}\right) + K \frac{R}{Cs} + \frac{1}{C^2 s^2} = - \frac{R^2 C^2 s^2 + (3 - K) RCs + 1}{C^2 s^2}.$$

Wählen wir $K = 3$ so erhalten wir:

$$D = - \frac{R^2 C^2 s^2 + 1}{C^2 s^2} \qquad \text{und damit:}$$

$$U_a(s) = U_0 \frac{RC}{R^2 C^2 s^2 + 1} = U_0 \frac{1/RC}{s^2 + 1/R^2 C^2}. \qquad\blacksquare$$

▼ 4–26 Berechnen Sie die Spannung $u_a(t)$ im Sekundärkreis eines Transformators, die an einem Ohmschen Widerstand R abfällt (s. Bild 4.44).

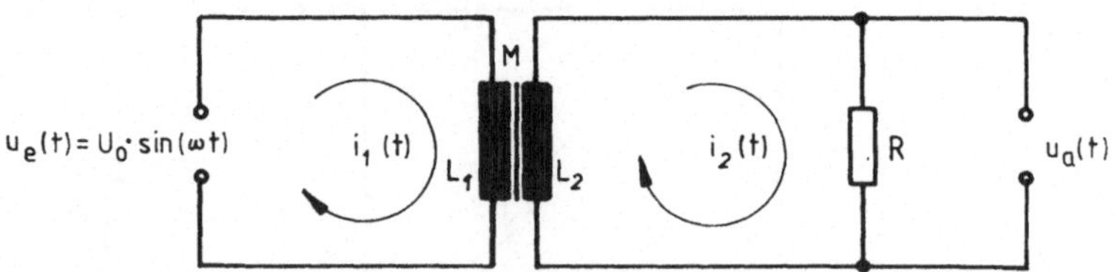

Bild 4.44

Lösung

Im Primärkreis haben wir folgende Spannungsbilanz:

$$L_1 \frac{d}{dt} i_1(t) - M \frac{d}{dt} i_2(t) = U_0 \sin(\omega t).$$

Das zweite Glied beschreibt die Fremdinduktivität, die vom Strom $i_2(t)$ im ersten Kreis verursacht wird.

Entsprechend gilt für den Sekundärkreis:

$$L_2 \frac{d}{dt} i_2(t) - M \frac{d}{dt} i_1(t) + R\, i_2(t) = 0.$$

Die dritte Gleichung lautet:

$$R\, i_2(t) - u_a(t) = 0.$$

Wir transformieren die drei Gleichungen in den Bildraum und erhalten:

$$L_1 s\, I_1(s) - \qquad Ms\, I_2(s) \qquad = U_0 \frac{\omega}{s^2 + \omega^2}$$

$$-Ms\, I_1(s) + (L_2 s + R)\, I_2(s) \qquad = 0$$

$$R\, I_2(s) - U_a(s) = 0.$$

Zur Berechnung von $U_a(s)$ wenden wir die Determinantenmethode an:

$$D = \begin{vmatrix} L_1 s & -Ms & 0 \\ -Ms & L_2 s + R & 0 \\ 0 & R & -1 \end{vmatrix} = -((L_1 L_2 - M^2)s + RL_1)s$$

$$= -(L_1 L_2 - M^2)\left(s + \frac{RL_1}{L_1 L_2 - M^2}\right) s.$$

$$D_{U_a(s)} = \begin{vmatrix} L_1 s & -Ms & U_0\, \omega \dfrac{1}{s^2 + \omega^2} \\ -Ms & L_2 s + R & 0 \\ 0 & R & 0 \end{vmatrix} = -U_0\, RMs \frac{\omega}{s^2 + \omega^2}.$$

Damit erhalten wir:

$$U_a(s) = \frac{U_0\, RM\, \omega}{L_1 L_2 - M^2} \frac{1}{(s + RL_1/(L_1 L_2 - M^2))(s^2 + \omega^2)}.$$

Setzen wir zur Abkürzung $\alpha = \dfrac{RL_1}{L_1 L_2 - M^2}$, so erhalten wir:

$$U_a(s) = U_0 \frac{M \omega \alpha}{L_1} \frac{1}{(s + \alpha)(s^2 + \omega^2)}.$$

Teilweise Partialbruchzerlegung ergibt:

$$U_a(s) = U_0 \frac{M \omega \alpha}{L_1(\omega^2 + \alpha^2)} \left(\frac{1}{s + \alpha} - \frac{s}{s^2 + \omega^2} + \frac{\alpha}{\omega} \frac{\omega}{s^2 + \omega^2} \right).$$

Die Rücktransformation in den Originalraum ergibt:

$$u_a(t) = U_0 \frac{M\omega\alpha}{L_1(\omega^2 + \alpha^2)} \left(e^{-\alpha t} - \cos(\omega t) + \frac{\alpha}{\omega} \sin(\omega t)\right).$$

Drücken wir wieder die Differenz der trigonometrischen Funktionen ähnlich wie in Beispiel 4–19 d durch eine phasenverschobene Sinusfunktion aus, so erhalten wir:

$$u_a(t) = U_0 \frac{M\alpha}{L_1\sqrt{\omega^2 + \alpha^2}} \sin(\omega t - \phi) + U_0 \frac{M\omega\alpha}{L_1(\omega^2 + \alpha^2)} e^{-\alpha t}$$

mit $\phi = \arctan(\omega/\alpha)$.

4.3 Aufgaben zu Kapitel 4

1 Eine Kugel, die sich in einer Flüssigkeit bewegt, erfährt nach dem Stokesschen Gesetz die Reibungskraft $F_R = 6\pi\eta\,rv$, wobei η die Viskosität der Flüssigkeit, r der Radius der Kugel und $v(t) = \dot{x}(t)$ die Geschwindigkeit der Kugel ist.
Berechnen Sie den Weg $x(t)$, den eine Kugel in einer Flüssigkeit unter dem Einfluß der Schwerkraft zurücklegt, wenn ihre Anfangslage $x(0) = h$ und ihre Anfangsgeschwindigkeit $\dot{x}(0) = 0$ ist.

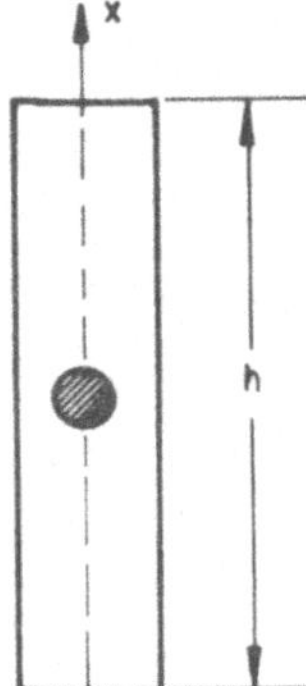

Bild 4.45

2 Ein vollkommen biegsames Seil der Länge ℓ und der Masse m gleitet reibungslos über eine Tischkante (s. Bild 4.46).

   a) Stellen Sie die Bewegungsgleichung auf und suchen Sie die Lösung der Dgl. unter der Annahme, daß zur Zeit $t = 0$ gilt: $x(0) = x_0$ und $\dot{x}(0) = 0$.

   b) Berechnen Sie den Zeitpunkt t_e, zu dem das Seilende die Tischkante verläßt.

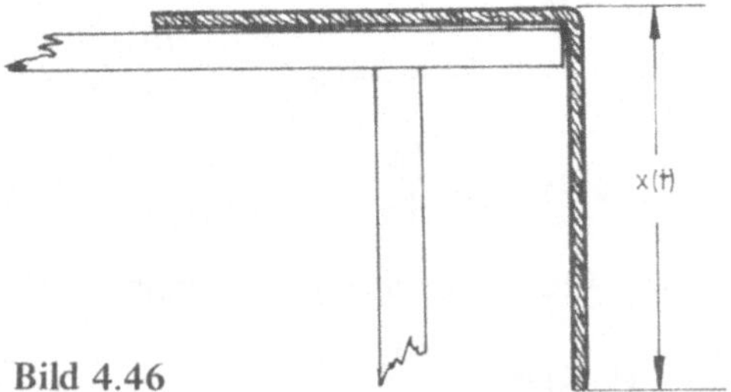

Bild 4.46

3 Ein vollkommen biegsames Seil der Länge ℓ gleitet reibungslos über ein Rundholz (s. Bild 4.47). Berechnen Sie den Zeitpunkt t_e, zu dem das Seilende das Rundholz verläßt. Das Seil soll zur Zeit $t = 0$ s in Ruhe sein und das eine Seilende soll um $2\,x_0$ m tiefer hängen als das andere.

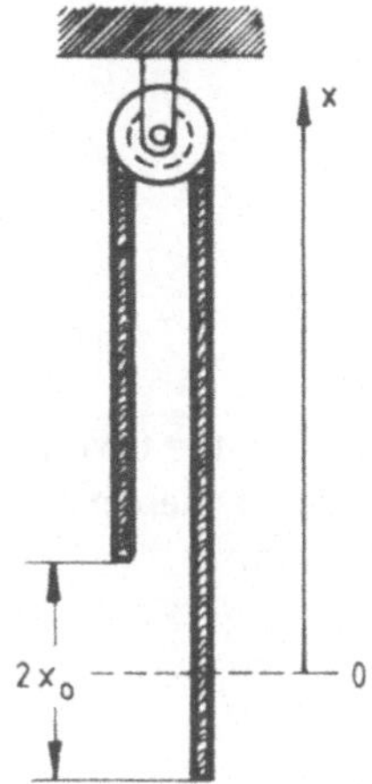

Bild 4.47

4 In einem U-Rohr befindet sich eine Flüssigkeit. Welche Bewegung führt die Flüssigkeitssäule aus, wenn zur Zeit $t = 0$ s die Höhendifferenz zwischen den beiden Säulen $2\,x_0$ m beträgt und die Flüssigkeit sich bis zu diesem Zeitpunkt in Ruhe befindet. (Die Reibung soll vernachlässigt werden.)

5 Ein einseitig fest eingespannter Balken mit konstantem Querschnitt werde, wie in Bild 4.48 veranschaulicht, belastet. Berechnen Sie die Durchbiegelinie $y\,(x)$

a) nach Gleichung (a), $\Bigr\}$ Abschnitt 4.1.3
b) nach Gleichung (b). $\Bigr\}$

Hinweis: Die Randbedingungen sind: $y\,(0) = y'\,(0) = y''\,(\ell) = y'''\,(\ell) = 0$.

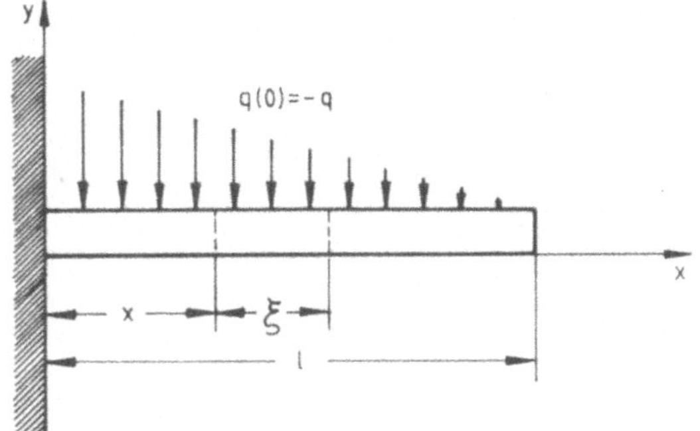

Bild 4.48

6 Berechnen Sie den zeitlichen Verlauf des Stromes i(t) des im Bild 4.49 skizzierten Stromkreises, wenn der Schalter S zur Zeit t = 0 geschlossen wird und der Kreis für t < 0 energielos ist.

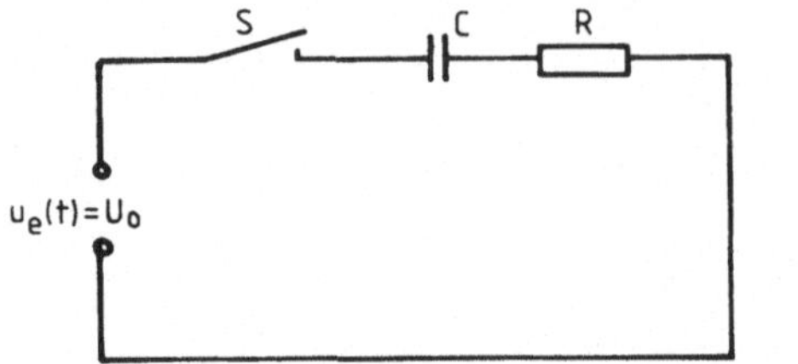

Bild 4.49

7 In dem in Bild 4.50 skizzierten Stromkreis werde der Schalter S zur Zeit t = 0 von Stellung I in Stellung II und zur Zeit t = t_1 wieder in Stellung I gebracht. Berechnen Sie den Strom i(t) und skizzieren Sie den Stromverlauf als Funktion von t.

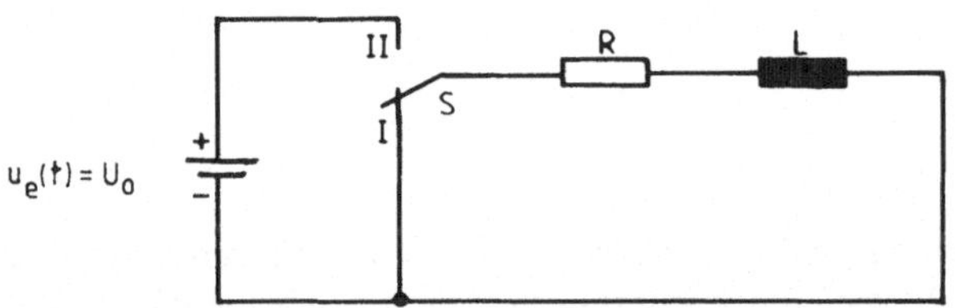

Bild 4.50

8 In dem in Bild 4.51 skizzierten Stromkreis werde der Schalter S zur Zeit t = 0 von Stellung I in Stellung II und zur Zeit t_1 wieder in Stellung I gebracht.

a) Berechnen Sie den Strom i(t) und skizzieren Sie den Stromverlauf in Abhängigkeit von der Zeit t.

b) Berechnen Sie die Spannung u(t) am Kondensator und skizzieren Sie den Spannungsverlauf in Abhängigkeit von der Zeit t.

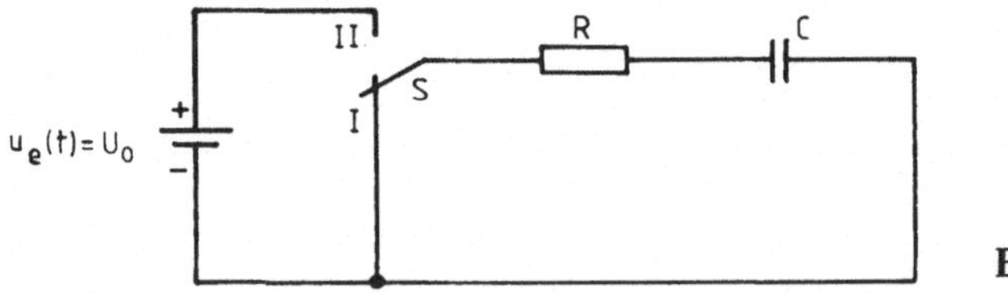

Bild 4.51

9 Berechnen Sie für $t \geq 0$ den Strom $i_2(t)$ für das in Bild 4.52 skizzierte Netzwerk, wenn

a) der Schalter S_1 geschlossen ist und der Schalter S_2 zur Zeit t = 0 geschlossen wird,

b) der Schalter S_2 geschlossen ist und der Schalter S_1 zur Zeit t = 0 geschlossen wird.

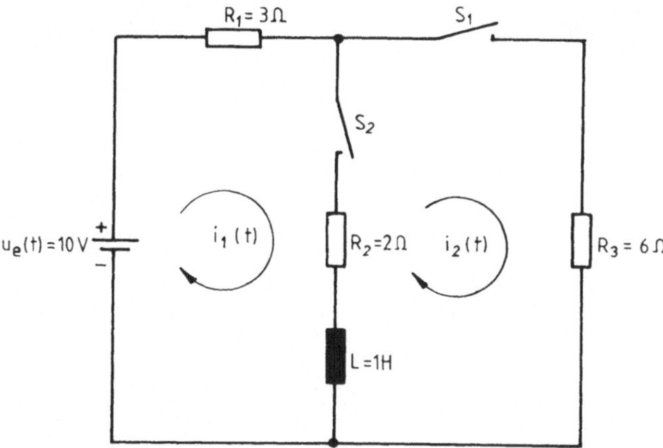

Bild 4.52

10 In einem Tank befindet sich zur Zeit $t = 0\,s$ $1\,m^3$ Salzlösung mit einem Salzgehalt von $m_1(0) = 100\,kg$. In diesen Tank fließt pro Sekunde 1 Liter reines Wasser zu. Die durch Rühren homogen gehaltene Lösung läuft mit 1 ℓ pro Sekunde in einen zweiten Tank, der anfänglich $0,5\,m^3$ reines Wasser enthält. Die in diesem Tank ebenfalls homogen gehaltene Mischung läuft mit 1 ℓ pro Sekunde aus.

a) Berechnen Sie die Salzmenge m_2 im zweiten Tank nach $1000\,s$,

b) Zu welcher Zeit erreicht die Salzmenge im zweiten Tank ein Maximum? Wie groß ist diese Salzmenge?

Hinweis: Die pro Zeiteinheit ausfließende Salzmenge ist proportional der in der Lösung vorhandenen Salzmenge: $\frac{d\,m(t)}{dt} = -\lambda\,m(t)$. λ ist gleich dem Verhältnis der pro Sekunde ausfließenden Lösung zur Gesamtlösung.

Lösungen der Aufgaben

Kapitel 1

1 a) $\dfrac{s}{s^2 - \omega^2}$ b) $\dfrac{s}{s^2 + \omega^2}$

c) $\displaystyle\int_0^\infty a^t\, e^{-st}\, dt = \int_0^\infty e^{\ln(a)\, t}\, e^{-st}\, dt = \int_0^\infty e^{-(s - \ln(a))\, t}\, dt = \dfrac{1}{s - \ln(a)}$

d) $\dfrac{1}{s - \ln(4)}$ e) $\dfrac{\omega}{s^2 + \omega^2}\cos(\phi) + \dfrac{s}{s^2 + \omega^2}\sin(\phi)$ f) $\dfrac{s}{s^2 + \omega^2}$.

2 a) $\mathcal{L}\{t^2 \sin(\omega t)\} = \dfrac{d^2}{ds^2}\dfrac{\omega}{s^2 + \omega^2} = \dfrac{d}{ds}(-1)\dfrac{2\omega s}{(s^2 + \omega^2)^2}$

$$= 2\omega\left(\dfrac{-1}{(s^2 + \omega^2)^2} + \dfrac{4 s^2}{(s^2 + \omega^2)^3}\right) = 2\omega\,\dfrac{3s^2 - \omega^2}{(s^2 + \omega^2)^3}$$

b) $2s\,\dfrac{s^2 - 3\omega^2}{(s^2 + \omega^2)^3}$ c) $\dfrac{6}{(s + 1)^4}$ d) $-2\,\dfrac{s^2 - 6s - 9}{(s^2 + 9)^2}$.

3 Die Periode von $f(t) = \cos^2(t)$ ist $T = \pi$.
Mit Gleichung (1.2) erhalten wir:

$$F(s) = \dfrac{1}{1 - e^{-\pi s}}\int_0^\pi \cos^2(t)\, e^{-st}\, dt = \dfrac{1}{1 - e^{-\pi s}}\,\dfrac{1}{2}\int_0^\pi (1 + \cos(2t))\, e^{-st}\, dt$$

$$= \dfrac{1/2}{1 - e^{-\pi s}}(I_1 + I_2). \tag{a}$$

Wir haben das Additionstheorem $\cos(2t) = \cos^2(t) - \sin^2(t) = 2\cos^2(t) - 1$ benutzt.

$$I_1 = \int_0^\pi e^{-st}\, dt = \dfrac{1}{s}(1 - e^{-\pi s})$$

$$I_2 = \int_0^\pi \cos(2t)\, e^{-st}\, dt \overset{p.I.}{=} \dfrac{1}{2}\sin(2t)\, e^{-st}\Big|_0^\pi + \dfrac{s}{2}\int_0^\pi \sin(2t)\, e^{-st}\, dt$$

$$\overset{p.I.}{=} -\dfrac{s}{4}\cos(2t)\, e^{-st}\Big|_0^\pi - \dfrac{s^2}{4}\int_0^\pi \cos(2t)\, e^{-st}\, dt = \dfrac{s}{4}(1 - e^{-\pi s}) - \dfrac{s^2}{4}I_2.$$

$$I_2 = (1 - e^{-\pi s})\,\dfrac{s}{s^2 + 4}\,.$$

I_1 und I_2 in Gleichung (a) eingesetzt ergibt:

$$F(s) = \frac{1}{2}\left(\frac{1}{s} + \frac{s}{s^2 + 4}\right) = \frac{s^2 + 2}{s(s^2 + 4)} \qquad \text{Vergleichen Sie T15.}$$

4 a) $f(t) = 2^0\{u(t) - u(t-1)\} + 2^1\{u(t-1) - u(t-2)\}$

$$+ \, 2^2\{u(t-2) - u(t-3)\} + \ldots = \sum_{\nu=0}^{\infty} 2^\nu\{u(t-\nu) - u(t-(\nu+1))\}.$$

b) Nach T2 ist $\mathcal{L}\{u(t-\nu)\} = \dfrac{e^{-\nu s}}{s}$. Damit wird:

$$\mathcal{L}\{f(t)\} = \frac{1}{s}\sum_{\nu=0}^{\infty} 2^\nu(e^{-\nu s} - e^{-(\nu+1)s}) = \frac{1 - e^{-s}}{s}\sum_{\nu=0}^{\infty}(2\,e^{-s})^\nu.$$

Die Summe ist eine unendliche Reihe: $\displaystyle\sum_{\nu=0}^{\infty} q^\nu = \frac{1}{1-q}$ mit $q = 2\,e^{-s}$.
Damit erhalten wir:

$$\mathcal{L}\{f(t)\} = \frac{1 - e^{-s}}{s}\,\frac{1}{1 - 2e^{-s}} = \frac{1 - e^{-s}}{s(1 - 2e^{-s})}.$$

5 $f(t) = \sin(\pi t)\,(u(t) - u(t-1))$

$$\mathcal{L}\{f(t)\} = \int_0^1 \sin(\pi t)\,e^{-st}\,dt \overset{\text{p.I.}}{=} -\frac{1}{s}\sin(\pi t)\,e^{-st}\,\Big|_0^1 + \frac{\pi}{s}\int_0^1 \cos(\pi t)\,e^{-st}\,dt$$

$$\overset{\text{p.I.}}{=} -\frac{\pi}{s^2}\cos(\pi t)\,e^{-st}\,\Big|_0^1 - \frac{\pi^2}{s^2}\int_0^1 \sin(\pi t)\,e^{-st}\,dt = \frac{\pi}{s^2}(e^{-s} + 1) - \frac{\pi^2}{s^2}\mathcal{L}\{f(t)\}.$$

Aus dieser Bestimmungsgleichung für $\mathcal{L}\{f(t)\}$ erhalten wir:

$$\mathcal{L}\{f(t)\} = \frac{\pi}{s^2 + \pi^2}(e^{-s} + 1).$$

6 a) $\displaystyle \mathcal{L}\{f(t)\} = \frac{1}{s}\sum_{\nu=0}^{\infty} r^\nu e^{-a\nu s} = \frac{1}{s}\sum_{\nu=0}^{\infty}(r\,e^{-as})^\nu = \frac{1}{s(1 - r\,e^{-as})}$ \hfill (a)

b)

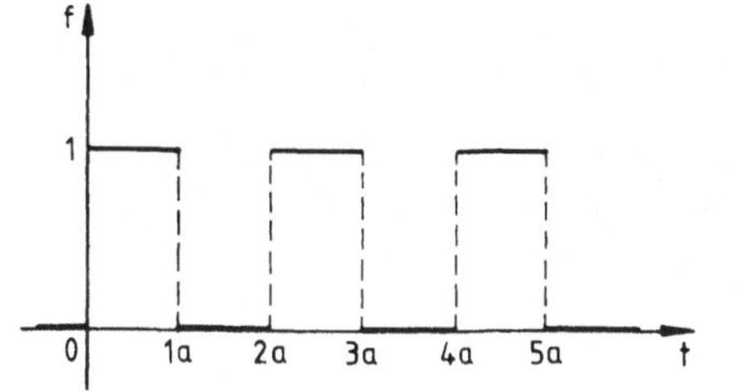

Bild 1.14

Setzen wir in Gleichung (a) $r = -1$, so erhalten wir:

$$\mathcal{L}\{f(t)\} = \frac{1}{s(1 + e^{-as})}.$$

Die Funktion $f(t)$ ist gleich der Funktion in Beispiel 1–22, wenn wir dort $A = 1$ setzen.

Kapitel 2

1 a) $\quad \mathcal{L}\{a\,t\} = \frac{1}{a}\,F\left(\frac{s}{a}\right) = \frac{1}{a}\,\frac{1}{(s/a)^2} = \frac{a}{s^2}$

b) $\quad \mathcal{L}\{e^{-at}\} = \frac{1}{-a}\,\frac{1}{(s/-a) - 1} = \frac{1}{s + a}$

c) $\quad \mathcal{L}\{\cosh(\omega t)\} = \frac{1}{\omega}\,\frac{s/\omega}{(s/\omega)^2 - 1} = \frac{s}{s^2 - \omega^2}$

d) $\quad \mathcal{L}\{\sinh(\omega t)\} = \frac{1}{\omega}\,\frac{1}{(s/\omega)^2 - 1} = \frac{\omega}{s^2 - \omega^2}$

e) $\quad \mathcal{L}\{\sin^2(\omega t)\} = \frac{1}{\omega}\,\frac{2}{(s/\omega)\,((s/\omega)^2 + 4)} = \frac{2\omega^2}{s(s^2 + 4\omega^2)}$

f) $\quad \mathcal{L}\{\cos^2(\omega t)\} = \frac{1}{\omega}\,\frac{(s/\omega)^2 + 2}{(s/\omega)\,((s/\omega)^2 + 4)} = \frac{s^2 + 2\omega^2}{s(s^2 + 4\omega^2)}.$

2 Wir skizzieren den Graph der Funktion:

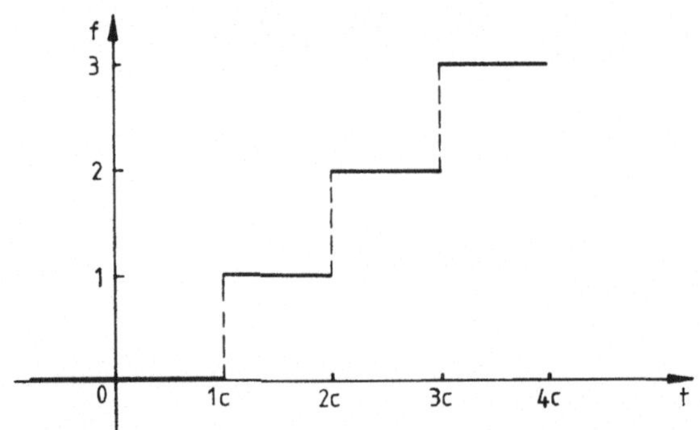

Bild 2.21

a) Für $c > 1$ ist $f(t)$ eine „gedehnte" Treppenfunktion,
für $c < 1$ ist $f(t)$ eine „gestauchte" Treppenfunktion.
Setzen wir $c = \frac{1}{a}$, so erhalten wir mit Satz (2.2):

$$\mathcal{L}\{f(t)\} = c\,\frac{1}{cs\,(e^{cs} - 1)} = \frac{1}{s\,(e^{cs} - 1)}.$$

b) Die Funktion $f(t)$ läßt sich mit Hilfe der verschobenen Einheitssprungfunktion darstellen:

$$f(t) = \sum_{\nu = 1}^{\infty} u(t - c\nu).$$

182

Wegen $\mathcal{L}\left\{u\,(t - c\nu)\right\} = \dfrac{e^{-c\nu s}}{s}$ erhalten wir:

$$\mathcal{L}\left\{f\,(t)\right\} = \frac{1}{s} \sum_{\nu = 1}^{\infty} (e^{-cs})^{\nu} = \frac{1}{s}\,\frac{e^{-cs}}{1 - e^{-cs}}.$$

Erweitern mit e^{cs} ergibt: $\mathcal{L}\left\{f\,(t)\right\} = \dfrac{1}{s\,(e^{cs} - 1)}.$

3 Wie wir uns anhand einer Skizze oder mit Hilfe der Additionstheoreme klarmachen können, ist
$\sin(\pi t)\,u\,(t - 1) = -\sin(\pi\,(t - 1))\,u\,(t - 1)$.
Wir erhalten damit:

$$\mathcal{L}\left\{\sin(\pi t)\,(u\,(t) - u\,(t - 1))\right\} = \mathcal{L}\left\{\sin(\pi t)\right\} + \mathcal{L}\left\{\sin(\pi\,(t - 1))\,u\,(t - 1)\right\}.$$

Anwendung von Satz (2.3) auf den zweiten Term der rechten Seite ergibt:

$$\mathcal{L}\left\{\sin(\pi t)\,(u\,(t) - u\,(t - 1))\right\} = \frac{\pi}{s^2 + \pi^2} + \frac{\pi\,e^{-s}}{s^2 + \pi^2} = \frac{\pi}{s^2 + \pi^2}\,(1 + e^{-s}).$$

4 a) $a^t = e^{\ln(a)t} \cdot 1$

    Anwendung des Dämpfungssatzes ergibt:

$$\mathcal{L}\left\{a^t\right\} = \frac{1}{s - \ln(a)}.$$

b) $\mathcal{L}\left\{4^t\right\} = \mathcal{L}\left\{e^{\ln(4)t} \cdot 1\right\} = \dfrac{1}{s - \ln 4}$

c) $\mathcal{L}\left\{a^{-t}\sin(\omega t)\right\} = \mathcal{L}\left\{e^{-\ln(a)t}\sin(\omega t)\right\} = \dfrac{\omega}{(s + \ln(a))^2 + \omega^2}.$

d) $\mathcal{L}\left\{4^{-t}\sin(2t)\right\} = \dfrac{2}{(s + \ln(4))^2 + 4}$

e) $\mathcal{L}\left\{2^{-t}\sin(4t)\right\} = \dfrac{4}{(s + \ln(2))^2 + 16}$

f) $\mathcal{L}\left\{a^t\cos(\omega t)\right\} = \dfrac{s - \ln(a)}{(s - \ln(a))^2 + \omega^2}$

g) $\mathcal{L}\left\{0{,}5^t\cos(3t)\right\} = \mathcal{L}\left\{e^{-\ln(2)t}\cos(3t)\right\} = \dfrac{s + \ln(2)}{(s + \ln(2))^2 + 9}.$

5 Nach Satz (2.4) ist:

$$\mathcal{L}\left\{\delta\,(t + a)\right\} = e^{as}\left(\mathcal{L}\left\{\delta\,(t)\right\} - \int_0^a \delta\,(t)\,e^{-st}\,dt\right)$$

Aus der Definition der Stoßfunktion $\delta\,(t)$ folgt:

$$\int_0^a \delta\,(t)\,e^{-st}\,dt = \int_{-\infty}^{\infty} \delta\,(t)\,e^{-st}\,dt = e^{-s \cdot 0} = 1.$$

Damit erhalten wir:

$$\mathcal{L}\left\{\delta\,(t + a)\right\} = e^{as}\,(1 - 1) = 0.$$

Dieses Ergebnis war zu erwarten, denn die Funktion $\delta\,(t + a)$ ist für alle $t \geq 0$ Null.

6 a) $\cos(4t)$ b) $\cosh(4t)$ c) $\frac{1}{3}\sin(3t)$ d) $\frac{1}{3}\sinh(3t)$

e) $\frac{1}{2}e^{3t}\sin(2t)$ f) $\frac{1}{2}e^{3t}\sinh(2t)$

g) $\mathcal{L}^{-1}\left\{\dfrac{s+2}{(s+2)^2+9} - \dfrac{2}{3}\dfrac{3}{(s+2)^2+9}\right\} = e^{-2t}\left(\cos(3t) - \dfrac{2}{3}\sin(3t)\right)$

h) $\mathcal{L}^{-1}\left\{2\,\dfrac{s+3/2}{(s+3/2)^2-3}\right\} = 2\,e^{-(3/2)t}\cosh(\sqrt{3}\,t).$

7 a) $\dot{f}(t) = a\,e^{at} = a\,f(t);$ $f(0) = 1.$

$s\,F(s) - 1 = a\,F(s)$ oder $F(s) = \dfrac{1}{s-a}.$

b) $\ddot{f}(t) = \omega^2 f(t);$ $f(0) = 1,$ $\dot{f}(0) = 0.$

$s^2 F(s) - s\cdot 1 - 0 = \omega^2 F(s)$ oder $F(s) = \dfrac{s}{s^2-\omega^2}.$

c) $\ddot{f}(t) = -\omega^2 f(t);$ $f(0) = 1,$ $\dot{f}(0) = 0.$

$s^2 F(s) - s\cdot 1 - 0 = -\omega^2 F(s)$ oder $F(s) = \dfrac{s}{s^2+\omega^2}.$

8 a) Es ist $\displaystyle\int_{-\pi}^{0} \sin(t)\,dt = -\cos(t)\Big|_{-\pi}^{0} = -(1+1) = -2.$

Damit erhalten wir:

$$\mathcal{L}\left\{\int_{-\pi}^{t}\sin(\tau)\,d\tau\right\} = \frac{1}{s}\left(\mathcal{L}\{\sin(t)\} - 2\right) = \frac{1}{s}\left(\frac{1}{s^2+1} - 2\right) = \frac{-(2s^2+1)}{s(s^2+1)}$$

b) $\displaystyle\int_{-\pi}^{t}\sin(\tau)\,d\tau = -\cos(\tau)\Big|_{-\pi}^{t} = -(\cos(t)+1).$

$$\mathcal{L}\left\{\int_{-\pi}^{t}\sin(\tau)\,d\tau\right\} = -\left(\frac{s}{s^2+1} + \frac{1}{s}\right) = \frac{-(2s^2+1)}{s(s^2+1)}$$

9 a) $\mathcal{L}\left\{\displaystyle\int_{0}^{t}\tau^2+\tau-1+e^\tau\,d\tau\right\} = \dfrac{1}{s}\left(\dfrac{2}{s^3}+\dfrac{1}{s^2}-\dfrac{1}{s}+\dfrac{1}{s-1}\right) = \dfrac{2}{s^4}+\dfrac{1}{s^3}-\dfrac{1}{s^2}+\dfrac{1}{s(s-1)}$

b) $\displaystyle\int_{0}^{t}(\tau^2+\tau-1+e^\tau)\,d\tau = \dfrac{t^3}{3}+\dfrac{t^2}{2}-t+e^t-1.$

$$\mathcal{L}\left\{\frac{t^3}{3}+\frac{t^2}{2}-t+e^t-1\right\} = \frac{2}{s^4}+\frac{1}{s^3}-\frac{1}{s^2}+\frac{1}{s-1}-\frac{1}{s} = \frac{2}{s^4}+\frac{1}{s^3}-\frac{1}{s^2}+\frac{1}{s(s-1)}.$$

10 a) $\dfrac{1}{(s+2)(s-1)} = \dfrac{1}{(s+2)}\dfrac{1}{(s-1)} = \mathcal{L}\{e^{-2t}\}\,\mathcal{L}\{e^t\}.$

Weil das Produkt von zwei Bildfunktionen mit dem Faltprodukt der zugehörigen Originalfunktionen korrespondiert, erhalten wir:

$$f(t) = \mathcal{L}^{-1}\left\{\frac{1}{(s+2)(s-1)}\right\} = e^{-2t} \star e^{t} = \int_0^t e^{-2\tau} e^{t-\tau}\, d\tau$$

$$= e^t \int_0^t e^{-3\tau}\, d\tau = -e^t \frac{1}{3} e^{-3\tau}\Big|_0^t = \frac{1}{3}(e^t - e^{-2t}).$$

b) $\displaystyle f(t) = e^{-t} \star \sin(t) = \int_0^t \sin(\tau)\, e^{-(t-\tau)}\, d\tau = e^{-t} \int_0^t \sin(\tau)\, e^{+\tau}\, d\tau$

$$= \frac{1}{2}(e^{-t} + \sin(t) - \cos(t)).$$

c) $\displaystyle F(s) = \frac{\omega}{s^2 + \omega^2}\frac{\omega}{s^2 - \omega^2}.$

$$f(t) = \sin(\omega t) \star \sinh(\omega t) = \int_0^t \sinh(\omega\tau)\sin\omega(t-\tau)\, d\tau$$

$$\overset{\text{p.I.}}{=} \frac{1}{\omega}\cosh(\omega\tau)\sin\omega(t-\tau)\Big|_0^t + \int_0^t \cosh(\omega\tau)\cos\omega(t-\tau)\, d\tau$$

$$\overset{\text{p.I.}}{=} -\frac{1}{\omega}\sin(\omega t) + \frac{1}{\omega}\sinh(\omega\tau)\cos\omega(t-\tau)\Big|_0^t - \int_0^t \sinh(\omega\tau)\sin\omega(t-\tau)\, d\tau$$

$$= -\frac{1}{\omega}\sin(\omega t) + \frac{1}{\omega}\sinh(\omega t) - \sin(\omega t)\star\sinh(\omega t).$$

Aus dieser Bestimmungsgleichung erhalten wir:

$$f(t) = \sin(\omega t)\star\sinh(\omega t) = \frac{1}{2\omega}(\sinh(\omega t) - \sin(\omega t)).$$

d) $\displaystyle f(t) = \sin(\omega t)\star\cosh(\omega t) = \cos(\omega t)\star\sinh(\omega t) = \frac{1}{2\omega}(\cosh(\omega t) - \cos(\omega t)).$

e) $\displaystyle f(t) = \cos(\omega t)\star\cosh(\omega t) = \frac{1}{2\omega}(\sinh(\omega t) + \sin(\omega t)).$

11 $\displaystyle f(t) = \int_0^t \cos(\tau)\sin(t-\tau)\, d\tau = \cos(t)\star\sin(t).$

Transformation in den Bildraum ergibt:

$$\mathcal{L}\{f(t)\} = \frac{s}{s^2+1}\frac{1}{s^2+1} = \frac{1}{2}\frac{2s}{(s^2+1)^2}.$$

Die Rücktransformation ergibt (s. Hinweis):

$$f(t) = \frac{1}{2} t \sin(t).$$

12 Nach Satz (2.9a) ist:

$$f(0) = \lim_{s \to \infty} s \left(2 \, \frac{1}{s(s+1)} + \frac{1}{2} \, \frac{1}{s^2 - 1} + \frac{9}{4} \, \frac{1}{s+1} \right)$$

$$= \lim_{s \to \infty} \frac{2}{s+1} + \lim_{s \to \infty} \frac{1}{2} \, \frac{s}{s^2 - 1} + \lim_{s \to \infty} \frac{9}{4} \, \frac{s}{s+1}$$

$$= 2 \lim_{s \to \infty} \frac{1}{s+1} + \frac{1}{2} \lim_{s \to \infty} \frac{1}{s - 1/s} + \frac{9}{4} \lim_{s \to \infty} \frac{1}{1 + 1/s} = \frac{9}{4}.$$

13 Nach Satz (2.9a) ist

$$f(\infty) = \lim_{s \to 0} s \, \frac{2s^2 + 3s + 2}{s^3 + 2s^2 + 2s} = \lim_{s \to 0} \frac{2s^2 + 3s + 2}{s^2 + 2s + 2} = \frac{2}{2} = 1.$$

Kapitel 3

1 a) Die Wurzeln der Nennerfunktion sind $\alpha_1 = -1$, $\alpha_2 = 3$.
Damit wird:

$$F(s) = \frac{3s + 7}{s^2 - 2s - 3} = \frac{3s + 7}{(s+1)(s-3)} = \frac{A}{s+1} + \frac{B}{s-3}.$$

Erweitern mit der Nennerfunktion ergibt:

$$3s + 7 = A(s-3) + B(s+1) = (A+B)s + (-3A+B).$$

Koeffizientenvergleich ergibt:

$$A + B = 3$$
$$-3A + B = 7,$$

Aus diesen Gleichungen erhalten wir: $A = -1$ und $B = 4$.
Mit diesen Konstanten wird:

$$F(s) = -\frac{1}{s+1} + 4 \, \frac{1}{s-3}.$$

Die Transformation in den Originalraum ergibt dann:

$$f(t) = \mathcal{L}^{-1} \left\{ \frac{3s+7}{s^2 - 2s - 3} \right\} = -\mathcal{L}^{-1} \left\{ \frac{1}{s+1} \right\} + 4 \, \mathcal{L}^{-1} \left\{ \frac{1}{s-3} \right\} = -e^{-t} + 4 e^{3t}.$$

b) Wir wenden die Formel (2.1) Abschnitt 3.2.1 an:

$$F(s) = \frac{Z(-1)}{N'(-1)} \, \frac{1}{(s+1)} + \frac{Z(3)}{N'(3)} \, \frac{1}{(s-3)}.$$

Es ist $Z(-1) = 3(-1) + 7 = 4$, $\quad Z(3) = 3 \cdot 3 + 7 = 16$
$N'(-1) = -1 - 3 = -4$, $\quad N'(3) = 3 + 1 = 4$.

Damit erhalten wir:

$$F(s) = \frac{4}{-4} \frac{1}{(s+1)} + \frac{16}{4} \frac{1}{(s-3)} = -\frac{1}{s+1} + 4 \frac{1}{s-3}.$$

Die Transformation in den Originalraum ergibt:

$$f(t) = -e^{-t} + 4\,e^{3t}.$$

c) $\displaystyle F(s) = \frac{3s+7}{s^2 - 2s - 3} = \frac{3s+7}{(s^2 - 2s + 1) - 4} = \frac{3s+7}{(s-1)^2 - 2^2}$

$$= \frac{3(s-1) + 3 + 7}{(s-1)^2 - 2^2} = 3 \frac{s-1}{(s-1)^2 - 2^2} + 5 \frac{2}{(s-1)^2 - 2^2}.$$

Die Transformation in den Originalraum gelingt mit Hilfe des Dämpfungssatzes (2.5):

$$f(t) = 3\,e^t \cosh(2t) + 5\,e^t \sinh(2t) = \frac{e^t}{2}(3\,e^{2t} + 3\,e^{-2t} + 5\,e^{2t} - 5\,e^{-2t})$$

$$= \frac{e^t}{2}(8\,e^{2t} - 2\,e^{-2t}) = 4\,e^{3t} - e^{-t}.$$

2 Wir wenden Formel (3.1) Abschnitt 3.2.1 an.

a) $\displaystyle F(s) = \frac{2s-11}{(s+2)(s-3)} = \frac{-15}{-5} \frac{1}{s+2} + \frac{-5}{5} \frac{1}{s-3} = 3 \frac{1}{s+2} - \frac{1}{s-3}.$

$$f(t) = \mathcal{L}^{-1}\left\{ \frac{2s-11}{(s+2)(s-3)} \right\} = 3\,e^{-2t} - e^{3t}.$$

b) $\displaystyle \frac{19s+37}{(s-2)(s+1)(s+3)} = \frac{75}{15} \frac{1}{s-2} + \frac{18}{-6} \frac{1}{s+1} + \frac{-20}{10} \frac{1}{s+3}$

$$= 5 \frac{1}{s-2} - 3 \frac{1}{s+1} - 2 \frac{1}{s+3}$$

$$\mathcal{L}^{-1}\left\{ \frac{19s+37}{(s-2)(s+1)(s+3)} \right\} = 5\,e^{2t} - 3\,e^{-t} - 2\,e^{-3t}.$$

c) $\displaystyle \frac{2s^2 - 6s + 5}{(s-2)(s^2 - 4s + 3)} = \frac{2s^2 - 6s + 5}{(s-2)(s-1)(s-3)} = \frac{1}{-1} \frac{1}{s-2} + \frac{1}{2} \frac{1}{s-1} + \frac{5}{2} \frac{1}{s-3}$

$$= \frac{-1}{s-2} + \frac{1}{2} \frac{1}{s-1} + \frac{5}{2} \frac{1}{s-3}.$$

$$\mathcal{L}^{-1}\left\{ \frac{2s^2 - 6s + 5}{(s-2)(s^2 - 4s + 3)} \right\} = -e^{2t} + \frac{1}{2}\,e^t + \frac{5}{2}\,e^{3t}.$$

d) $\displaystyle \frac{3s^2 + 2s - 1}{(s-1)(s-2)(s+2)(s+3)} = \frac{4}{-12} \frac{1}{s-1} + \frac{15}{20} \frac{1}{s-2} + \frac{7}{12} \frac{1}{s+2} + \frac{20}{-20} \frac{1}{s+3}$

$$= -\frac{1}{3} \frac{1}{s-1} + \frac{3}{4} \frac{1}{s-2} + \frac{7}{12} \frac{1}{s+2} - \frac{1}{s+3}.$$

$$\mathcal{L}^{-1}\left\{ \frac{3s^2 + 2s - 1}{(s-1)(s-2)(s+2)(s+3)} \right\} = -\frac{1}{3}\,e^t + \frac{3}{4}\,e^{2t} + \frac{7}{12}\,e^{-2t} - e^{-3t}.$$

3 a) $\displaystyle \frac{s^2 - 2s + 3}{(s-1)^2 (s+1)} = \frac{A}{(s-1)^2} + \frac{B}{s-1} + \frac{C}{s+1}.$

Koeffizientenvergleich ergibt:

$$\frac{s^2 - 2s + 3}{(s-1)^2 (s+1)} = \frac{1}{(s-1)^2} - \frac{1}{2} \frac{1}{s-1} + \frac{3}{2} \frac{1}{s+1}.$$

Die Transformation in den Originalraum ergibt:

$$\mathcal{L}^{-1}\left\{\frac{s^2 - 2s + 3}{(s-1)^2\,(s+1)}\right\} = t\,e^t - \frac{1}{2}\,e^t + \frac{3}{2}\,e^{-t} = \left(t - \frac{1}{2}\right)\,e^t + \frac{3}{2}\,e^{-t}.$$

b) $\displaystyle F(s) = \frac{3s^3 - 3s^2 - 40s + 36}{(s^2 - 4)^2} = \frac{3s^3 - 3s^2 - 40s + 36}{(s-2)^2\,(s+2)^2}$

$$= \frac{A}{(s-2)^2} + \frac{B}{s-2} + \frac{C}{(s+2)^2} + \frac{D}{s+2}.$$

Durch Koeffizientenvergleich erhalten wir:

$$F(s) = -2\,\frac{1}{(s-2)^2} + 5\,\frac{1}{(s+2)^2} + 3\,\frac{1}{s+2}.$$

Transformation in den Originalraum ergibt:

$$f(t) = -2\,t\,e^{2t} + (5t + 3)\,e^{-2t}.$$

c) $\displaystyle F(s) = \frac{s}{(s^2 - 2s + 2)\,(s^2 + 2s + 2)} = \frac{A_1 s + A_2}{s^2 - 2s + 2} + \frac{B_1 s + B_2}{s^2 + 2s + 2}.$

Koeffizientenvergleich ergibt:

$$F(s) = \frac{1}{4}\,\frac{1}{s^2 - 2s + 2} - \frac{1}{4}\,\frac{1}{s^2 + 2s + 2} = \frac{1}{4}\,\frac{1}{(s-1)^2 + 1} - \frac{1}{4}\,\frac{1}{(s+1)^2 + 1}.$$

Durch Transformation in den Originalraum erhalten wir:

$$f(t) = \frac{1}{4}\,e^t \sin(t) - \frac{1}{4}\,e^{-t}\sin(t) = \frac{1}{2}\,\sin(t)\,\frac{e^t - e^{-t}}{2} = \frac{1}{2}\,\sin(t)\,\sinh(t).$$

d) $\displaystyle F(s) = \frac{2s^3 - s^2 - 1}{(s+1)^2\,(s^2 + 1)^2} = \frac{A}{(s+1)^2} + \frac{B}{s+1} + \frac{C_1 s + C_2}{(s^2 + 1)^2} + \frac{D_1 s + D_2}{s^2 + 1}.$

Nach leichter, aber langwieriger Rechnung erhalten wir durch Koeffizientenvergleich:

$$F(s) = -\frac{1}{(s+1)^2} - \frac{1}{(s^2 + 1)^2} + \frac{1}{s^2 + 1}.$$

Die Transformation des zweiten Terms in den Originalraum führen wir mit Hilfe des Faltungssatzes (2.8) durch:

$$\mathcal{L}^{-1}\left\{\frac{1}{s^2 + 1}\,\frac{1}{s^2 + 1}\right\} = \mathcal{L}^{-1}\left\{\frac{1}{s^2 + 1}\right\} \ast \mathcal{L}^{-1}\left\{\frac{1}{s^2 + 1}\right\} = \sin(t) \ast \sin(t)$$

$$= \int_0^t \sin(\tau)\,\sin(t - \tau)\,d\tau = I(t).$$

Unter Verwendung der Formel IV, Beispiel 2–44, ergibt sich:

$$I(t) = \frac{1}{2}\,\sin(t) - \frac{1}{2}\,t\,\cos(t).$$

Die Originalfunktion ist damit:

$$f(t) = -t\,e^{-t} - \frac{1}{2}\,\sin(t) + \frac{1}{2}\,t\,\cos(t) + \sin(t)$$

$$= \frac{1}{2}\,\sin(t) + \frac{1}{2}\,t\,\cos(t) - t\,e^{-t}.$$

4 a) Transformation in den Bildraum ergibt:

$$s^2 X(s) + 2 X(s) = \frac{1}{s-1} + \frac{2}{s} = \frac{3s-2}{s(s-1)}$$

oder:

$$X(s) = \frac{3s-2}{s(s-1)(s^2+2)} = \frac{A}{s} + \frac{B}{s-1} + \frac{C_1 s + C_2}{s^2+2}.$$

Durch Koeffizientenvergleich erhalten wir:

$$X(s) = \frac{1}{s} + \frac{1}{3}\frac{1}{s-1} - \frac{(4/3)s + 1/3}{s^2+2} = \frac{1}{s} + \frac{1}{3}\frac{1}{s-1} - \frac{4}{3}\frac{s}{s^2+2} - \frac{\sqrt{2}}{6}\frac{\sqrt{2}}{s^2+2}.$$

Die Rücktransformation in den Originalraum ergibt:

$$x(t) = 1 + \frac{1}{3} e^t - \frac{4}{3} \cos(\sqrt{2}\,t) - \frac{\sqrt{2}}{6} \sin(\sqrt{2}\,t).$$

b) Transformation in den Bildraum ergibt:

$$(s^2 - 1) X(s) = \frac{2}{(s-1)^2 + 4} = \frac{2}{s^2 - 2s + 5}$$

oder

$$X(s) = \frac{2}{(s^2 - 2s + 5)(s^2 - 1)} = \frac{A_1 s + A_2}{s^2 - 2s + 5} + \frac{B}{s-1} + \frac{C}{s+1}$$

$$= -\frac{1}{8}\frac{s+1}{(s-1)^2 + 4} + \frac{1}{4}\frac{1}{s-1} - \frac{1}{8}\frac{1}{s+1}$$

$$= -\frac{1}{8}\frac{s-1}{(s-1)^2 + 4} - \frac{1}{8}\frac{2}{(s-1)^2 + 4} + \frac{1}{4}\frac{1}{s-1} - \frac{1}{8}\frac{1}{s+1}.$$

Rücktransformation in den Originalraum ergibt:

$$x(t) = -\frac{1}{8} e^t (\cos(2t) + \sin(2t)) + \frac{1}{4} e^t - \frac{1}{8} e^{-t}.$$

c) Transformation in den Bildraum ergibt:

$$s^2 X(s) - s + 1 + X(s) = 8\frac{s}{s^2+1}$$

oder

$$X(s) = 8\frac{s}{(s^2+1)(s^2+1)} + \frac{s-1}{s^2+1}.$$

Zur Rücktransformation des ersten Terms bedienen wir uns des Faltungssatzes (2.8):

$$\mathcal{L}^{-1}\left\{\frac{s}{s^2+1}\frac{1}{s^2+1}\right\} = \mathcal{L}^{-1}\left\{\frac{s}{s^2+1}\right\} \star \mathcal{L}^{-1}\left\{\frac{1}{s^2+1}\right\} = \cos(t) \star \sin(t)$$

$$= \int_0^t \cos(t-\tau)\sin(\tau)\,d\tau = \frac{1}{2}\sin(t)\int_0^t d\tau - \frac{1}{2}\int_0^t \sin(t-2\tau)\,d\tau$$

$$= \frac{1}{2} t \sin(t) - \frac{1}{4}\cos(t-2\tau)\,\Big|_0^t$$

$$= \frac{1}{2} t \sin(t) - \frac{1}{4}(\cos(-t) - \cos(t)) = \frac{1}{2} t \sin(t).$$

Damit erhalten wir die
Lösung der Dgl.:

$$x(t) = 4\, t \sin(t) + \cos(t) - \sin(t).$$

d) Transformation in den Bildraum ergibt:

$$s^2\, X(s) - s - \dot{x}(0) + 9\, X(s) = \frac{s}{s^2 + 4}$$

oder:

$$X(s) = \frac{s}{s^2 + 4}\, \frac{1}{s^2 + 9} + \frac{s}{s^2 + 9} + \frac{\dot{x}(0)}{3}\, \frac{3}{s^2 + 9}.$$

(Die nicht bekannte Anfangsbedingung $\dot{x}(0)$ wird sich ergeben, wenn wir die Lösung der Dgl. an die Bedingung $x(\pi/2) = -1$ anpassen.)

Den ersten Term der Bildgleichung transformieren wir mit Hilfe des Faltungssatzes (2.8):

$$\mathcal{L}^{-1}\left\{\frac{s}{s^2 + 4}\, \frac{1}{3}\, \frac{3}{s^2 + 9}\right\} = \frac{1}{3}\cos(2t) \star \sin(3t) = \frac{1}{3}\int_0^t \cos(2t - 2\tau)\sin(3\tau)\, d\tau$$

$$= \frac{1}{6}\int_0^t \sin(2t + \tau)\, d\tau - \frac{1}{6}\int_0^t \sin(2t - 5\tau)\, d\tau$$

$$= -\frac{1}{6}\cos(2t + \tau)\bigg|_0^t - \frac{1}{30}\cos(2t - 5\tau)\bigg|_0^t = -\frac{1}{5}\cos(3t) + \frac{1}{5}\cos(2t).$$

Wir erhalten damit die Originalfunktion:

$$x(t) = \frac{4}{5}\cos(3t) + \frac{1}{5}\cos(2t) + \frac{\dot{x}(0)}{3}\sin(3t).$$

Wir berechnen $\dot{x}(0)$ aus der Bedingung $x(\pi/2) = -1$:

$$x(\pi/2) = -1 = \frac{4}{5}\cos\left(\frac{3}{2}\pi\right) + \frac{1}{5}\cos\left(\frac{2}{2}\pi\right) + \frac{\dot{x}(0)}{3}\sin\left(\frac{3}{2}\pi\right) = -\frac{1}{5} - \frac{\dot{x}(0)}{3}.$$

Wir erhalten $\dot{x}(0) = \dfrac{12}{5}$.

Die Lösung der Dgl. lautet damit:

$$x(t) = \frac{4}{5}\cos(3t) + \frac{1}{5}\cos(2t) + \frac{4}{5}\sin(3t).$$

e) Transformation in den Bildraum ergibt:

$$s^2\, X(s) + 4\, X(s) = \frac{1}{s} - \frac{e^{-s}}{s}$$

oder

$$X(s) = \frac{1}{s(s^2 + 4)} - \frac{e^{-s}}{s(s^2 + 4)}.$$

Partialbruchzerlegung ergibt:

$$X(s) = \frac{1}{4}\frac{1}{s} - \frac{1}{4}\frac{s}{s^2 + 4} - \frac{1}{4}\frac{e^{-s}}{s} + \frac{1}{4}\frac{s\, e^{-s}}{s^2 + 4}.$$

Rücktransformation in den Originalraum ergibt:

$$x(t) = \frac{1}{4} - \frac{1}{4}\cos(2t) - \frac{1}{4}u(t-1) + \frac{1}{4}\cos(2t-2)\,u(t-1)$$

oder:

$$x(t) = \begin{cases} \dfrac{1}{4} - \dfrac{1}{4}\cos(2t) & \text{für} \quad 0 < t < 1 \\[3ex] \dfrac{1}{4}\left(\cos(2t-2) - \cos(2t)\right) & \text{für} \quad t > 1. \end{cases}$$

f) Transformation in den Bildraum ergibt:

$$s^2 X(s) - 1 + 4X(s) = 1$$

oder:

$$X(s) = \frac{2}{s^2+4}.$$

Rücktransformation in den Originalraum ergibt:

$$x(t) = \sin(2t).$$

g) $$X(s) = \frac{1+e^{-2s}}{s^2+4} = \frac{1}{2}\frac{2}{s^2+4} + \frac{1}{2}\frac{2e^{-2s}}{s^2+4}$$

$$x(t) = \frac{1}{2}\sin(2t) + \frac{1}{2}\sin(2(t-2))\,u(t-2)$$

oder:

$$x(t) = \begin{cases} \dfrac{1}{2}\sin(2t) & \text{für} \quad t < 2 \\[3ex] \dfrac{1}{2}\sin(2t) + \dfrac{1}{2}\sin(2t-4) & \text{für} \quad t > 2. \end{cases}$$

h) $$X(s) = \frac{s^3 + 3s^2 + 3s - 2}{s^2(s+1)(s+4)} = \frac{11}{8}\frac{1}{s} - \frac{1}{2}\frac{1}{s^2} - \frac{1}{s+1} + \frac{5}{8}\frac{1}{s+4}.$$

$$x(t) = \frac{11}{8} - \frac{1}{2}t - e^{-t} + \frac{5}{8}e^{-4t}.$$

5 a) Die Bildfunktion ist:

$$X(s) = \mathcal{L}\{1\}\frac{1}{s^2 - 4s + 3}.$$

Es ist also:

$$R(s) = \frac{Z(s)}{N(s)} = \frac{1}{s^2 - 4s + 3} = \frac{1}{(s-1)(s-3)}.$$

Die Wurzeln der Nennerfunktion sind: $\alpha_1 = 1$ und $\alpha_2 = 3$.

Wegen $R(0) = \frac{1}{3}$ und $N'(1) = -2$ und $N'(3) = 2$ erhalten wir mit Satz 3.4:

$$x(t) = \frac{1}{3} + \frac{1}{1}\cdot\frac{1}{-2}e^t + \frac{1}{3}\cdot\frac{1}{2}e^{3t} = \frac{1}{3} - \frac{1}{2}e^t + \frac{1}{6}e^{3t}.$$

b) Die Bildfunktion ist:

$$X(s) = \mathcal{L}\{1\}\frac{1}{s^2 + 1}.$$

$$R(s) = \frac{1}{s^2 + 1} = \frac{1}{(s - j)(s + j)}.$$

Wegen $R(0) = 1$ und $N'(j) = 2j$ und $N'(-j) = -2j$ erhalten wir mit Satz 3.4:

$$x(t) = 1 + \frac{1}{j} \cdot \frac{1}{2j} e^{jt} + \frac{1}{-j} \cdot \frac{1}{-2j} e^{-jt} = 1 - \left(\frac{e^{jt} + e^{-jt}}{2} \right) = 1 - \cos(t) = 2 \sin^2(t/2).$$

6 Die Bildgleichung lautet:

$$U(s) = A \left(\frac{s}{s^2 + 1} \frac{1}{s^2 + 1} - \frac{1}{s} \frac{1}{s^2 + 1} \right).$$

Mit Hilfe des Faltungssatzes 2.8 ergibt sich die Originalfunktion:

$$u(\phi) = A \left(\cos(\phi) \star \sin(\phi) - 1 \star \sin(\phi) \right)$$

$$u(\phi) = A \left(\int_0^\phi \cos(\phi - \tau) \sin(\tau)\, d\tau - \int_0^\phi \sin(\tau)\, d\tau \right). \tag{a}$$

Zur Berechnung des ersten Integrals benutzen wir die Formel III, Beispiel 2–44. Setzen wir $\alpha = \phi - \tau$ und $\beta = \tau$, so erhalten wir wegen $\alpha + \beta = \phi - \tau + \tau = \phi$ und $\alpha - \beta = \phi - \tau - \tau = \phi - 2\tau$:

$$\int_0^\phi \cos(\phi - \tau) \sin(\tau)\, d\tau = \frac{1}{2} \sin(\phi) \int_0^\phi d\tau - \frac{1}{2} \int_0^\phi \sin(\phi - 2\tau)\, d\tau$$

$$= \frac{1}{2} \sin(\phi)\, \tau \Big|_0^\phi - \frac{1}{4} \cos(\phi - 2\tau) \Big|_0^\phi = \frac{1}{2} \phi \sin(\phi) - \frac{1}{4} \cos(-\phi) + \frac{1}{4} \cos(\phi) = \frac{1}{2} \phi \sin(\phi).$$

Setzen wir dieses Ergebnis in Gleichung (a) ein und beachten, daß $- \int_0^\phi \sin(\tau)\, d\tau = \cos(\phi) - 1$ ist, so erhalten wir

$$u(\phi) = A \left(\frac{1}{2} \phi \sin(\phi) + \cos(\phi) - 1 \right).$$

7 Wir transformieren die Integro-Dgl. in den Bildraum und erhalten:

$$s\, Y(s) - 2 + 7\, Y(s) + \frac{12}{s} (Y(s) + 1) = \frac{1}{s + 2}$$

Wir berechnen hieraus $Y(s)$:

$$Y(s) \left(s + 7 + \frac{12}{s} \right) = \frac{1}{s + 2} + 2 - \frac{12}{s}$$

oder:

$$Y(s) = \frac{2s^2 - 7s - 24}{(s + 2)(s^2 + 7s + 12)} = \frac{2s^2 - 7s - 24}{(s + 2)(s + 3)(s + 4)}.$$

Durch Partialbruchzerlegung erhalten wir:

$$Y(s) = -1 \frac{1}{s + 2} - 15 \frac{1}{s + 3} + 18 \frac{1}{s + 4}.$$

Rücktransformation in den Originalraum ergibt:

$$y(t) = -e^{-2t} - 15 e^{-3t} + 18 e^{-4t}.$$

Wir prüfen, ob die Lösung die vorgegebenen Anfangsbedingungen erfüllt:

$$y(0) = -1 - 15 + 18 = 2$$

Wegen $\phi(t) = \int y(t)\, dt = \frac{1}{2} e^{-2t} + 5 e^{-3t} - \frac{9}{2} e^{-4t}$ ist $\phi(0) = \frac{1}{2} + 5 - \frac{9}{2} = 1$

8 a) Wir transformieren die Integralgleichung in den Bildraum unter Beachtung, daß das Integral auf der rechten Seite der Gleichung die Faltung $y(t) \star \sin(t)$ ist.
Wir erhalten:

$$Y(s) = \frac{2}{s^3} + Y(s) \frac{1}{s^2 + 1}$$

oder

$$Y(s) = 2 \frac{s^2 + 1}{s^5} = \frac{2}{s^3} + \frac{2}{s^5}.$$

Die Rücktransformation ergibt:

$$y(t) = t^2 + \frac{1}{12} t^4.$$

b) Wir setzen die gefundene Lösung in die Integralgleichung ein und prüfen, ob sie identisch erfüllt ist.

$$t^2 + \frac{1}{12} t^4 = t^2 + \int_0^t \left(\tau^2 + \frac{1}{12} \tau^4 \right) \sin(t - \tau)\, d\tau$$

$$= t^2 + \int_0^t \tau^2 \sin(t - \tau)\, d\tau + \frac{1}{12} \int_0^t \tau^4 \sin(t - \tau)\, d\tau. \tag{a}$$

Wir reduzieren das zweite Integral auf der rechten Seite der Gleichung durch partielle Integration:

$$\frac{1}{12} \int_0^t \tau^4 \sin(t - \tau)\, d\tau \overset{\text{p.I.}}{=} \frac{1}{12} \tau^4 \cos(t - \tau) \Big|_0^t - \frac{1}{3} \int_0^t \tau^3 \cos(t - \tau)\, d\tau$$

$$\overset{\text{p.I.}}{=} \frac{1}{12} t^4 + \frac{1}{3} \tau^3 \sin(t - \tau) \Big|_0^t - \int_0^t \tau^2 \sin(t - \tau)\, d\tau$$

$$= \frac{1}{12} t^4 - \int_0^t \tau^2 \sin(t - \tau)\, d\tau.$$

Setzen wir diesen Ausdruck in Gleichung (a) ein, so sehen wir, daß Gleichung (a) identisch erfüllt ist.

Kapitel 4

1 Nach dem zweiten Newtonschen Axiom ist m $\ddot{x}$ (t) = F (m = Masse der Kugel und F = Kraft auf die Kugel).

Wegen F = $-$ 6 $\pi \eta$ r $\dot{x}$ (t) $-$ mg (g = Erdbeschleunigung) erhalten wir:

$$m \ddot{x} (t) = - 6 \pi \eta r \dot{x} (t) - mg$$

oder:

$$\ddot{x} (t) + \frac{6 \pi \eta r}{m} \dot{x} (t) = -g \cdot$$

Wir setzen zur Abkürzung $\frac{6 \pi \eta r}{m} = \rho$ und erhalten die Dgl.:

$\ddot{x} (t) + \rho \dot{x} (t) = -g$ mit den Anfangsbedingungen x (0) = h und $\dot{x}$ (0) = 0.
Wir transformieren die Dgl. in den Bildraum und erhalten:

$$s^2 X (s) - s h + \rho s X (s) - \rho h = -g \frac{1}{s}$$

oder:

$$X (s) = -g \frac{1}{s^2 (s + \rho)} + h \frac{1}{s + \rho} + \rho h \frac{1}{s (s + \rho)} \cdot$$

Mit Hilfe der Partialbruchzerlegung erhalten wir:

$$X (s) = - \frac{g}{\rho} \frac{1}{s^2} + \frac{g}{\rho^2} \frac{1}{s} - \frac{g}{\rho^2} \frac{1}{s + \rho} + h \frac{1}{s + \rho} + h \frac{1}{s} - h \frac{1}{s + \rho} \cdot$$

Die Rücktransformation in den Originalraum ergibt:

$$x (t) = \frac{g}{\rho^2} + h - \frac{g}{\rho} t - \frac{g}{\rho^2} e^{- \rho t} \cdot$$

2 a) Aus dem Newtonschen Gesetz m $\ddot{x}$ (t) = F folgt wegen F = ρ g x (t):

$$\rho \ell \ddot{x} (t) = \rho g x (t) \qquad \text{oder:}$$

$$\ddot{x} (t) - \frac{g}{\ell} x (t) = 0$$

(ρ Masse des Seils pro Längeneinheit und m = $\rho \ell$).
Transformation in den Bildraum ergibt:

$$X (s) = x_0 \frac{s}{s^2 - g/\ell} \cdot$$

Die Rücktransformation bietet keine Schwierigkeit. Nach T10 ist:

$$x (t) = x_0 \cosh (\sqrt{g/\ell}\ t). \tag{a}$$

b) Wenn das Seil den Tisch verläßt, ist x (t_e) = ℓ. Setzen wir dies in Gleichung (a) ein, so erhalten wir:

$$\ell = x_0 \cosh (\sqrt{g/\ell}\ t_e) \qquad \text{oder}$$

$$t_e = \sqrt{\ell/g} \ \text{arcosh} \ (\sqrt{\ell/x_0}).$$

3 Die Bewegungsgleichung lautet mit m = $\rho \ell$ (ρ Masse pro Längeneinheit):

$$\rho \ell \ddot{x} (t) = \rho 2 x (t) g$$

oder:

$$\ddot{x}(t) - \frac{2g}{\ell} x(t) = 0 \text{ mit den Anfangsbedingungen: } x(0) = x_0 \text{ und } \dot{x}(0) = 0.$$

Transformation in den Bildraum ergibt:

$$X(s) = x_0 \frac{s}{s^2 - 2g/\ell}.$$

Durch Rücktransformation in den Originalraum erhalten wir die Lösung der Dgl.:

$$x(t) = x_0 \cosh\left(\sqrt{2g/\ell}\ t\right).$$

Wir berechnen aus dieser Gleichung t:

$$t = \sqrt{\ell/2g}\ \operatorname{arcosh}(x(t)/x_0) = \sqrt{\ell/2g}\ \ln\left(x(t)/x_0 + \sqrt{x(t)^2/x_0^2 - 1}\right)$$

$$= \sqrt{\ell/2g}\ \ln\left(\frac{x(t) + \sqrt{x(t)^2 - x_0^2}}{x_0}\right).$$

Das Seil verläßt das Rundholz, wenn $x(t_e) = \ell/2$ ist:

$$t_e = \sqrt{\ell/2g}\ \ln\left(\frac{\ell/2 + \sqrt{\ell^2/4 - x_0^2}}{x_0}\right).$$

4 Die Bewegungsgleichung lautet:

$$\rho\,\ell\,\ddot{x}(t) = -\rho\,g\,2x(t)$$

oder

$$\ddot{x}(t) + \frac{2g}{\ell} x(t) = 0.$$

Transformation in den Bildraum ergibt:

$$X(s) = x_0 \frac{s}{s^2 + 2g/\ell}.$$

Die Originalfunktion lautet somit:

$$x(t) = x_0 \cos\left(\sqrt{2g/\ell}\ t\right).$$

5 a) Wir berechnen das Biegemoment $M(x)$:

Wegen $q(x) = -\dfrac{q}{\ell}(\ell - x)$ ist:

$$M(x) = \int_0^{\ell-x} \xi\,q(\xi)\,d\xi = -\frac{q}{\ell}\int_0^{\ell-x} \xi(\ell - x - \xi)\,d\xi = -\frac{q(\ell-x)}{\ell}\int_0^{\ell-x}\xi\,d\xi + \frac{q}{\ell}\int_0^{\ell-x}\xi^2\,d\xi$$

$$= -\frac{q(\ell-x)}{\ell}\frac{(\ell-x)^2}{2} + \frac{q}{\ell}\frac{(\ell-x)^3}{3} = -\frac{q}{6\ell}(\ell-x)^3.$$

Wir setzen $m(x)$ in Gleichung (a) ein und erhalten:

$$y''(x) = -\frac{q}{6EI\ell}(\ell-x)^3 = -\frac{q\ell^3}{6EI\ell} + \frac{q\ell^2}{2EI\ell}x - \frac{q\ell}{2EI\ell}x^2 + \frac{q}{6EI\ell}x^3.$$

Transformation in den Bildraum unter Beachtung der ersten und zweiten Randbedingung ergibt:

$$s^2 Y(s) = -\frac{q\ell^3}{6EI\ell}\frac{1}{s} + \frac{q\ell^2}{2EI\ell}\frac{1}{s^2} - \frac{q\ell}{2EI\ell}\frac{2!}{s^3} + \frac{q}{6EI\ell}\frac{3!}{s^4}$$

oder:

$$Y(s) = -\frac{q\ell^3}{6EI\ell}\frac{1}{s^3} + \frac{q\ell^2}{2EI\ell}\frac{1}{s^4} - \frac{q\ell}{EI\ell}\frac{1}{s^5} + \frac{q}{EI\ell}\frac{1}{s^6}.$$

Die Rücktransformation in den Originalraum ergibt die gewünschte Gleichung der Durchbiegelinie:

$$y(x) = -\frac{q\ell^3}{6EI\ell}\frac{x^2}{2!} + \frac{q\ell^2}{2EI\ell}\frac{x^3}{3!} - \frac{q\ell}{EI\ell}\frac{x^4}{4!} + \frac{q}{EI\ell}\frac{x^5}{5!}$$

$$= -\frac{q}{120EI\ell}x^2(10\ell^3 - 10\ell^2 x + 5\ell x^2 - x^3).$$

b) Nach Gleichung (b) gilt:

$$y^{(4)}(x) = -\frac{q(\ell-x)}{EI\ell}.$$

Transformation in den Bildraum ergibt:

$$s^4 Y(s) - s\,y''(0) - y'''(0) = -\frac{q}{EI}\frac{1}{s} + \frac{q}{EI\ell}\frac{1}{s^2}$$

oder

$$Y(s) = -\frac{q}{EI}\frac{1}{s^5} + \frac{q}{EI\ell}\frac{1}{s^6} + y''(0)\frac{1}{s^3} + y'''(0)\frac{1}{s^4}.$$

Die Rücktransformation in den Originalraum ergibt:

$$y(x) = -\frac{q}{EI}\frac{x^4}{4!} + \frac{q}{EI\ell}\frac{x^5}{5!} + y''(0)\frac{x^2}{2!} + y'''(0)\frac{x^3}{3!}.$$

Wir bilden die zweite und dritte Ableitung von $y(x)$, um die Konstanten $y''(0)$ und $y'''(0)$ zu
bestimmen.
Mit den Randbedingungen $y''(\ell) = y'''(\ell) = 0$ erhalten wir das Gleichungssystem:

$$y''(\ell) = -\frac{q\ell^2}{2EI} + \frac{q\ell^2}{6EI} + y''(0) + y'''(0)\,\ell = 0$$

$$y'''(\ell) = -\frac{q\ell}{EI} + \frac{q\ell}{2EI} + y'''(0) = 0.$$

Diese Gleichungen liefern die Konstanten:

$$y''(0) = -\frac{q\ell^2}{6EI} \qquad \text{und} \qquad y'''(0) = \frac{q\ell}{2EI}.$$

Die Durchbiegelinie gehorcht somit der Gleichung:

$$y(x) = -\frac{q}{120EI\ell}x^2(10\ell^3 - 10\ell^2 x + 5\ell x^2 - x^3).$$

6 Die Bildgleichung lautet:

$$\left(\frac{1}{Cs} + R\right)I(s) = \frac{U_0}{s}$$

oder

$$I(s) = \frac{U_0}{R}\frac{1}{s + 1/RC}.$$

Transformation in den Originalraum ergibt den gewünschten Stromverlauf:

$$i(t) = \frac{U_0}{R} e^{-1/(RC)\,t}.$$

7 Die Spannungsfunktion $u_e(t)$ ist ein Rechteckimpuls, den man mit Hilfe der Einheitssprungfunktion beschreiben kann: $u_e(t) = U_0(u(t) - u(t - t_1))$. Nach dem zweiten Kirchhoffschen Gesetz lautet die Dgl.:

$$L\frac{di(t)}{dt} + R\,i(t) = U_0(u(t) - u(t - t_1))$$

mit der Anfangsbedingung $i(0) = 0$.
Die Transformation in den Bildraum ergibt:

$$L\,s\,I(s) + R\,I(s) = U_0\left(\frac{1}{s} - \frac{e^{-t_1 s}}{s}\right)$$

oder

$$I(s) = \frac{U_0}{L}\left(\frac{1}{s(s + R/L)} - \frac{e^{-t_1 s}}{s(s + R/L)}\right).$$

Mit Hilfe der Partialbruchzerlegung erhalten wir:

$$I(s) = \frac{U_0}{R}\left(\frac{1}{s} - \frac{1}{s + R/L} - \frac{e^{-t_1 s}}{s} + \frac{e^{-t_1 s}}{s + R/L}\right).$$

Die Rücktransformation gelingt mit Hilfe der Tabelle und des ersten Verschiebungssatzes:

$$i(t) = \frac{U_0}{R}\left(u(t) - e^{-(R/L)\,t}\,u(t) - u(t - t_1) + e^{-(R/L)(t - t_1)}\,u(t - t_1)\right).$$

oder

$$i_1(t) = \frac{U_0}{R}\left(1 - e^{-(R/L)\,t}\right) \qquad 0 < t \leq t_1$$

$$i_2(t) = \frac{U_0}{R}\left(1 - e^{-(R/L)\,t} - 1 + e^{-(R/L)\,t}\,e^{(R/L)\,t_1}\right)$$

$$= \frac{U_0}{R}\left(e^{(R/L)\,t_1} - 1\right)e^{-(R/L)\,t} \qquad t \geq t_1.$$

Bild 4.53 zeigt den Stromverlauf in Abhänigkeit von t:

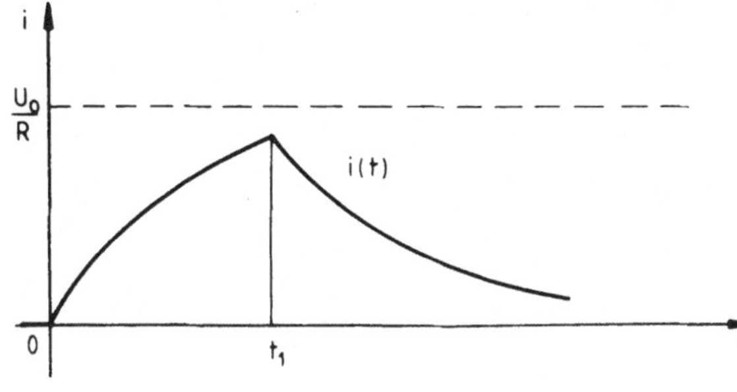

Bild 4.53

8 a) $u_e(t) = U_0(u(t) - u(t - t_1))$.

Nach dem zweiten Kirchhoffschen Gesetz erhalten wir:

$$R\,i(t) + \frac{1}{C} \int_0^t i(t)\,dt = U_0\,(u(t) - u(t - t_1)).$$

Die Transformation in den Bildraum ergibt:

$$R\,I(s) + \frac{1}{Cs}\,I(s) = U_0 \left(\frac{1}{s} - \frac{e^{-st_1}}{s} \right)$$

oder

$$I(s) = \frac{U_0}{R} \left(\frac{1}{s + 1/RC} - \frac{e^{-t_1 s}}{s + 1/RC} \right).$$

Die Rücktransformation in den Originalraum ergibt:

$$i(t) = \frac{U_0}{R} \left(e^{-(1/RC)\,t}\,u(t) - e^{-(1/RC)(t - t_1)}\,u(t - t_1) \right)$$

oder:

$$i_1(t) = \frac{U_0}{R}\,e^{-(1/RC)\,t} \qquad 0 < t < t_1$$

$$i_2(t) = \frac{U_0}{R} \left(e^{-(1/RC)\,t} - e^{-(1/RC)(t - t_1)} \right) = -\frac{U_0}{R} \left(e^{t_1/RC} - 1 \right) e^{-(1/RC)\,t} \qquad t > t_1.$$

Bild 4.54 zeigt den Stromverlauf in Abhängigkeit von t.

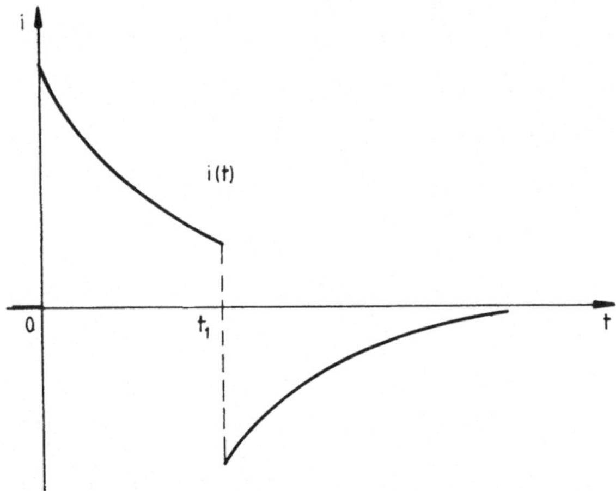

Bild 4.54

b) Die Spannung am Kondensator ist wegen $u_C(t) = \dfrac{Q_C(t)}{C}$:

$$u_{C_1}(t) = u_C(0) + \frac{1}{C} \int_0^t i_1(\tau)\,d\tau \qquad \text{für} \qquad 0 < t < t_1 \tag{a}$$

und

$$u_{C_2}(t) = u_C(t_1) + \frac{1}{C} \int_{t_1}^t i_2(\tau)\,d\tau \qquad \text{für} \qquad t > t_1. \tag{b}$$

Mit $u_C(0) = 0$ erhalten wir aus Gleichung (a):

$$u_{C_1}(t) = U_0(1 - e^{-(1/RC)t}) \qquad 0 < t < t_1.$$

Wegen $u_C(t_1) = U_0(1 - e^{-t_1/RC})$ erhalten wir aus Gleichung (b):

$$u_{C_2}(t) = U_0(e^{t_1/RC} - 1) e^{-(1/RC)t} \qquad t > t_1.$$

Bild 4.55 zeigt den Spannungsverlauf in Abhängigkeit von t.

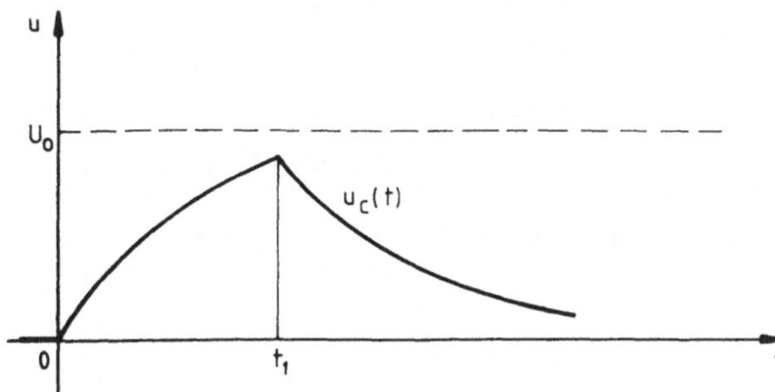

Bild 4.55

9 a) Nach dem zweiten Kirchhoffschen Gesetz gilt:

$$3\, i_1(t) + 2\,\{i_1(t) - i_2(t)\} + 1 \cdot \frac{di_1(t)}{dt} - 1 \cdot \frac{di_2(t)}{dt} = 10$$

$$6\, i_2(t) + 2\,\{i_2(t) - i_1(t)\} + 1 \cdot \frac{di_2(t)}{dt} - 1 \cdot \frac{di_1(t)}{dt} = 0.$$

Wir transformieren das Dgl.-System in den Bildraum und erhalten:

$$3\, I_1(s) + 2\,\{I_1(s) - I_2(s)\} + \{s\, I_1(s) - i_1(0)\} - \{s\, I_2(s) - i_2(0)\} = \frac{10}{s}$$

$$6\, I_2(s) + 2\,\{I_2(s) - I_1(s)\} + \{s\, I_2(s) - i_2(0)\} - \{s\, I_1(s) - i_1(0)\} = 0. \qquad \text{(a)}$$

Weil der Schalter S_2 für $t < 0$ geöffnet ist, ist $i_1(t) = i_2(t)$ für $t < 0$. Die Anfangsbedingungen lauten also: $i_1(0) = i_2(0)$.
Mit diesen Anfangswerten erhalten wir:

$$(s + 5)\, I_1(s) - (s + 2)\, I_2(s) = \frac{10}{s}$$

$$-(s + 2)\, I_1(s) + (s + 8)\, I_2(s) = 0.$$

Aus diesem Gleichungssystem berechnen wir $I_2(s)$:

$$I_2(s) = \frac{10}{9} \frac{s + 2}{s(s + 4)} = \frac{5}{9}\left(\frac{1}{s} + \frac{1}{s + 4}\right).$$

Rücktransformation in den Originalraum ergibt:

$$i_2(t) = \frac{5}{9}(1 + e^{-4t})\ \text{A}.$$

b) Gegenüber Aufgabe 9 (a) haben sich die Anfangsbedingungen geändert: Weil Schalter S_1 für $t < 0$ geöffnet ist, ist $i_2(0) = 0$. Dagegen ist

$$i_1(0) = \frac{10}{2 + 3} = 2\,\text{A}$$

Mit diesen Anfangsbedingungen erhalten wir aus dem Gleichungssystem (a) in Aufgabe 9a:

$$3\,I_1(s) + 2\,(I_1(s) - I_2(s)) + s\,I_1(s) - 2 - s\,I_2(s) = \frac{10}{s}$$

$$6\,I_2(s) + 2\,(I_2(s) - I_1(s)) + s\,I_2(s) - (s\,I_1(s) - 2) = 0.$$

In eine übersichtliche Form gebracht ergibt das:

$$(s + 5)\,I_1(s) - (s + 2)\,I_2(s) = \frac{10}{s} + 2$$

$$-(s + 2)\,I_1(s) + (s + 8)\,I_2(s) = -2.$$

Aus diesem Gleichungssystem berechnen wir $I_2(s)$:

$$I_2(s) = \frac{4}{9}\,\frac{s+5}{s(s+4)} = \frac{5}{9}\,\frac{1}{s} - \frac{1}{9}\,\frac{1}{s+4}.$$

Rücktransformation in den Originalraum ergibt:

$$i_2(t) = \frac{1}{9}\,(5 - e^{-4t})\ \text{A}.$$

10 a) $m_1(t)$ bzw. $m_2(t)$ sei die im ersten Tank bzw. zweiten Tank zur Zeit t vorhandene Salzmenge. Dann gilt:

$$\frac{dm_1(t)}{dt} = -\lambda_1 m_1(t)$$

$$\frac{dm_2(t)}{dt} = \lambda_1 m_1(t) - \lambda_2 m_2(t) \qquad \text{mit} \qquad m_1(0) = 100\,\text{kg} \quad \text{und} \quad m_2(0) = 0\,\text{kg}.$$

Transformation des Gleichungssystems in den Bildraum ergibt:

$$(s + \lambda_1)\,M_1(s) \qquad\qquad = m_1(0)$$

$$-\lambda_1\,M_1(s) + (s + \lambda_2)\,M_2(s) = 0.$$

Daraus:

$$M_2(s) = m_1(0)\,\lambda_1\,\frac{1}{(s+\lambda_1)(s+\lambda_2)} = \frac{m_1(0)\,\lambda_1}{\lambda_2 - \lambda_1}\left(\frac{1}{s+\lambda_1} - \frac{1}{s+\lambda_2}\right).$$

Rücktransformation in den Originalraum ergibt:

$$m_2(t) = \frac{m_1(0)\,\lambda_1}{\lambda_2 - \lambda_1}\,(e^{-\lambda_1 t} - e^{-\lambda_2 t}).$$

Wegen $m_1(0) = 100\,\text{kg}$, $\lambda_1 = \dfrac{10^{-3}\,\text{m}^3/\text{s}}{1\,\text{m}^3} = 10^{-3}\,\text{s}^{-1}$, $\lambda_2 = \dfrac{10^{-3}\,\text{m}^3/\text{s}}{0{,}5\,\text{m}^3} = 2\cdot 10^{-3}\,\text{s}^{-1}$ erhalten wir:

$$m_2(1000) = 100\,(e^{-1} - e^{-2}) = 23{,}25\,\text{kg}.$$

b) $\dfrac{dm_2(t)}{dt} = 100\,(-0{,}001\,e^{-0{,}001\,t} + 0{,}002\,e^{-0{,}002\,t})\ \text{kg/s}.$

Wir setzen diese Gleichung Null und erhalten daraus die Zeit T, zu der die Salzmenge m_2 den größten Wert annimmt:

$$T = 1000\,\ln(2)\ \text{s} = 693\,\text{s}$$

und damit:

$$m_2(T) = 25\,\text{kg}.$$

Literaturverzeichnis

Ameling, W.: Laplace-Transformation, Bertelsmann Universitätsverlag, Düsseldorf/
Friedr. Vieweg & Sohn, Braunschweig 1975

Brüderlink, R.: Laplace-Transformation und Elektrische Ausgleichsvorgänge, Verlag G.
Braun, Karlsruhe 1964

Doetsch, G.: Anleitung zum Gebrauch der Laplace-Transformation, R. Oldenbourg Verlag, München 1961

Doetsch, G.: Einführung in Theorie und Anwendung der Laplace-Transformation, Birkhäuser Verlag, Basel und Stuttgart 1958

Doetsch, G.: Handbuch der Laplace-Transformation, Birkhäuser Verlag, Basel und Stuttgart 1958

Holbrook, J. G.: Laplace-Transformation, Friedr. Vieweg & Sohn, Braunschweig 1973

Oberhettinger, F., Badii, L.: Tables of Laplace Transforms, Springer-Verlag Berlin Heidel-
berg New York 1973

Spiegel, M. R.: Theory and Problems of Laplace Transforms, Schaum Publishing Co.,
New York 1965

Uszczapowski, G.: Die Laplace-Transformation, Verlag Harri Deutsch, Zürich und Frank-
furt a. M. 1974

Weber, H.: Laplace-Transformation für Ingenieure der Elektrotechnik, B. G. Teubner,
Stuttgart 1976

Helmut Lindner und Edgar Balcke

Elektro-Aufgaben

Band I: Gleichstrom. Mit 351 Abb. 14., neubearb. Aufl. 1976. 160 S. DIN C 5 (Viewegs Fachbücher der Technik). Kart.

Band II: Wechselstrom. Mit 306 Abb. 13., überarb. Aufl 1976. 144 S. DIN C 5 (Viewegs Fachbücher der Technik). Kart.

Band III: Leitungen, Vierpole, Fourier-Analyse, Laplace-Transformation. Mit 257 Abb. 1977. 127 S. DIN C 5 (Viewegs Fachbücher der Technik). Kart.

Erwin Böhmer

Elemente der angewandten Elektronik

Kompendium für Ausbildung und Beruf. Mit 424 Abb. 1979. VIII, 283 S. 16 5 X 24 cm (Viewegs Fachbücher der Technik). Kart.

Inhalt: Leitungen und Widerstände — Sperrschichtfreie Halbleiter — Dioden — Anzeigesysteme — Kondensatoren — Spulen und Schwingkreise — Transformatoren und Übertrager — Relais — Röhren — Transistoren — Operationsverstärker — Kippschaltungen — Verknüpfungs- und Speicherschaltungen — Leistungshalbleiter und Schaltungen — Tabellenanhang.

Das Buch gibt eine zusammenfassende Darstellung der für die angewandte Elektronik wesentlichen Bauelemente und Grundschaltungen. Es ist in 127 Sachthemen gegliedert und führt den Leser systematisch von der Darstellung einfacher Bauelemente und Schaltungen zu Systemen mit einem höheren Entwicklungsgrad. Jedes Thema umfaßt zwei gegenüberliegende Buchseiten mit einer Text- und Bildseite. Zahlreiche Schaltungsbeispiele, konkret mit tatsächlichen Kennlinien und mit Dimensionierungsrechnung belegt, unterstützen das Verständnis des knapp gefaßten Textes. Komplizierte Zusammenhänge werden durch Modelle und Ersatzbilder anschaulich dargestellt.